大众建筑史

Popular History of Science & Technology Series

大众科学技术史丛书

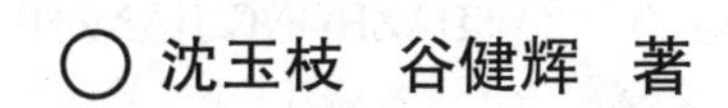

◎ 沈玉枝　谷健辉　著

丛书策划　中国科学院自然科学史研究所

丛书主编　郭书春

山东科学技术出版社

·济南·

图书在版编目（CIP）数据

大众建筑史 / 沈玉枝，谷健辉著 . -- 济南：山东科学技术出版社，2023.9

（大众科学技术史丛书）

ISBN 978-7-5331-7660-0

Ⅰ . ①大…　Ⅱ . ①沈…　②谷…　Ⅲ . ①建筑史 – 世界 – 普及读物　Ⅳ . ① TU-091

中国版本图书馆 CIP 数据核字（2014）第 292316 号

大众建筑史

DAZHONG JIANZHU SHI

责任编辑：胡　明　王培强

装帧设计：孙小杰

主管单位：山东出版传媒股份有限公司

出 版 者：山东科学技术出版社

地址：济南市市中区舜耕路 517 号

邮编：250003　电话：（0531）82098088

网址：www.lkj.com.cn

电子邮件：sdkj@sdcbcm.com

发 行 者：山东科学技术出版社

地址：济南市市中区舜耕路 517 号

邮编：250003　电话：（0531）82098067

印 刷 者：山东新华印务有限公司

地址：济南市高新区世纪大道 2366 号

邮编：250104　电话：（0534）2671218

规格：16 开（170 mm × 230 mm）

印张：24.5　**字数：**400 千　**印数：**1~2000

版次：2023 年 9 月第 1 版　**印次：**2023 年 9 月第 1 次印刷

定价：58.00 元

《大众科学技术史丛书》
编 委 会

序 Foreword

英国哲学家培根说，读史使人明智，科学使人深刻。科学技术史图书可以给读者提供一举数得的精神食粮，而科学技术史的普及读物对社会的影响常常比专著还要大。了解科学技术进步的历史不仅有利于掌握知识，更有利于认识科技发展的规律，学会科学发现和技术发明的方法，提高国民特别是青少年学生的素质。因此，向读者提供高质量的科学技术史普及读物，是科学技术史学者和出版机构责无旁贷的使命。

为了充分利用科学技术史传播科学知识，弘扬科学精神，培养青少年学科学、爱科学的良好素质，学术界有必要撰写系统阐述科学技术不同学科发展历史的普及读物。为此，中国科学院自然科学史研究所与山东科学技术出版社商定合作撰写、出版一套《大众科学技术史丛书》。该课题得到有关部门的大力支持，并列入《“十二五”国家重点图书、音像、电子出版物出版规划》增补项目。

本丛书展现历史上的科学技术知识以及科学技术专家的生平、科学活动和科学思想，兼具科学性和人文性，反映科学技术发展与人文思想演进的关系。本丛书力求具有科学性、系统性和通俗可读性。

所谓科学性就是科学准确地表述各学科史的内容，并尽可能汲取最新的研究成果。各册所述内容必须是学术界公认的，经得起时间考验的。对学术界尚有争论的内容，或者以一家为主，兼及别家，或者并列诸家之说。主要学术观点力求有原始文献或转引自权威著作的文献作依据，避免粗制滥造、以讹传讹。

所谓系统性一方面指在书目设置上既有基础学科，又有应用学科，覆盖数学、物理学、化学化工、天文学、地学、生物学、医学、农学、建筑、机械技术、纺织技术、军事技术等科学技术史的各个主要分支学科；另一方面指每一学科的篇章设置能够涵盖该学科的重要成就、著作和科学家、重大事件和科学技术机构等，要使读者能够比较完整地了解该学科由低到高的不同发展阶段及其在不同文化传统中的特点。

所谓通俗可读性就是既要使用规范的汉语语言和标准汉字，又要做到通俗易懂，雅俗共赏，老少咸宜。在确保科学性的同时，要尽量采用便于大众理解的表述方式，并对历史上出现的、今天已经不再使用的重要术语用现代术语加以解释。

我们希望，广大读者特别是青少年学生通过本丛书既可以领略科学技术的严谨，又能理解它们对经济和社会发展的巨大作用，受到科学精神的熏陶，激发对科学技术的兴趣，树立钻研科学技术的志向。

本丛书各分册的作者都是科学技术史学科有较深造诣的专家，有的是学科的领军人物，有的是成绩突出的中青年骨干。当然，任何工作都是阶段性的，每位学者的知识都有局限性，即使是术有专攻的专家也不例外，因此本丛书也可能有明显的疏漏和错误之处，恳请读者们不吝赐教，以便再版时修正。

中国科学院自然科学史研究所前所长、研究员
张柏春

目录

Contents

上篇　古建筑

下篇　近现代建筑

上 篇

古建筑

沈玉枝 著

古建筑概论

世界建筑的历史，大体可以分为上、下两部分：前者以天然材料营建，称为古建筑；后者以人工合成材料为主营建，称为新建筑（近现代建筑）。在钢筋水泥等人工合成材料成为建筑材料的主流之前，人类使用当地富源的土、木、石及火山灰等天然材料砌筑房屋，发展出土、木、砖、石、砼（混凝土）5种结构体系以及相应的建筑轮廓，加上不同区域的气候条件和不同民族的文化背景的影响，最终形成了古埃及、古西亚、古印度、古欧洲、古东亚和古美洲六大建筑体系。

首先，建筑材料的富源性决定了建筑的结构体系。1978年进入清华大学建筑系读书时，笔者对建筑学一脸懵懂，记得老师在课堂留过一个思考题：为什么中国建筑没有发展出石结构体系？不知为什么，或许是老师忘了，之后没再提及答案。接到山东科学技术出版社的命题后，一直潜伏在记忆角落的这个问题立即跳了出来。显然，在遥远的古代，使用哪种建筑材料营建房屋，不是人为的选择，而是由建筑材料的富源性决定的。石材丰富的古埃及、古欧洲和古美洲发展出了石结构体系，拥有丰富火山灰资源的古罗马在石结构体系的基础上又发展出砼屋顶，而树竹茂密的东亚地区发展出了木结构体系，泥土丰富的古西亚、古印度和古埃及发展出生土结构体系及砖结构体系（砖是泥土的衍生品）。需要说明的是，六大建筑体系主要是以纪念性建筑来分类的，因石材防潮性能差，即使在盛产石材的区域，土、木也是世俗建筑的首选材料。

第二，建筑材料的富源性也决定了建筑的大体轮廓，特别是屋顶形式。例如，用火山灰为主要材料浇筑的砼穹顶和拱顶，最大跨度分别达到43.3米和29.3米，是砖、石结构无法达到的；用木屋架能轻易搭建出较陡的坡屋顶，用砖、石与砼则无法造出；用石梁搭建的平顶，由于石材的抗弯性能较差，与生土建筑用圆木搭建的平顶相比，开间相对狭小，两者的建筑立面截然不同。

第三，气候的不同，会使建筑的外观产生差异。如上所述，富源材料决定了建筑的大体轮廓，但富源材料相同的建筑体系之间，建筑外观也有很大的差异，如同属砖结构体系的古印度建筑与古西亚建筑，同属石结构体系的古美洲建筑与古欧洲建筑。究其原因，是屋顶建造技术不同所致，推动屋顶建造技术向不同方向发展的动力是对室内空间大小的追求，而气候条件又是追求室内空间大小的决定性因素。在各个建筑体系的早期，均有用叠涩构建屋顶的做法，即用块料向内一层一层叠砌，最终交汇于中心，形成叠涩拱顶或叠涩穹顶，因受出挑能力的限制，叠涩法构筑的内部空间极其狭窄，处于热带气候环境中的建筑体系保留了这种方法，处于寒冷地区的建筑体系则抛弃了这种方法而另辟蹊径。印度的砖结构体系，因冬季没有严寒和夏季气候炎热，大型活动一般都在室外进行，因此发展的重点没有放在对构筑狭窄空间的叠涩技术进行改进上，而是放在对建筑外形的塑造上，放大叠涩穹顶所形成的高矢比很大的抛物线轮廓，搭建出令人心生敬畏的高塔；而古西亚和中亚的砖结构体系，因寒冷的冬季大型活动都在室内进行，屋顶建造技术一直向着如何构筑较大室内空间的方向发展，叠涩穹顶逐渐被发券穹顶取代，进而将穹顶连在一起构成相对庞大的室内空间，终使连穹顶成为中西亚地区建筑的特征之一。处于热带雨林气候环境中的古中美洲石结构体系，重点也放在了对建筑外观的打造上，砌筑高耸的梯形金字塔来烘托顶上的神庙，用叠涩技术建造的内部狭窄的神庙只有主持祭祀的祭师可以进入，众人则立于塔下；而处于地中海气候环境中的古欧洲石结构体系，则尽可能地扩大室内活动空间，如古希腊建筑采用石柱木桁架屋顶，古罗马更是在石柱石墙上用砼浇筑大跨度的筒拱和穹顶。气候条件对同一建筑体系不同地区的建筑风格也有影响，如古东亚建筑体系的北方建筑注重保温隔热，用厚重的土墙围合，南方建筑则注重通风散热，用轻透竹席围合，为快速排放屋顶雨水，雨水较少的北方屋顶平缓，雨水丰沛的南方屋顶陡峭；古欧洲建筑体系，快速排除屋顶积雪成为决定屋顶坡度的主要因素，降雪量大的北方建筑屋顶陡峭，降雪量小的南方建筑屋顶平缓。

第四，文脉传承及宗教信仰使各个建筑体系沉淀出独具特色的建筑元素与装饰元素，给各个建筑体系贴上了鲜明的标识。例如，古东亚建筑的斗拱，古希腊建筑的三角形山花，古罗马建筑的券柱，哥特建筑的尖券，中西亚建筑的琉璃饰面，以及各个建筑体系反映宗教和历史故事的雕刻、壁画等装饰元素。对于不需要搭建屋顶的建筑，不同宗教信仰的烙印更为明显，如古埃及的金字塔、古西亚的塔庙。

第五，建筑体系之间的相互影响和相互借鉴随着区域之间的交流——无论是贸易、迁徙、战争还是宗教传播而时有发生。例如，古埃及柱式对希腊柱式的影响，古罗马的穹顶与中亚方底穹顶的融合，古埃及石窟经波斯、印度向东亚和斯里兰卡的传播，印度佛塔随佛教在东亚的扩展，古西亚城门向古埃及的输出；伊斯兰教建筑风格则在数个建筑体系中切换，古印度建筑更是因信奉伊斯兰教的外来者入侵而被中亚建筑取代，古埃及建筑体系也随着罗马人的入侵而终止并最终在阿拉伯帝国的统治下伊斯兰化。

总之，世界建筑因建筑材料的富源性不同，加上受不同气候的影响发展出的建筑技术不同，形成极具分辨性的建筑轮廓。古埃及建筑体系用石柱石梁建造平顶建筑，古西亚建筑体系用泥土营建平顶建筑、用砖砌筑穹顶，古印度建筑体系用叠涩手法建造砖石高塔，古欧洲建筑体系用石块和火山灰浇筑拱顶和穹顶，古东亚建筑体系用木材建造大屋顶，古美洲建筑体系用石叠涩折拱建造盝顶。历史沉淀下来的不同建筑元素和装饰元素又赋予各个建筑体系更为鲜明的标识。

一、古埃及建筑（公元前3200—前30年）

位于地中海南岸的古埃及，因下埃及有丰富的泥土，上埃及有富饶的山石，故发展了生土建筑和石建筑两种截然不同风格的建筑体系。

古埃及人的世俗建筑如居住建筑、宫殿等是用洪水裹挟来的泥土做成的日晒砖（土坯）来砌筑墙体，上覆圆木再以泥土抹平，炎热的气候促使墙体和屋顶做得很厚，窗洞留得小而少，建筑外形呈现略有收分的方台平顶式；纪念性建筑如帝王陵墓、神庙则采用上埃及富源的石料，并以巨大尺度赋予建筑纪念属性，如巨石砌筑建筑、巨型石梁柱建筑，并利用山岩建造石窟建筑。

1.1 生土建筑

如世界其它文明一样，古埃及的生土建筑为平屋顶建筑。约公元前1900年出现室内用木梁柱取代生土墙以获取较大的室内空间，公元前14世纪出现3层楼房。

古埃及文明创建于尼罗河下游两岸。尼罗河为埃及带来的不仅是水和绿洲，由于它泛滥时淤积大量来自赤道密林的肥沃腐殖土，所以为河谷耕地带来了理想的天然肥料。每年7月开始涨水，10月达到高潮，11月退水，水量每年差别不大，无洪水滔天的特点，使尼罗河谷成为古代著名的粮仓。建筑材料——土坯的原料也是来自尼罗河沿岸的淤泥，将泥放入模具中，经阳光强烈暴晒干燥硬化，成为土坯即日晒砖。

古埃及比较原始的住宅有两种。在下埃及，以木材为墙基，以芦苇束编墙，外面抹泥或不抹，屋顶用芦苇束密排而成，微微呈拱形；在上埃及，以卵石为墙基，用土坯砌墙，密排圆木成屋顶，再铺上一层泥土，外形像有收分的长方形土台，这种建筑风格一直延续至今。

公元前1900年，尽管尼罗河两岸树木稀少，少数富人住宅还是开始用木柱上托木梁来取代部分土坯内墙营造敞廊。如中王国时期（公元前2133—前1786年）

的卡洪(Kahun)城贵族府邸遗址，通常采用内院式布局，主要房间朝北，前面有敞廊，外围墙体用土坯砌实，在土坯外墙上端和内柱梁上密排圆木，再铺上一层泥土，形成平顶式样。

卡洪城位于尼罗河三角洲南面，尼罗河西岸，是第12王朝塞索斯特里斯二世(公元前1896—前1887年在位)生前为建造自己的金字塔陵墓而形成的城市，当时人口约2万，陵墓完工后被废弃。卡洪城为长方形平面(图1-1-1)，东西长380米，南北宽260米，内设相互垂直的道路网，周围城墙环绕，城中一道南北向城墙将城市划分成东西两部分。西城为奴隶居住区，有250幢用棕榈枝、芦苇和黏土建造的棚屋。东城有一条东西长280米的石条路将东城分为南北两部分，路北为贵族府邸，排列着十几个深宅大院，尤其是西端一组建筑群，占地2 700平方米，由数层院落、约70个房间组成；路南是商人、手工业者、小官吏等中产阶层住所，为曲尺形平面。城东有市集，城市中心有神庙。

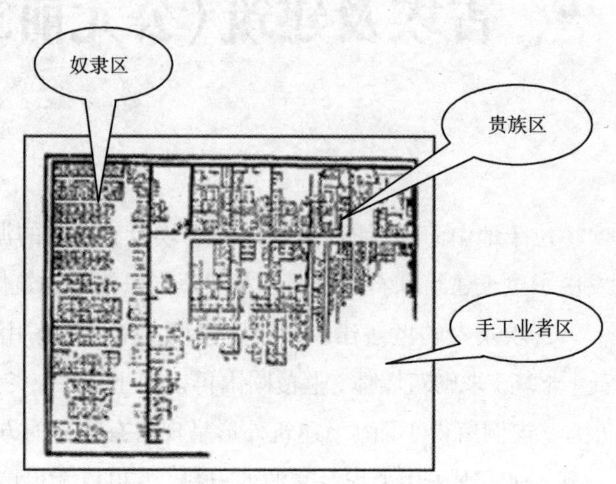

图1-1-1　埃及卡洪城平面图

公元前14世纪，住宅建筑室内全部用木梁柱，外墙以土坯砌筑，出现3层楼，建筑依然采用平屋顶。如位于底比斯北300千米的阿克塔顿(Akhetaton)城的住宅(图1-1-2)，中间是一间内部设有4根柱子的大厅，周边房间朝它开门，为了通风，大厅屋顶高于周围屋顶，在高出部分的墙体上开侧窗。大厅北侧和西侧两个较大的房间，中间以柱子承托木梁，其它小房间依然用土坯砌筑墙体。此时已经出现3层楼的府邸，

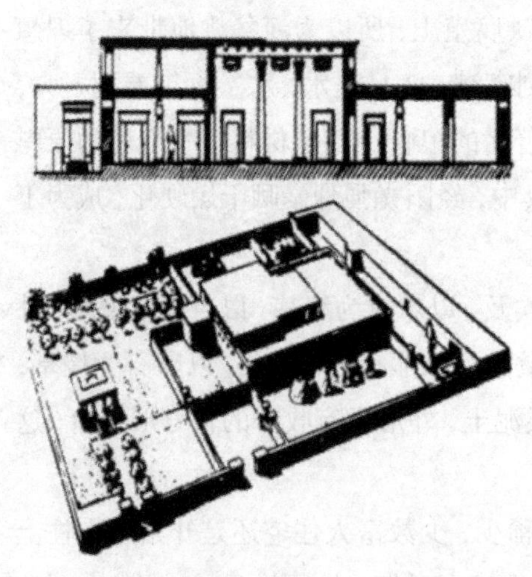
图1-1-2　埃及底比斯阿克塔顿城住宅

都是木构架，把整棵柱子雕成一茎纸草式样，平顶，上面是晒台，晚间乘凉。

阿克塔顿城埃及文名阿玛纳（Amarna）城，是古埃及现存最早的都市，由阿肯那顿帝于公元前1370年左右建成，沿弯曲的尼罗河带状布置，长3.7千米，宽约1.4千米，面临尼罗河，三面山陵环抱，无城墙。城市以皇宫为中心，南部为高级官吏居住区，北部为平民居住区。中部由皇宫、阿顿神庙和国家行政区组成统治中心，皇宫居中，大小两个阿顿神庙分列左右，皇宫之后是行政机构，两者之间布置着一条东西向皇家御路，上架天桥，使路北的神庙与官衙通过天桥连接其南的皇宫；官吏居住区均为四合院府邸，内设各种附属用房以及花园。北部平民居住区密集排列着条形房子。城市采用井格式道路，以3条与尼罗河平行的道路自南至北将城市北、中、南3个部分串连。

阿克塔顿城的宫殿建筑（图1-1-3）为获取大的室内空间，室内全部使用木柱，木材大量从叙利亚运来；墙依然用土坯砌筑，墙面抹一层胶泥砂浆，再抹一层石膏，然后画壁画，题材主要是植物和飞禽，天花、地面、柱子上都有画。

古埃及世俗建筑装饰表现在为保护土坯墙而画的壁画，木柱富有装饰，常常将一根木柱雕刻成一茎纸草式样。

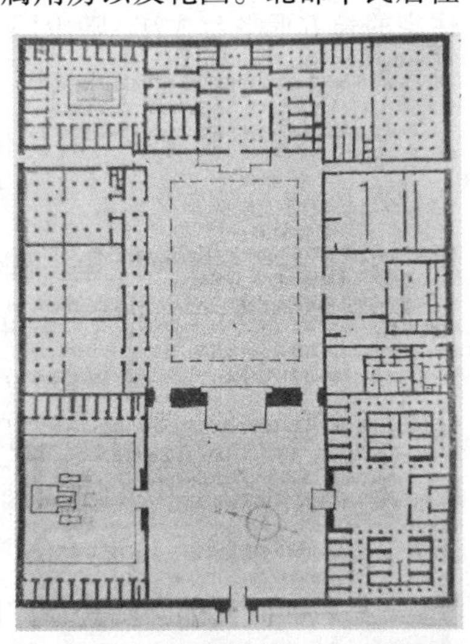

图1-1-3　埃及底比斯阿克塔顿城宫殿建筑平面图（约公元前1370年）

1.2　石构建筑

古埃及石构建筑衍生出3种外貌迥异的建筑（图1-2-1），一是用叠涩技术砌筑的外形为金字塔的法老墓，二是利用山崖开凿的石窟，三是用石梁、石柱和石板建造的平顶神庙。

图1-2-1　古埃及3种石构建筑（从左至右依次为金字塔、石窟、神庙）

1.金字塔

用叠涩拱构建的室内空间很小，这种构造手法形成的屋顶外轮廓是三角形。采用叠涩手法营建三角形屋顶的建筑体系有古埃及金字塔、古印度塔顶和古印第安塔庙，同样的技术、同样的建筑轮廓，但呈现出截然不同的建筑风格，主要是受文脉和宗教信仰的影响。

古代埃及人认为“人生只不过是一个短暂的居留，而死后才是永久的享受”，把冥世看作尘世生活的延续。受这种“来世观念”的影响，陵墓风格早期是模仿住宅的长方形平台式样，随着国王死后永生并成为太阳神的观念诞生，逐渐演变成具有象征意义的巨型金字塔。

早期陵墓形制源于当时的住宅建筑风格。古埃及人认为，人死后灵魂不灭，只要保住尸体，三千年后就会复活获得永生，故生前就开始为自己营建坟墓，式样仿照上埃及长方形平台式住宅，称为玛斯塔巴（Mastaba，图1-2-2），阿拉伯语是凳子的意思，至迟公元前4000年已出现。陵墓用土坯砌筑，墓内地面设置祭祀厅堂，放置死者在墓中“使用”的一切，地下设置墓室，祭祀厅堂与墓室之间上下以阶梯或斜坡甬道相连。

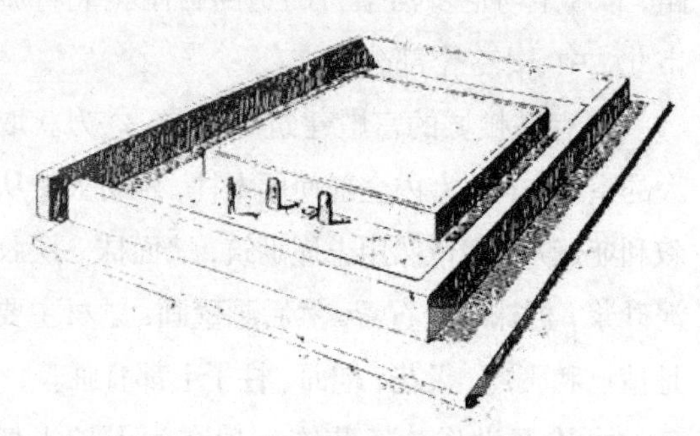

图1-2-2　玛斯塔巴——台式陵墓

公元前3200年左右，来自上埃及并一统上下埃及的第一个皇帝美乃特（Menet）位于内迦达（Negada）的陵墓，采用玛斯塔巴形制，土坯砌筑的祭祀厅堂，外墙面模仿木柱和芦苇束砌筑出垂直线条及檐口（图1-2-3）。

图1-2-3　古埃及皇帝美乃特陵墓的外墙面

公元前28世纪，孟菲斯第3王朝早期帝王陵墓（图1-2-4），依旧用土坯砌筑，相对于早期玛斯塔巴，台体的收分加大。

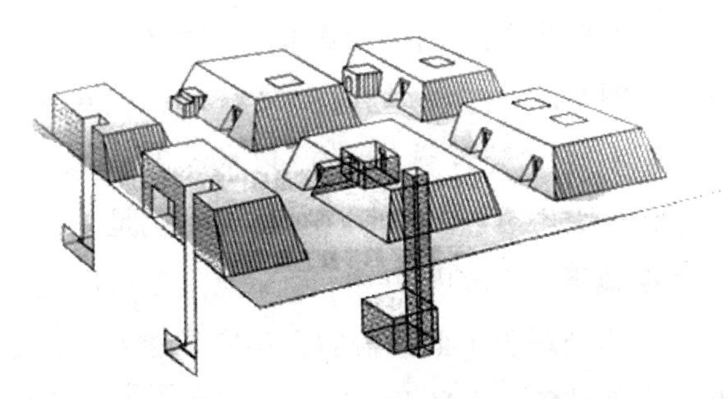

图1-2-4　孟菲斯第3王朝早期帝王陵墓

公元前27世纪，在法老陵墓嬗变为金字塔之后，贵族墓依然延续使用玛斯塔巴，如吉萨金字塔群四周第4、5王朝的贵族墓（公元前2625—前2345年），与之前贵族墓相比较，建筑风格基本相同，不同之处是用切割整齐的石块取代了土坯（图1-2-5）。

图1-2-5　第4、5王朝贵族墓

公元前27世纪，法老陵墓形制以石块砌筑的金字塔取代了长方形平台的玛斯塔巴式样，持续使用时间约500年。下面通过遗存至今的古埃及金字塔的演变，来揭示采用中央集权专制并集政权、神权于一身的埃及国王法老，倾全国财力，采用巨石砌筑和叠涩拱顶技术，在法老冥世转化为太阳神的思想指引下，逐渐将长方形台式陵墓经过方形阶梯式金字塔转变为方锥形金字塔的过程（图1-2-6）。

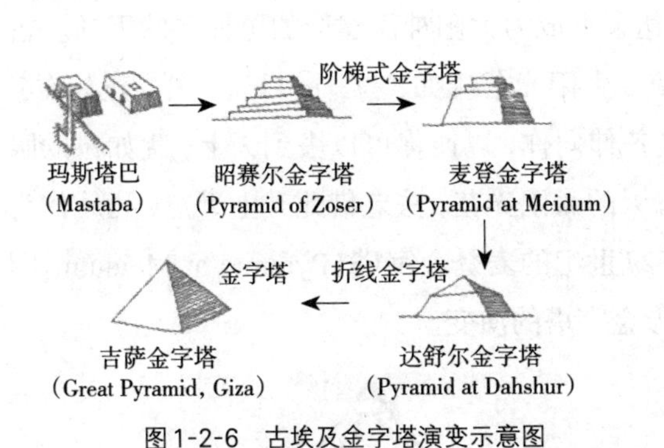

图1-2-6　古埃及金字塔演变示意图

（1）玛斯塔巴向阶梯式金字塔的嬗变

国王死后将成为太阳神，“为他（法老）建造起上天的天梯，以便他可由此上到天上”的观念导致了阶梯式金字塔的诞生，建于公元前2680年的昭赛尔金字塔揭示了玛斯塔巴向阶梯式金字塔的转化。

位于萨卡拉的第3王朝建基皇帝昭赛尔的金字塔（Pyramid of Zoser）是古埃及第一座石砌金字塔（图1-2-7），外形呈现6层阶梯式，高62米，边长125米 × 109米，陵墓周围环绕围墙，整个建筑群占地约547米 × 278米。昭赛尔金字塔是在玛斯塔巴的基础上，经多次扩建而成，金字塔核心部位仍是一座玛斯塔巴，墓室按照玛斯塔巴做法深埋在地下25米的竖井中，不同点是祭祀厅堂不再置于墓室上方，而是移到金字塔外。玛斯塔巴上面覆盖的金字塔是实心的，没有实际用途，证明阶梯式陵墓造型完全因其象征意义而诞生。位于金字塔前的祭祀厅堂，依然采用石砌的长方形平台式建筑，外立面模仿木材材质，在墙面上砌筑出垂直线条。

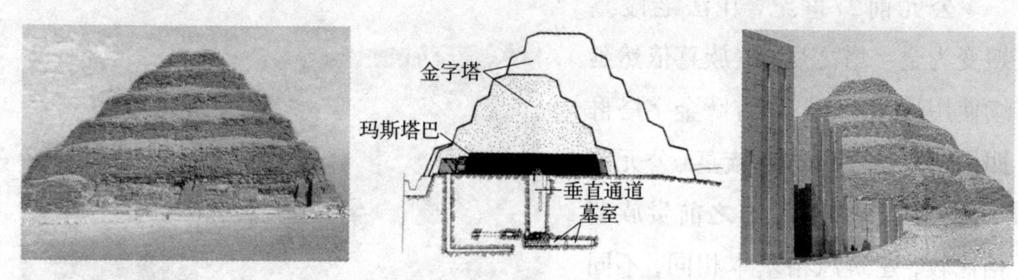

图1-2-7　昭赛尔金字塔（从左至右依次为现状、剖面图、祭祀厅堂）

（2）阶梯式金字塔向方锥形金字塔的嬗变

方锥形金字塔是为法老死后到达天上成为太阳神而建造的更抽象的天梯。古埃及太阳神“拉”的标志是太阳光芒，太阳光芒犹如“拉”的目光一样，正如《金字塔铭文》所说：“天空把自己的光芒伸向你，以便你可以去到天上，犹如拉的眼睛一样。”金字塔象征的就是刺向青天的太阳光芒，法老借此升上天空，死后作为太阳神继续主宰世界。建于公元前27世纪的麦登金字塔（Pyramid at Meidum，图1-2-8）揭示了阶梯式金字塔向方锥形金字塔的演变。

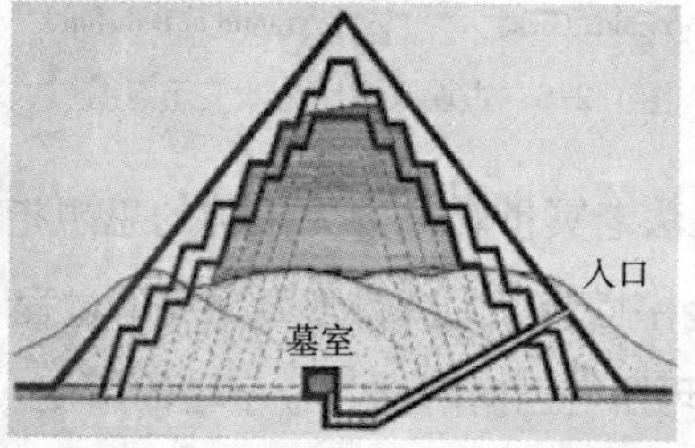

图1-2-8　麦登金字塔

麦登金字塔位于孟菲斯南约50千米处，是第3王朝最后一位法老胡尼（Huni）的陵墓，正方形平面，边长144.5米，高约90米。该陵墓分两次营建完成，第1次营建该陵墓时采用阶梯式金字塔，第2次扩展为方锥形金字塔，1 000年前的一次坍塌，塌掉了第2次扩展出来的部分，将原有的阶梯状金字塔呈现出来，显示出阶梯式向方锥形的转变与使用功能没有任何关系，完全是意识形态的改变。相较昭赛尔金字塔，墓室位置不再深置地下，而是在塔心接近地面处；墓室屋顶采用叠涩技术砌筑，因墓室空间不大，叠涩拱顶形成的狭小空间能完全满足使用需求。

折线金字塔是古埃及人对金字塔稳定性探寻摸索过程中的副产品。建于公元前2615年的达舒尔金字塔（Pyramis at Dahshur，图1-2-9），是第4王朝第1位法老斯奈夫鲁（Sneferu）的陵墓，原设计为方锥形金字塔，塔底边长187米，高约101.5米，金字塔斜边与地面的夹角为60°，因施工过程中塔身产生裂缝而建成折线形，塔身下部斜度为54°15′，上部斜度为43°21′，此后建造的金字塔斜度不再超过54°。塔内设置的上下两个墓室，分别从金字塔西面和北面进入，墓室顶采用叠涩拱顶（图1-2-10）。

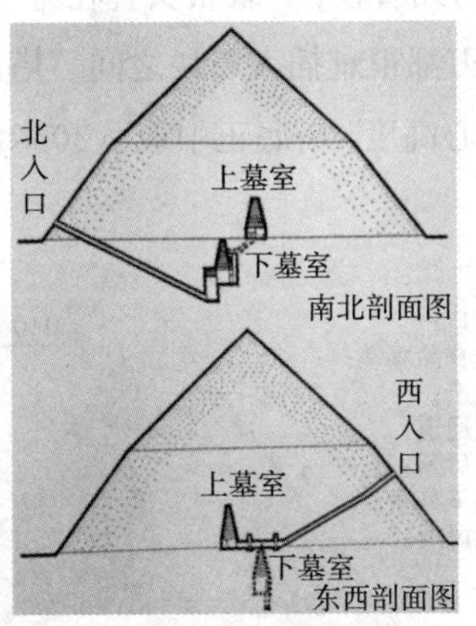

图1-2-9　达舒尔金字塔实景和剖面图

图1-2-10　达舒尔金字塔墓室的叠涩拱顶

现存方锥形金字塔的最早者是吉萨的金字塔群（Great Pyramids, Giza，建于公元前2600—前2500年），由第4王朝第2位法老胡夫（Khufu）、第3位法老哈夫拉（Khafra）和第4位法老孟考拉（Menkaore）的3座陵墓组成（图1-2-11）。3座陵墓均坐西朝东，每座陵墓由金字塔、祭祀厅堂和陵门以及连接祭祀厅堂和陵门的甬道组成，周围环绕着一些贵族的玛斯塔巴和小型金字塔。

图1-2-11　吉萨金字塔群（从左至右依次为孟考拉金字塔、哈夫拉金字塔、胡夫金字塔）

胡夫金字塔底部为正方形平面，每边长230.6米，塔原高146.5米，现高137米，塔身斜度为51°52′，正是被称为“自然塌落现象的极限角或稳定角”，即取一定数量沙土从上往下慢慢地倒在地上，形成圆锥体的沙堆，沙堆斜度就是52°。胡夫金字塔展示出古埃及精湛的石叠砌技术，全塔用230余万块平均重2.5吨的石块干砌而成，石块之间不用任何黏着物，一块石头叠在另一块石头上面，每块石头打磨很平，缝隙极小，锋利的刀刃都很难插入石块之间。塔内设置3个墓室（图1-2-12），国王墓室安置在金字塔中心高度，塔底正中地下30米深处设置陪葬品墓室，王后墓室居于两者之间。

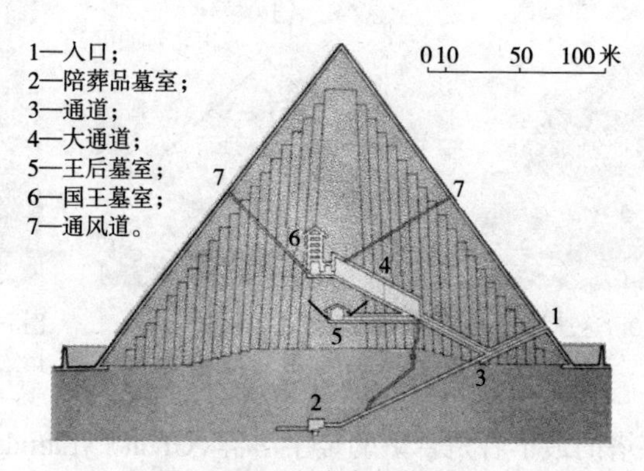

图1-2-12　胡夫金字塔剖面图

哈夫拉（胡夫之子）金字塔原高143.56米，比胡夫金字塔低3米，现高136.4米，底座每边长215.25米，塔身斜度为52°20′，比胡夫金字塔略陡。

吉萨大斯芬克斯（Grent Sphinx，图1-2-13）位于哈夫拉金字塔前陵门旁，以哈夫拉面部为原型，长73.2米，高22米，面部宽处4.17米。主体由一块巨石凿成，狮爪用石块砌筑而成。在古埃及神话里，狮子是地下世界大门的守护者，矗立在门侧的大斯芬克斯，寓意为成为太阳神的法老看守门户。

图1-2-13　大斯芬克斯（狮身人面像）

孟考拉（哈夫拉之子）金字塔，底座每边长108.7米，高度66.7米，塔身斜度为51°20′。

综上所述，埃及法老墓的形制从玛斯塔巴向阶梯式金字塔再到方锥形金字塔的转化，完全是由意识形态决定的；墓室采用叠涩技术砌筑拱顶，与石材的特性和室内空间需求相匹配；折线金字塔的出现是阶梯式向方锥形演变过程中的实践失误所致。第7~10王朝（公元前2181—前2133年），古埃及发生社会动乱和分裂，随着古王国的分裂和法老权力下降，特别是因为盗墓者常把法老的“木乃伊”从金字塔里拖出来，金字塔式样的陵墓淡出建筑史，被崖墓取而代之。

2.石窟

石窟是古埃及人在山崖凿窟而成的一种建筑形式，先是陵墓用之，始于公元前22世纪，至公元前14世纪始被用于神庙。

公元前22世纪，古埃及首都从尼罗河下游孟菲斯迁至尼罗河中游山区后，位于三角洲沙漠和平原上的巨大金字塔不再适应陡峭的深谷环境，中王国和新王国的法老陵墓开始在山体内开凿墓室为陵，持续时间为公元前2130—前1075年。

在孟菲斯和底比斯之间的贝尼－哈桑（Beni-Hasan），有39座中王国（Middle

Kingdom）第11~12王朝时期的帝王石窟陵墓（图1-2-14，建于公元前2130—前1785年），墓门前设双柱门廊，墓门内为方形祭祀厅，厅内凿出4根石柱及石梁，天花与金字塔内的墓室神似，呈拱形；墓室位于祭祀厅后壁，在壁上凿龛而成。门廊柱子名先多立克柱，是古希腊多立克柱式的源头。

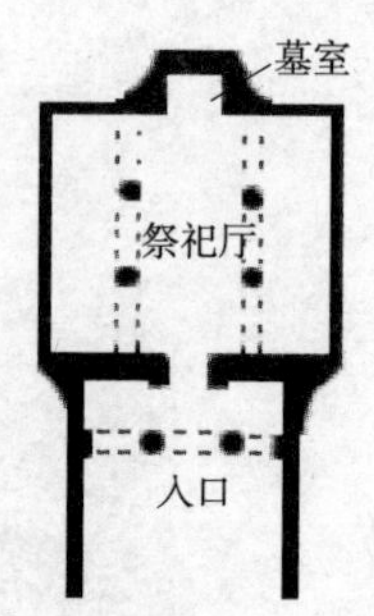

图1-2-14 贝尼－哈桑的帝王石窟墓入口处和平面图

在与底比斯隔尼罗河相望的巴哈利峡谷中，依山凿穴建造有60多个同样风格的法老石窟墓（图1-2-15），墓穴入口隐藏在半山腰，墓内空间比贝尼－哈桑的帝王石窟墓内部空间复杂，常常由阶梯和斜坡组成墓道，连接若干个副室、前室及安置棺木的墓室，墓穴门口及墓室内壁和墓顶遍饰壁画。除了曼特赫特普三世（公元前2065—前1991年）陵墓是中王国法老墓外，其它均是新王国时期（公元前1539—前1075年）的法老石窟墓。

图1-2-15 巴哈利峡谷的法老石窟墓及其内部壁画

至公元前14世纪初，神庙也开始采用石窟形制。阿布辛贝勒阿蒙神大石窟庙（Great Temple, Abu Simbel，图1-2-16）开凿于公元前1301年，为新王国时期第19王朝法老拉美西斯二世所建。入口两侧依崖雕刻着4座拉美西斯二世巨像，高20米，腿下是他众多妻儿，入口上方壁龛内雕刻着拉－哈勒刻特神。石窟内部有前后两个柱厅，前柱厅以8座巨大神像为柱，后柱厅有4根柱子，尽端神殿安置4座神坐像（参见图1-2-1的中图）。

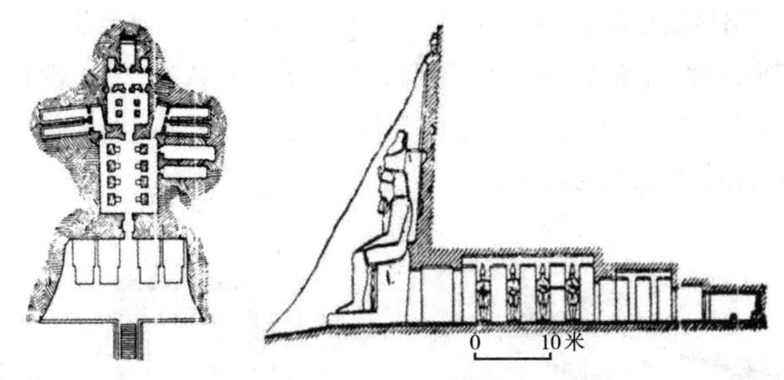

图1-2-16　阿布辛贝勒阿蒙神大石窟庙平面图、剖面图

古埃及石窟是世界最早凿岩而成的建筑，公元前5世纪传到西亚和中亚，后经印度借佛教传播到中国及斯里兰卡。

3.石梁柱建筑

石柱石梁石板的平顶建筑，初被用于石窟墓的祭庙，后被用于神庙。这种建筑最早见于公元前2060年中王国法老石窟墓中举行悼念法老活动的场所，新王国时期（公元前1582—前11世纪）神权与政权合二为一，法老与太阳神结合，成为人间“统治着的太阳”——“活神”，取代了法老死后复生为太阳神之信仰，太阳神庙取代法老陵墓成为对法老崇拜的纪念性建筑物，石梁柱建筑体系被大量用于太阳神庙及与法老妻儿相对应的神庙。石梁柱建筑体系采用石柱上承石梁，石梁上以石板铺盖，鉴于石材抗弯性差，柱子间距很小，一般不超过4米；由于石板和石梁自重较大，柱子直径较大，柱间净距不超过柱径两倍，形成室内空间柱子密布的特点（参见图1-2-1的右图）。

（1）祭庙

自公元前2133年开始，中王国法老陵墓开始采用石窟墓形制后，经过几朝法老的努力最终再次统一古埃及全境的法老曼都赫特普三世（Mentuhotep Ⅲ，第11王朝，公元前2065—前1991年）在营建自己的陵墓时（公元前2020年），依然怀念古王国时期的金字塔，于是将金字塔融入石窟墓（图1-2-17）。墓室依然凿崖而成，但强化祭祀厅堂（亦称祭庙），将祭祀厅堂脱离山体置于岩壁前，祭祀厅堂采用石梁柱结构体系，使祭祀厅堂内部空间能够满足举办各种悼祭法老仪式的需求。墓区为一个巨大的庭院，一进入墓区的大门，是一条两侧密排着狮身人首像的石板路，长约1 200米；路终连接着一个大广场，广场中间沿道路两侧排着法老的雕像；道路尽端是祭庙，为一座两层平台的金字塔，首层平台前壁为柱廊，其上为外带三面敞廊、上置金字塔（金字塔已毁，也有观点认为平台上没有金字塔）的柱厅，柱厅之后是一个院落，三面柱廊环绕，再后面是一座有80棵柱子的大厅，由它进入凿在山岩里的法老墓室。

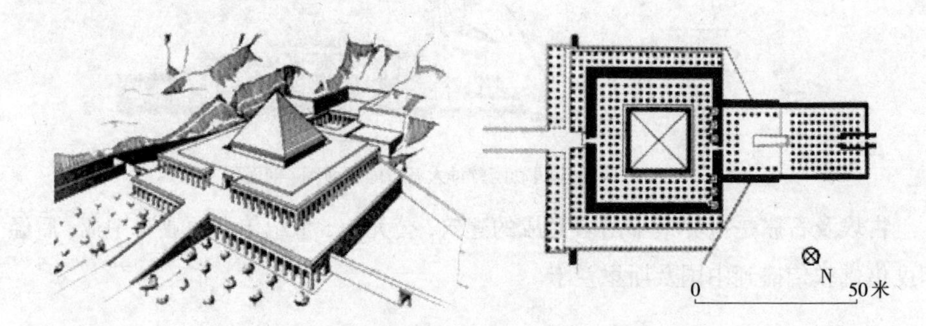

图1-2-17　曼都赫特普三世陵墓复原图及祭庙平面图

与曼都赫特普三世陵墓并列而立的哈特谢普苏特女王（Hatshepsut，公元前1503—前1482年在位）陵墓（图1-2-18），为新王国第18王朝法老的陵墓，比前者晚建500年，形制与其相似。祭祀大厅采用石梁柱体系，墓室凿在山体内，不同之处是祭庙多了一层前沿有柱廊的平台，顶层上的金字塔被淘汰。第一层平台柱子的柱高约是柱径的5倍，柱间净距离约是柱径的2倍，二层平台南面的浮雕描绘了女王远征的画面，第三层平台有女王看向峡谷的雕像。

图1-2-18　哈特谢普苏特女王陵墓

（2）神庙

古埃及神庙通常由斯芬克斯甬道、比例修长的方尖碑、石块砌筑的厚重牌楼门、回廊环绕的院落、列柱密布的大柱厅和祭祀厅组成。在庙中有两个举行仪式的地方，一个在祭祀厅内，另一个在庙门前，因此这两个地方最具特色。卡纳克神庙建筑群和卢克索神庙是新王国时期神庙建筑的典型代表。

卡纳克（Karnak）神庙建筑群位于底比斯北部，是太阳神阿蒙的崇拜中心，始建于公元前1530年，经数代法老营建而成，到公元前323年，形成了由占地30公顷的阿蒙神庙（Ammon Temple in Karnak）、占地2.25公顷的阿蒙神之妻穆特女神庙（Mut Temple in Karnak）和占地2.5公顷的战神蒙图神庙（Montu Temple in Karnak）等数个神庙组成的建筑群。

阿蒙神庙（图1-2-19）为东西走向，垂直于尼罗河，总长366米，整座神庙由众多神殿组成。

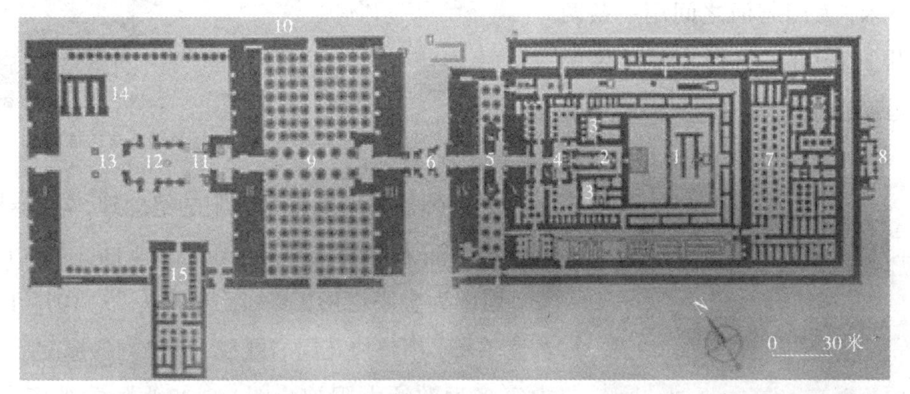

1—中王国院；2—原图特摩斯三世圣舟祠堂所在地；3—哈特谢普苏特祭品室；4—图特摩斯三世纹章柱；5—哈特谢普苏特方尖碑；6—图特摩斯一世方尖碑；7. 图特摩斯三世节庆堂；8—背面祠堂；9—塞提一世和拉美西斯二世大柱厅；10—表现塞提一世征战场面的浮雕；11—第18王朝巨像；12—塔哈卡柱廊；13—前院；14—塞提二世庙；15—拉美西斯三世庙。

图1-2-19 阿蒙神庙平面图

塞提一世和拉美西斯二世大柱厅，宽103米，深52米，面积约5 406平方米。厅内134根石柱分16行排列，中央两排柱子高21米，直径3.57米，柱头为盛开的纸莎草花，上面承担着重65吨、长9.21米的石梁；两侧柱子低于中央立柱，高13.7米，直径2.8米，高细比为4.66。屋面高差形成的高侧窗用于室内采光通风，殿内石柱有如原始森林（图1-2-20），光线被横梁和柱头分去一半后渐次阴暗，形成了法老所需要的“王权神化”的神秘压抑的气氛。

图1-2-20 阿蒙神庙大柱厅剖面复原图

阿蒙神庙的牌楼是一对梯形石墙夹着不大的门道，在纵轴线上前后排列着6座牌楼，横向轴线上排列着4座牌楼，其中面对运河的大门牌楼宽113米，高43.5米，大门与河之间用一条两旁排列着90多座狮身羊首像的甬道连接（图1-2-21）。

图1-2-21　阿蒙神庙的大门牌楼及狮身羊首像甬道

图1-2-22　方尖碑

方尖碑是古埃及崇拜太阳的纪念碑，常成对矗立在神庙入口处。碑身呈正方形平面，上小下大，顶部为金字塔形，高细比通常为(9~10)：1，高度不等，用整块花岗岩雕成，碑身刻象形文字，内容多为歌颂太阳神。图1-2-22为阿蒙神庙中的一座方尖碑，为古埃及女法老哈特谢普苏特女王所立，碑高29米，重323吨。

卡纳克的孔斯神庙（建于公元前1198年）是祭祀月神（太阳神之子）的神庙。图1-2-23展示出依次排列的牌楼门、回廊院、柱厅、廊院和祭祀厅，表现出神庙石梁柱平顶建筑及牌楼式神庙大门的形制。

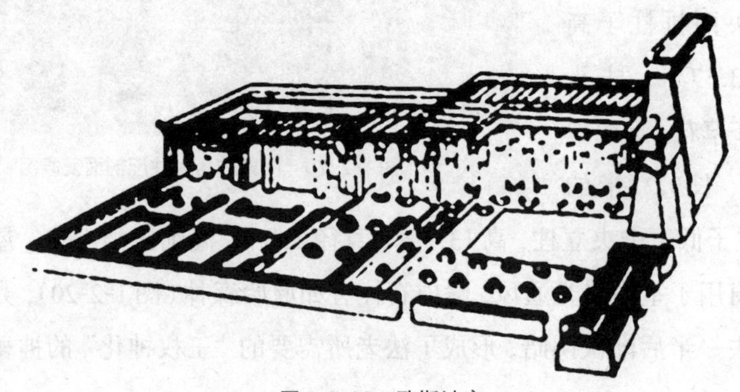

图1-2-23　孔斯神庙

卢克索（Luxor）神庙（图1-2-24）位于底比斯南半部，是第18王朝的第19个法老艾米诺菲斯三世（公元前1398—前1361年在位）所建，到第18王朝后期又经拉美西斯二世扩建，祭奉太阳神阿蒙、其妻自然神姆特和其子月亮神孔斯。神庙长262米，宽56米。

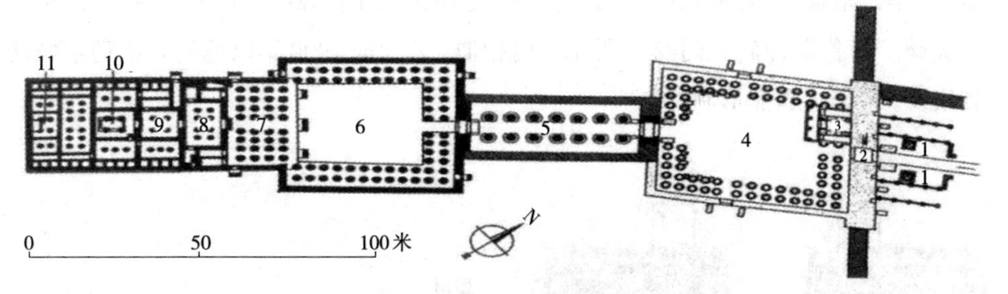

1—拉美西斯二世方尖碑；2—拉美西斯二世牌楼门；
3—图特摩斯三世祠堂；4—拉美西斯二世大院；5—阿曼赫特普三世柱廊；
6—阿曼赫特普三世大院；7—前厅；8—柱厅；9—显圣厅；10—圣舟祠堂；11—祠堂。

图1-2-24　卢克索神庙平面图

卢克索神庙门前是狮身羊首像甬道（图1-2-25），两座高21.34米的方尖碑分别矗立在庙门（拉美西斯二世建）前左右（其中一座现在法国巴黎协和广场）。

图1-2-25　拉美西斯二世牌楼门及狮身羊首像甬道

进入庙门是拉美西斯二世建造的两重廊柱围绕的大院，进院门右侧是图特摩斯三世祠堂，穿过拉美西斯二世大院，是阿曼赫特普三世柱廊，柱子高大，为纸莎草盛放式。阿曼赫特普三世大院为三面回廊（图1-2-26），廊柱采用纸莎草束茎式。穿过阿曼赫特普三世大院是阿曼赫特普祭祀厅，由4×8根立柱支撑。再后面是一个柱厅，左右两边各有一座小神殿，分别祭奉姆特和

图1-2-26　阿曼赫特普三世大院回廊

孔斯。显圣厅是降生室，四周石壁上浮雕着姆特女王和阿蒙太阳神象征性结婚以及他们在女神帮助下生下王子时的情景。

建于古埃及后期的荷鲁斯神庙（Temple of Horus at Edfu，图1-2-27，建于公元前237—前57年），其牌楼门比较典型，大门是一对高大的梯形石墙夹着中间一个矩形门洞，墙面上刻满程式化人物与象形文字图案，门前矗立着一对象征太阳神的方尖碑。荷鲁斯神庙大门与古西亚城门相似，公元前1900年以色列人从乌尔城迁到埃及，带来了西亚形制。

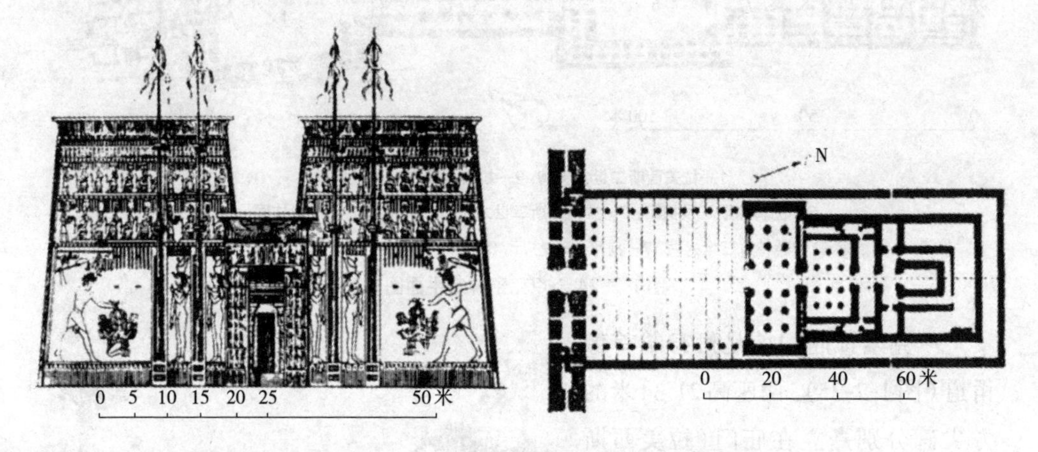

图1-2-27　荷鲁斯神庙牌楼门及平面图

公元前30年古罗马的入侵打断了古埃及建筑体系的延续，此后埃及建筑风格随着统治者的更迭而变化，最终随公元640—1517年阿拉伯帝国和1517—1798年奥斯曼帝国的入侵转变为伊斯兰教建筑体系。

总之，古埃及纪念性建筑用石头作为主要建筑材料，世俗性建筑用土坯作为主要建筑材料。石构建筑包括巨石砌筑的金字塔、石梁柱构建的祭庙与神庙、凿岩而成的石窟，生土建筑包括土坯砌筑的平顶宫殿和民居，是古埃及文明遗留下的珍宝。古埃及的石窟建筑，在公元前5世纪被西亚古波斯阿契美尼德王朝承袭，再传播到印度继而抵中国。

二、古西亚建筑（公元前3500年—公元7世纪）

古西亚建筑是幼发拉底河与底格里斯河所夹的两河流域建筑和伊朗高原建筑的统称。两河流域无石、缺木、富土的环境资源特征，造就了以土坯和烧制砖为主要建筑材料的建筑体系：早期以土坯为主要材料，虽然烧制砖在公元前2000多年已经出现，但由于木材的缺乏并没有普及使用，以辉煌的土坯建筑为标识；公元4世纪始用烧制砖砌筑拱顶，形成砖结构拱顶建筑。盛产石灰岩的伊朗高原，则引用古埃及石梁石柱建筑体系，外墙依旧沿用古西亚土坯墙，将古西亚和古埃及建筑体系融为一体，称为古波斯建筑风格。

公元前4000年，苏美尔人（Sumerian）最早在幼发拉底河和底格里斯河流域（又称美索不达米亚，Mesopotamia）下游建起许多奴隶制国家，并建设了以宫殿、塔庙为中心的城市，实例以乌尔（Ur）城（位于今伊拉克南部）为典型，历史上称之为苏美尔文化。公元前1758年阿摩利人汉谟拉比统一两河流域，建立了巴比伦（Babylonian）王国，国都巴比伦城是当时的商业与文化中心，其建筑今已无存，万幸同时期的尼普尔城（位于今伊拉克南部）尚有遗存。公元前900年左右，上游的亚述王国建立了版图包括两河流域、叙利亚和埃及的亚述（Assyrian）帝国，在今伊拉克赫沙巴德开始兴建规模宏大的都尔－沙鲁金城。公元前625年，迦勒底人征服亚述，建立了新巴比伦（New Babylonian）王国，在巴比伦城址上重建新巴比伦城（位于今伊拉克中部）。公元前550年，波斯人（Persian）建立了以伊朗高原为中心，西至埃及和地中海东岸，东接古代印度的横跨欧亚非三洲的帝国，遗留下建于公元前500年的波斯波利斯王宫（位于现伊朗设拉子），融西亚和埃及建筑风格于一体。随后统治西亚的分别是帕提亚帝国（中国称安息，公元前247—公元224年，全盛时期疆域北达幼发拉底河，东抵阿姆河）和萨珊王朝（公元224—651年，疆土东达印度河，西到地中海东岸及阿拉伯半岛海岸部分地区)，遗留下建于公元4世纪的泰西封宫(位于今巴格达东南)，将罗马建筑元素融入西亚建筑体系中。公元651年，古西亚被阿拉伯帝国入侵并开始伊斯兰化，西亚建筑体系被伊斯兰教建筑全盘吸收，成为伊斯兰教建筑体系众多风格中的一支。

2.1 辉煌的土坯建筑——塔庙与宫殿

古西亚遗留下来的土坯建筑分别以原始拜物教的塔庙和世俗建筑的住宅与宫殿建筑为代表。塔庙(Ziggurat)是山岳崇拜的载体，山岳被认为支承着天地并蕴藏着生命源泉——来自山岳的水注满河流孕育着万物，天上的神住在山里，山是人与神之间的沟通途径，于是模拟山丘形状营建的祭台成为从苏美尔文明到新巴比伦近1 500年间两河流域宗教建筑的主体。祭台用土坯砌筑成高数十米的阶梯形，外贴饰面砖，台顶建庙或祭坛，设单坡道或双坡道通达，坡道或与夯土台垂直，或绕台侧盘旋而上。世俗建筑则以平顶、拱券门窗和彩色装饰墙裙为主要特点。

始建于公元前3000年的乌尔城(图2-1-1，陆续建于公元前3000—前600年)遗址展示了两河流域塔庙和世俗建筑的形象。乌尔城位于现伊拉克穆盖伊尔，叶形平面，由8米高的城墙环绕，南北最长1 030米，东西最宽690米。城内中央偏西北为塔庙区，城西和城北各有一个码头，城西码头附近和城中央偏东南处各有两处居民区。幼发拉底河流经乌尔城，公元前4世纪因幼发拉底河改道逐渐废弃。

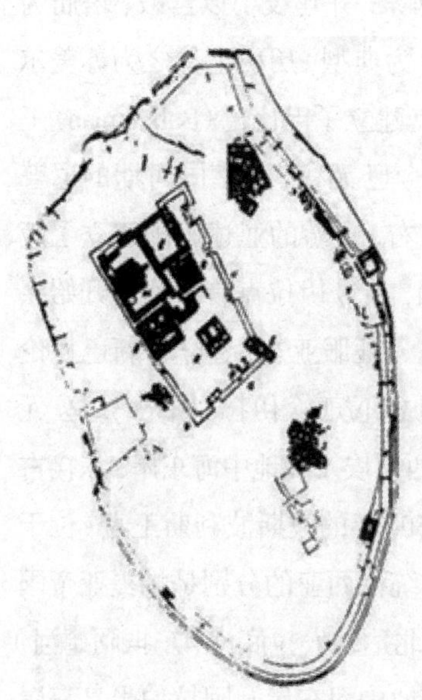

图2-1-1　乌尔城平面图

位于乌尔城中心的塔庙(图2-1-2)约建于公元前2125年，4层，总高约21米。第一层基底面积65米×45米，高9.75米，台前设置3条坡道，一条垂直于正面，两条贴着正面，在3条坡道交汇处是一座有3个券洞的大门，通过大门到达第1层台面。第2层收进很大，基底面积37米×23米，残高2.5米。第3层更成倍缩进。第4层是一座神殿，矩形平面，开圆拱券门，平屋顶。整个台体内部用夯土筑成，外部以烧砖砌筑2.4米厚的保护层。墙身砌筑外凸的扶壁，初为模仿芦苇束编的墙，有方形和半圆形两种，半圆形因不适合土坯砌筑技术被淘汰，方凸体作为加强墙体的措施被保留下来。现仅存首层台体，二层以上已毁。

图2-1-2　乌尔城的塔庙复原图与遗址

乌尔城的住宅多建在土台上，以避免沼泽瘴气和洪水的侵袭。墙体用土坯或芦苇加黏土筑成，很厚，再在土坯墙上排树干，铺芦苇，上拍一层土，形成平顶，较大的住宅还有楼层。因树干长度限制，房屋很窄，内部空间不大，加之气候炎热，所以住宅均设置内院，住宅的房间从四面以长边对着院子，对外不开窗，形成封闭式内院（图2-1-3）。

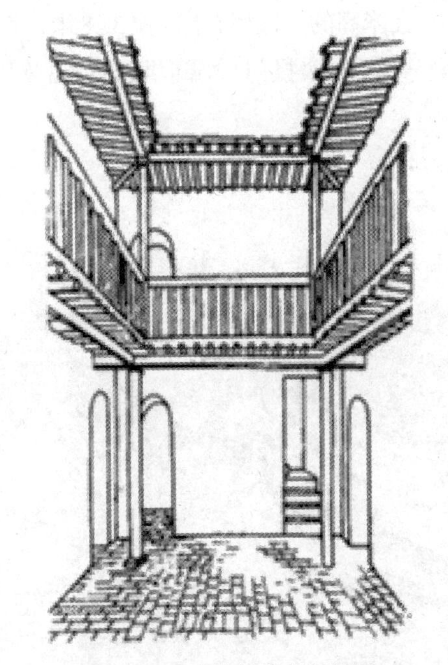

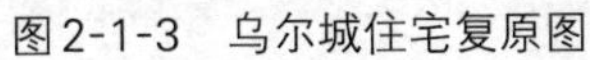

图2-1-3　乌尔城住宅复原图

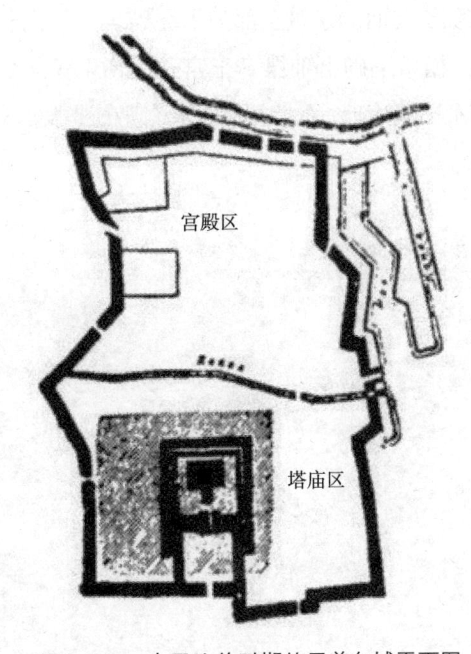

图2-1-4　古巴比伦时期的尼普尔城平面图

古巴比伦时期的尼普尔（Nipur）城（图2-1-4，陆续建于公元前1894—前1595年）为方形平面，北部为宫殿区，南部为塔庙区，建筑墙体以土坯砌筑。

都尔－沙鲁金(Dur-Sharrukin)城(图2-1-5，建于公元前722—前705年)是亚述帝国的首都，位于两河流域上游(今伊拉克赫沙巴德)，方形平面，每边长约2千米，土坯砌筑，城墙厚约50米，高约20米，上有可供四轮马车奔驰的大道以及各种防御性门楼和碉堡。城内西北是亚述帝国皇帝萨尔贡二世王宫。

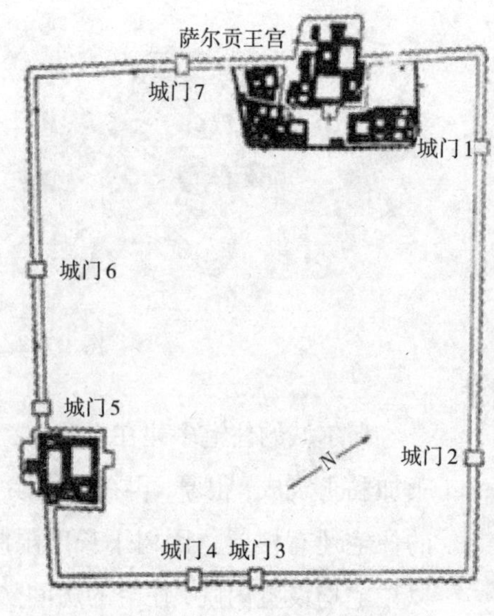

图2-1-5　都尔－沙鲁金城平面图

萨尔贡王宫(Palace of Sargon，图2-1-6)是西亚土坯建筑的典型。王宫占地10万平方米，坐落在18米高的人工砌筑的土台上，由210个房间围绕着30个院落组成。从南面正门进入一个92米见方的大院，院子东面是行政部分，西边是塔庙，帝王的宫殿和后宫坐落在院子北面。建筑全部为土坯砌筑，墙下部约1.1米高的一段用石砌，厚3~8米，平顶，檐口上砌出雉堞。王宫正门由4座方形碉堡夹着3个拱门，中间拱门宽4.3米，墙上贴满琉璃，石墙裙高3米，满布浮雕。

图2-1-6　萨尔贡王宫复原图

亚述帝国时期，塔庙仍是重要的纪念性建筑。在都尔－沙鲁金城中，塔庙与王宫坐落在一起，基底大约43米见方，4层，第一层刷黑色，代表阴间；第二层红色，代表人世；第三层蓝色，代表天堂；第四层白色，代表太阳；第五层是神殿。

建于公元前8世纪亚述时期的安努－阿达（天神、光明神）塔庙（图2-1-7），由左右相同的3层山丘台组成，神堂置于山丘台首层中间。

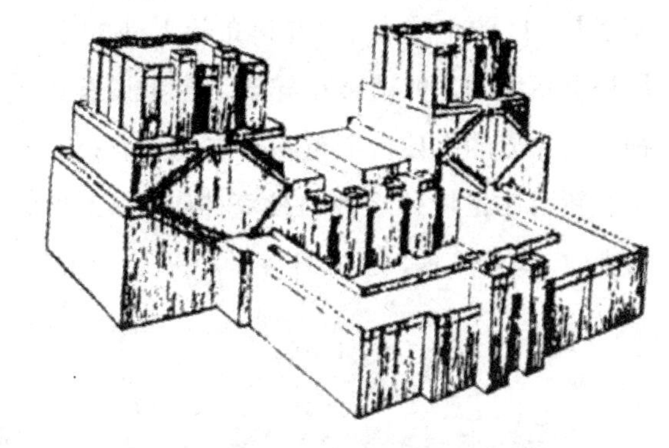

图2-1-7　安努－阿达塔庙复原图

新巴比伦（New Babylon）城（建于公元前7—前6世纪）继承了古巴比伦、亚述土坯建筑形制，由古巴比伦城扩建而成。城横跨幼发拉底河两岸，平面近似方形，周长约17 700米。城内道路相互垂直，城外有护城河，城墙上有250个塔楼，100道铜门。南北向的中央干道串连着宫殿、塔庙、城门和郊外园地。大道中段西侧为7层的巴比伦塔和马都克神庙，北端西侧是宫殿建筑群。伊什达（Ishter）门是城的正门，城门西侧是著名的空中花园。

伊什达门（图2-1-8）仍然延续采用一对上面有雉堞的方形碉楼夹着拱门的形制，拱门门道两侧设置埋伏兵士的龛。

新巴比伦城中的空中花园（图2-1-9）是用土坯营建的建筑杰作。花园长275米，宽183米，中间为周长120米、高25米的多层土台。土台的每层铺上浸透沥青的

图2-1-8　伊什达门复原图

图2-1-9　空中花园想象图

柳条垫，以防止漏水，再在柳条垫上铺2层砖，砖上浇上一层铅，再在上面培上一层层肥沃泥土，种植奇花异草。台上设置传动水的装置，用以浇灌植物。由于这种逐渐收分的山丘台上布满植物，远看好像长在空中，故名空中花园。

新巴比伦城邦之神马杜克神庙（图2-1-10），延续山丘台形制，6层台，第7层为神殿，高91米，边长91.4米。

图2-1-10 马杜克神庙复原模型

图2-1-11 迦勒底人建造的塔庙复原图

新巴比伦时期迦勒底人（Chaldean）建造的一座塔庙（图2-1-11）用土坯砌筑，高7层，高台四周墙壁砌筑盲券洞，台顶神殿为拱形顶。

2.2 色彩斑斓的建筑饰面

为保护土墙免被雨水侵蚀，古西亚建筑发展了色彩斑斓的建筑面饰，经历了由陶钉、贝壳发展为琉璃饰面砖、石裙板贴面的过程。

1. 陶钉

由于当地多暴雨，为保护土坯墙免受侵蚀，公元前4000年左右，在一些重要建筑物的重要部位，趁土坯还潮软的时候，嵌进长约12厘米的圆锥形陶钉，陶钉密密挨在一起，面上涂红、白、黑3种颜色，组成图案（图2-2-1）。起初，图案是编织纹样，模仿日常使用的苇席；后来，陶钉面做成多种样式，有花朵形和动物形。公元前3000年之后，沥青逐渐被用于保护墙面，比陶钉更便于施工，防潮功能更强，陶钉渐渐被淘汰。为了使沥青免受烈日暴晒，又在外面贴各色的石片和贝壳，构成斑斓的装饰图案。

图2-2-1　乌鲁克文化（公元前3400—前3100年）的陶钉土墙饰面

2.琉璃砖

公元前3000年左右，琉璃被发明，其防水性能好，色泽美丽，成为西亚地区最重要的饰面材料。典型实例是建于公元前6世纪的新巴比伦伊什达门（参见图2-1-8），整个墙面贴深蓝色琉璃砖，墙面上均匀排列着白色和金色琉璃砖组成的动物浮雕（图2-2-2）。

图2-2-2　新巴比伦伊什达门墙面上的琉璃砖动物浮雕

3.石板墙裙

亚述帝国时期，石板开始被用于墙裙，于是在墙基脚部或墙裙上做浮雕就成了这一地区建筑的又一特色，如萨尔贡王宫正门券脚处，对称雕刻着1对高约3.8米的5条腿人首翼牛（Winged Bull）高浮雕（图2-2-3），人首、牛身、有翅膀，头顶高冠，为王宫守护神兽。

图2-2-3 萨尔贡王宫正门券脚处的人首翼牛高浮雕

图2-2-4 波斯波利斯宫台阶两侧的朝贡行列浮雕

位于伊朗设拉子的古波斯阿契美尼德王朝波斯波利斯宫（建于公元前518—前460年）继承了西亚琉璃石板墙裙手法，在厚重的土坯墙表面粘贴黑白两色大理石或彩色琉璃砖，大理石和琉璃砖上装饰着浮雕（图2-2-4）。

2.3 拱顶与穹顶——最早的发券结构

拱券技术是古西亚最早发明的，推测早在公元前4000年已出现，但由于缺乏燃料，砖的产量不多，所以拱券只用于坟墓、下水道，地上建筑只在门洞上使用，直到公元4世纪才开始用于构建屋顶。

拱券门是古西亚建筑特征之一，从苏美尔文化、古巴比伦、亚述帝国到新巴比伦一脉相承。苏美尔文化约建于公元前2125年的乌尔塔庙（参见图2-1-2），上部已毁，从考古复原图中可以看出，塔顶神殿门和位于二层台的塔庙大门，以及亚述帝国的萨尔贡王宫（参见图2-1-6）正门、新巴比伦城伊什达门（参见图2-1-8），均采用拱券门。

公元前8世纪，古西亚地区出现使用砖拱的地下排水道，如位于亚述首都都尔–沙鲁金城的萨尔贡王宫平台下的排水道（图2-3-1，建于公元前722—前705年）和尼姆朗（Nimroud）城的排水道（图2-3-2，建于公元前7世纪）。

图2-3-1　萨尔贡王宫平台下的拱券排水道

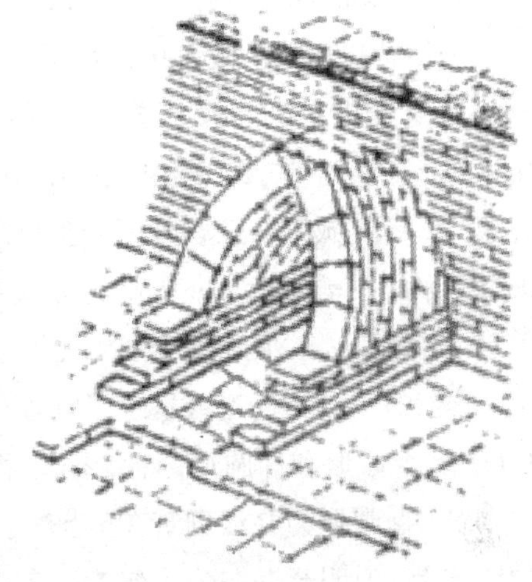
图2-3-2　尼姆朗城的拱券排水道

公元4世纪，西亚地区出现砖拱建筑。位于今伊拉克巴格达东南部的泰西封是波斯萨珊王朝的都城，泰西封宫（Palace at Ctesiphon，建于公元4世纪）是萨珊王朝君主接见外国使臣的大殿，大厅拱顶（图2-3-3）为彩色砖砌，跨度25.3米，顶高36.7米，承受拱顶横推力的墙厚7.3米，拱厅两侧墙高34.4米，大殿立面用壁柱与盲券做装饰。泰西封宫是古西亚、古中亚和东罗马建筑相融合的产物。砖砌建筑在帕提亚帝国（公元前3—公元3世纪）一统中西亚时已经普遍用于营建袄庙，版图东达叙利亚、西抵印度河的萨珊王朝全盘承袭，大厅外立面的叠柱盲券柱式是继承了古罗马在叙利亚地区使用的建筑元素，半圆形门券是古西亚建筑自古传承的建筑元素，跨度达25米多的拱顶则是受东罗马砼筒拱启发用砖砌筑而成。

图2-3-3　泰西封宫砖砌拱顶

穹顶在各个文明中都被使用，最早的公元前6000年塞浦路斯聚落中的圆形平面的穹顶可能是用叠涩法砌筑的，公元前14世纪迈锡尼卫城中的阿伽门农墓以石条砌筑叠涩穹顶（参见本书下文的图4-1-9），公元前12—前10世纪意大利伊特拉斯坎的陵墓中采用了叠涩穹顶，美洲玛雅文化的神庙也使用叠涩穹顶（参见本书下文的6.3节）。古西亚叠涩穹顶的出现排位世界第二，乌尔城第一王朝陵墓（建于约公元前3000年）采用了叠涩穹顶；在亚述帝国时期（公元前900—前625年）的尼尼微城（位于今伊拉克北部）出土的一块石板浮雕呈现了穹顶形象（图2-3-4），有半球形和椭圆形两种，推测半球形为发券砌筑，椭圆形为叠涩砌筑，皆坐落于方形平面的墙体上，说明至迟在公元前7世纪古西亚已经有方底穹顶建筑；公元前3世纪—公元3世纪的帕提亚帝国时期，这种建筑成为中西亚建筑主流；公元6世纪，在东罗马首都君士坦丁堡（今土耳其伊斯坦布尔），古罗马的穹顶与中西亚方底穹顶相遇，衍生出拜占庭帆拱穹顶结构体系。

图2-3-4　尼尼微城出土的石板浮雕

2.4　石梁柱结构的输入——波斯密柱方厅

在盛产石灰岩的伊朗高原，疆土横跨欧亚非的波斯帝国于公元前6世纪将埃及的石梁石柱结构体系植入古西亚建筑体系中，创造出史称波斯密柱方厅的建筑风格。

公元前6世纪，波斯阿契美尼德王朝利用从希腊、埃及和叙利亚俘虏来的奴隶，在今伊朗设拉子营建了波斯波利斯王宫（Palace of Persepolis，图2-4-1，建于公元前518—前460年）。王宫在一座450米×300米的靠山台上，由东大厅、西大厅、后宫以及财库和附属建筑组成。入口设在西北角，入门向东再南行，路两侧分别是东、西大厅，为王宫的接待大厅，均为正方形。西大厅四周环绕柱廊，柱廊四角各设有一座塔楼，西侧柱廊是检阅台，俯临着平台下的广阔原野；东大厅又名“百柱厅”，纵横各排列着10根共100根立柱。大厅南面是后宫。波斯波利斯王宫融合了埃及和西亚建筑手法，王宫建设采用埃及已沿用了1 500年的石梁柱结构体系，纵横间距相同，被建筑史界称为波斯密柱方厅；针对伊朗高原炎热干燥的气候条件，建筑外围护墙则沿用西亚手法，采用厚重的土坯墙，外墙装饰沿用西亚琉璃砖和石板墙裙手法。公元8世纪伊斯兰教传播到西亚地区时，鉴于波斯密柱方厅室内开敞连续的空间适宜伊斯兰教徒做礼拜活动，被伊斯兰教礼拜寺所继承。

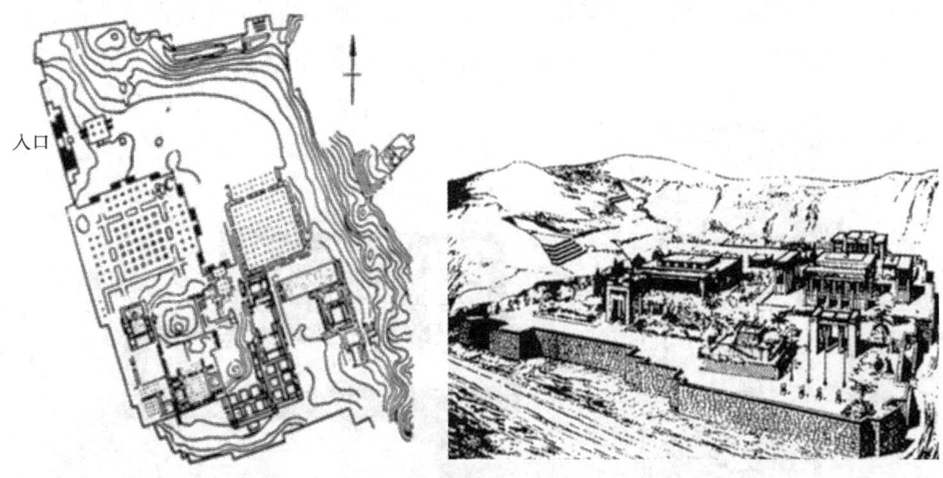

图2-4-1　位于伊朗设拉子的波斯波利斯王宫平面图及复原鸟瞰图

从波斯波利斯王宫的石柱（图2-4-2）中，可以看到埃及、希腊的外来影响。柱子比例修长，柱础是刻着花瓣的覆钟，柱身凿出凹槽；柱头高度占柱高2/5，由覆钟、仰钵、几对竖着的涡券和一对背靠背跪着的雄牛组成。涡券来自希腊爱奥尼柱式（参见本书下文的图4-2-7），柱身凹槽也是希腊柱式做法，柱头上放置的雄牛是模仿古埃及哈托尔柱式上置神像的做法。

图2-4-2　波斯波利斯王宫的石柱

波斯人在石灰岩丰富的伊朗高原，不但使用了古埃及的石梁柱建筑体系，在帝陵的营建上也吸收了古埃及崖墓的手法：在波斯波利斯以北12千米的山岩峭壁中，凿岩为窟建造波斯王墓（Tomb of Darius，图2-4-3，建于公元前485年），窟檐外立面为十字形，中部4根兽头式柱子，门楣为埃及式，上面为一用人像支承的国王宝座，从中可看到大流士宫缩影。石窟在伊朗高原开凿后，随着古波斯帝国扩展到印度河流域，印度人约在公元前3世纪开始凿窟为佛寺。

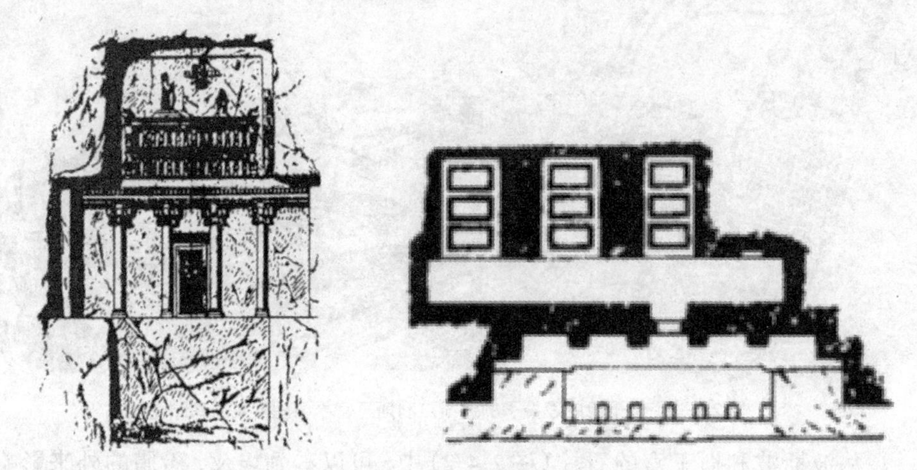

图2-4-3　伊朗设拉子大流士石窟墓立面及平面图

综上所述，古西亚标志性建筑是山丘台式的塔庙和土坯砌筑的平顶建筑，为保护土坯墙相继发展了陶钉、琉璃和石板等墙面装饰材料；拱券在古巴比伦、亚述及新巴比伦时期，基本只用于门窗及营建排水沟渠，公元4世纪受古罗马砼拱顶和中亚砖砌建筑的影响，开始用于砌筑屋顶；叠涩穹顶出现在公元前3000年前的帝陵，公元前7世纪出现发券穹顶用于构建屋顶，呈现方底穹顶建筑造型。古西亚彩砖面饰、波斯密柱方厅和方底穹顶建筑造型后被伊斯兰教建筑继承发展。

西亚历史上曾被古埃及、古希腊、古罗马、古波斯、帕提亚、萨珊等疆土横跨欧亚或中西亚的帝国统治过，成为不同建筑风格和建筑技术的集散地。古西亚两侧碉楼夹中间拱门的大门做法，推测公元前1900年随以色列人迁徙从乌尔城传播至埃及，将拱门改良为石过梁，形成古埃及独特的大门形制；建于公元前10世纪的耶路撒冷所罗门庙，与古埃及神庙相似的平面布局推测是以色列人出埃及带到西亚的。公元前5世纪古波斯在伊朗的石梁柱王宫，将古埃及石梁柱结构和古西亚土坯墙技术及古希腊建筑手法结合在一起；石窟墓是古埃及石窟墓的复制并进而传播到印度，又传入中国。公元6世纪，中西亚方底穹顶的构造方法与古罗马的穹顶相遇于东罗马，形成了拜占庭帆拱穹顶结构体系。

三、古印度建筑
（公元前3000年—公元14世纪）

古印度建筑是砖石建筑体系，树、竹、石、土均是当地富源材料。热带季风造成了印度的高温多雨气候，由于世俗建筑多用竹木搭建，故保留下来的极少，保留下来的大都是用砖石构建的宗教建筑，故本书仅阐述古印度砖石建筑的发展。因炎热的天气不适于在建筑内部聚集大量人员，古印度建筑没有欧洲石建筑体系为营建室内大空间而发展出来的拱顶和穹顶，也没有中亚砖结构体系为营建室内大空间而发展出来的连穹顶，而是采用叠涩技术构筑屋顶，内部空间狭小，仅满足放置礼拜对象塑像之功能要求，重点则放在打造建筑本身而使之成为崇拜对象，故布满雕刻的塔顶成为古印度建筑鲜明的标识。古印度建筑体系对世界文明的另一个重大贡献是其石窟建筑，承袭了古波斯石窟建筑做法并发展创新，后渐传至中东亚。

古印度的烧制砖早在公元前2600年已经普遍使用。位于印度河下游今巴基斯坦境内的摩亨佐–达罗（Mohenjo-daro）城（图3-0-1，存在于公元前2600—前

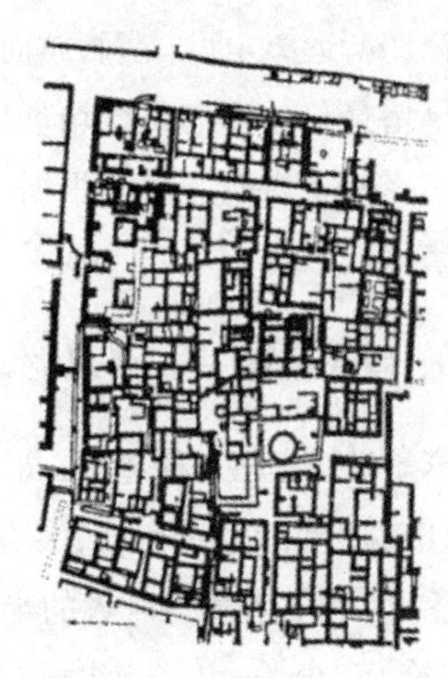

图3-0-1　摩亨佐–达罗城现状和平面图

1900年），使用烧制砖砌筑了高达15米的城墙、城墙上的瞭望楼、平顶大厅（边长28米，有4排 ×5排砖砌圆柱），以及1 000平方米的大浴池（烧制砖砌成，地表和墙面以石膏填缝，上盖沥青，因而滴水不漏）和2层楼房。虽然代表古印度文明的摩亨佐–达罗文明在公元前20世纪突然消失，但烧制砖作为古印度的重要建筑材料在印度建筑体系中没有中断。

古印度宗教建筑由佛教、印度教和耆那教3类建筑组成，均用砖石砌筑。佛教建筑用砖石砌筑半圆形实心覆钵，成为佛教建筑最具标识性的建筑元素；印度教和耆那教建筑用叠涩技术砌筑出内部天花板，为叠涩穹顶或方形攒尖顶，外部屋顶轮廓为多层塔形状，成为印度教和耆那教标识性建筑元素。

3.1 佛教建筑

佛教产生于公元前5世纪末的古印度迦毗罗卫国（今尼泊尔境内），盛行于公元前4世纪—公元7世纪，7世纪遭到印度教排斥而衰落，因此佛教建筑在印度遗留有限，但对外影响却很广：从公元前3世纪孔雀王朝阿育王时期开始，随佛教南传到锡兰（今斯里兰卡）渐至东南亚各国，包括中国西南地区；西北传到犍陀罗地区渐至中国、朝鲜、日本等东北亚各国；公元7世纪，北从尼泊尔经西藏传播到中国内地。在佛教传播路径上，可窥见印度佛教建筑拓展的轨迹。印度佛教建筑有佛塔和佛寺两类，佛塔最初用于放置佛陀舍利，以举行对佛祖的礼拜，标识性建筑元素是半球形覆钵，继而用于放置佛像，衍生出高塔，半球形覆钵缩小为装饰性标识；佛寺是供信徒苦修之用，佛教主张以寂灭无为达到否定自我，从而脱离苦海，故苦修场所远离尘世，凿石窟而为之。

佛塔最早的形态是窣堵坡塔，后续发展出楼阁式塔，在楼阁式塔的基础上又衍生了密檐式塔及花塔。根据不同佛教部派教义，塔的分布或为一塔一坛形制或为多塔一坛形制。

1. 窣堵坡塔——半球形之覆钵为塔主体

窣堵坡塔呈现4种造型，即早期的印度原型和分布在佛教3个外传路径上的变体。印度原型诞生于印度，由塔座、塔身和塔刹组成的佛塔置于一个方形（或圆形）祭坛中心，塔身为巨大的半球形覆钵，覆钵上的塔刹较小，塔刹由平头、伞杆（或相轮）和伞盖（华盖）组成（其中“平头”是一个方块体，是最早的刹座造型），塔基低矮，印度（含尼泊尔）和斯里兰卡采用该类型，称之为印度窣堵坡；第二类分布在佛教从印度北部向外传播的路径上，接近印度原型，依然以半球形之覆钵为塔的主体，塔座采用须弥座，高度增加，是为喇嘛塔；第三类分布在佛教经犍陀罗地区沿丝绸之路传播的路径上，受中亚方底穹顶建筑和希腊造像艺术的影响，佛像崇拜取代了窣堵坡崇拜，为放置佛像，塔基高度增加并演变为方形门亭，覆钵比例减小，是为门塔；第四类分布在受南传佛教影响的东南亚及中国西南地区，塔基、覆钵与塔刹的比例发生较大变化，基座增高，覆钵由半球形演变为覆钟形和叠置形，塔刹增高，是为小乘佛塔。

(1) 印度窣堵坡塔

窣堵坡是梵文Stupa的音译，意指坟冢，始于佛陀去世后八王分舍利造塔礼拜及阿育王时造八万四千塔收藏佛陀骨灰，方形或圆形祭坛中心建半球形覆钵，被看作与佛陀灵魂合一的宇宙缩影，覆钵上由平头、伞杆（或相轮）和伞盖组成的塔刹则引喻出宇宙之柱、宇宙中心等意义，将半球形覆钵置于祭坛中心，形成礼佛场地。

位于印度桑奇的1号窣堵坡（Great Stupa, Sanchi，图3-1-1，初建于公元前250年），为阿育王收藏释迦牟尼舍利而建，半球形的覆钵直径32米，高12.8米，坐落在直径36.6米、高4.3米的鼓形基座上，顶上一圈正方形的石栏杆环绕着由平头、伞杆和3层伞盖组成的塔刹。该塔初建时为半球形的土墩，脱胎于竹编抹泥而成、近于半球形的印度北方住宅，公元前2世纪，在土墩外面再砌砖石，增加塔座和塔刹，窣堵坡四周增建一圈石栏杆，标识出祭坛的范围，至此，祭坛中心安置窣堵坡塔成为定制。公元前1世纪，在祭坛石栏杆四面正中增建高10米之门，门由2根石柱上部横穿3条石枋构成，柱、枋上装饰佛祖本生题材浮雕。

图3-1-1　位于印度桑奇的1号窣堵坡

公元前2世纪，窣堵坡塔成为石窟寺中供信徒礼拜的形制，开凿支提窟（礼拜窟）时就地开凿成形，典型实例有巴加、卡尔利和贝德萨石窟寺（图3-1-2）。开凿于公元前2—前1世纪的巴加支提窟（Chaitya at Bhaja，位于印度中部马哈拉施特拉邦）中的佛塔，与桑奇1号窣堵坡造型相同，为开凿窟穴时剔除周围石头留下的实心佛塔；开凿于公元前1世纪的卡尔利支提窟（Chaitya at Karli，位于孟买东南160千米）和开凿于公元1—2世纪的贝德萨支提窟（Chaitya at Bedsa，位于印度西部孟买东南的浦那）中的窣堵坡，采用相同手法，形态均为两层鼓形塔座，上置半球形覆钵，唯塔刹与桑奇1号窣堵坡的方形平头略有区别，为倒梯形层层出檐，伞盖前者为波浪单层，后者为仰置的半球形。

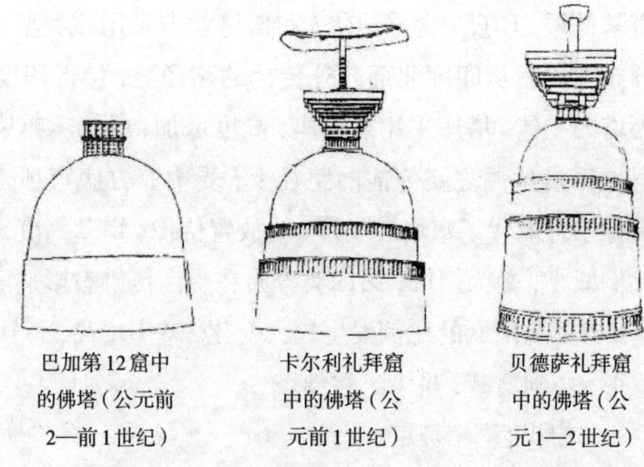

巴加第12窟中的佛塔（公元前2—前1世纪）　卡尔利礼拜窟中的佛塔（公元前1世纪）　贝德萨礼拜窟中的佛塔（公元1—2世纪）

图3-1-2　印度早期窣堵坡塔（公元前2—公元2世纪）

图3-1-3　斯瓦扬布纳特窣堵坡

始建于阿育王朝时期的斯瓦扬布纳特窣堵坡（Swayyambhunath Stupa，图3-1-3，始建于公元前3世纪，位于今尼泊尔加德满都），虽然经过多次损毁和重建，仍然保留了印度桑奇1号窣堵坡半球形覆钵的式样，半球形的覆钵坐落在低矮的基座上。

公元前247年佛教传入锡兰（今斯里兰卡），印度窣堵坡塔随之传入。斯里兰卡中北部的阿努拉达普拉，从公元前3世纪至公元10世纪一直是僧伽罗王朝的都城和佛教中心，它位于今斯里兰卡首都科伦坡东北205千米处，那里保存有建于公元前3世纪至公元4世纪期间的4座佛塔（图3-1-4~图3-1-7），这4座塔基本沿用印度窣堵坡原型，唯塔刹的方形塔式相轮改为圆形相轮。

图3-1-4　鲁旺威利塞亚塔（Ruwanveliseya Dagoba，初建并数度重修于公元前3世纪至公元4世纪，高100米，塔基直径96米）

图3-1-5　都波罗摩塔（Thuparama Dagoba，建于公元前250—前210年，塔中供养佛陀锁骨舍利，建成时呈“稻谷堆”形，现状为19世纪重修）

图3-1-6　无畏山寺佛塔（Abhayagiri Dagoba，建于公元前89年）

图3-1-7　杰塔瓦纳拉马塔（Jetavanarama Dagoba，始建于公元276—303年，公元303—331年续建，深红色砖砌筑，塔基直径约112米）

石窟寺支提窟中的窣堵坡塔，采用同样的造型，实例以建于公元1—2世纪的斯里兰卡丹布拉石窟寺2号窟中的窣堵坡（图3-1-8）为典型。

（2）喇嘛塔

从古印度北部（现尼泊尔）传入中国西藏并与西藏本教结合形成的佛教称作藏传佛教，又称喇嘛教，经元和清两朝传遍中国全境。该路径上的佛塔称藏传佛塔，又名喇嘛塔，依然以覆钵为佛塔主体，但覆钵形状有改变，与印度窣堵坡原型的另一区别是塔座高度增加。

图3-1-8　丹布拉石窟寺（Dambulla Cave Temple）2号窟中的窣堵坡

13世纪后半叶尼波罗国（今尼泊尔）人阿尼哥在元大都（今北京）主持建造了妙应寺白塔（图3-1-9），在山西五台山主持建造了塔院寺白塔（图3-1-10），塔座采用“亞”字形须弥座，塔身覆钵巨大，为上宽下窄的瓶状，覆钵正面雕刻着佛龛，塔刹平头用须弥座取代，圆形相轮，华盖上有宝葫芦，后成为喇嘛塔的定制，在元、清两代广泛传播。典型实例还有中国湖北武昌胜像寺塔（图3-1-11）、北京北海永安寺白塔（图3-1-12）。

图3-1-9　北京妙应寺白塔

图3-1-10　山西五台山塔院寺白塔

图3-1-11　建于1343年的湖北武昌胜像寺塔

图3-1-12　建于清初顺治八年（1651年）的北京北海永安寺白塔

建于1271—1279年的北京妙应寺白塔，塔高50.9米，立于面积1 422平方米、高9米的祭坛中间。塔座分3层，最下层呈方形，上、中2层是八角形的“亞”字形须弥座。塔身为瓶状覆钵，刹基为须弥座，上加13天相轮，顶端为一直径9.7米的华盖，华盖四周悬挂着36副铜质透雕的流苏和风铃，华盖上有高约5米的鎏金宝葫芦（后改为小喇嘛塔）。山西五台山塔院寺白塔，释迦文佛真身舍利塔，建于元大德五年（1301年），塔高75.3米，形制与北京妙应寺白塔相同。

明清之际，瓶状覆钵出现上下叠置和抹肩的变化，多用于小型喇嘛塔，前者有河北承德普宁寺喇嘛塔（图3-1-13），后者有内蒙古呼和浩特席力图召喇嘛塔（图3-1-14）、青海湟中塔尔寺8塔（图3-1-15）、西藏扎囊桑耶寺塔等。

图3-1-13　建于清乾隆二十年（1755年）的河北承德普宁寺喇嘛塔

图3-1-14　建于明万历十三年（1585年）的内蒙古呼和浩特席力图召藏传佛塔

图3-1-15　建于清乾隆四十一年（1776年）的青海湟中塔尔寺8塔

位于中国西藏扎囊的桑耶寺塔（初建于公元762—779年，重建于18世纪）包括白、红、黑、绿4塔（图3-1-16）。塔座高度占总高度的一半，平面正方形，多层阶梯状，红塔为圆形，其它为方形；塔身白、红、绿塔为带抹肩的瓶状，唯黑塔为钟形；塔刹由方形平头、圆形相轮和华盖组成，华盖上增添承露盘、日月和宝珠。

图3-1-16 中国西藏扎囊桑耶寺4塔

(3) 门塔

经印度西北犍陀罗沿丝绸之路扩展的佛塔呈现出门塔形制，是印度窣堵坡在佛像崇拜的背景下与中亚方底穹顶建筑融合的产物。犍陀罗地区是佛教从印度传播到中亚及东亚的重要节点，核心区域包括今阿富汗东部和巴基斯坦西北部，历史上被东西方不同王国统治：公元前6世纪是古印度列国时代十六大国之一；公元前5世纪，成为古波斯帝国的一部分；公元前4世纪，欧洲马其顿国王亚历山大大帝来到犍陀罗地区；公元前3世纪，是印度孔雀王朝摩揭陀国的疆土；公元1世纪，成为大月氏人建立的贵霜王朝的核心区域。印度佛教早期不奉祀神灵，只把释迦牟尼奉为教主，不塑造佛像，公元前1世纪居住在这个区域的希腊人皈依佛教后，沿袭希腊偶像崇拜于贵霜帝国时期开始雕塑佛像，体现在佛塔上是在塔身上雕刻佛龛内置佛像或在塔内安置佛像，于是门形塔（简称门塔）诞生。

佛像崇拜体现在佛塔上首先是在已有的窣堵坡上加建佛龛，如位于今巴基斯坦塔克西拉（Taxila）的达摩拉吉卡窣堵坡（Dharmarajika Stupa，图3-1-17），其覆钵于公元前1世纪增添小佛龛。公元2世纪以后犍陀罗地区的佛塔上开辟内置佛像或雕刻佛像的佛龛成为主流（图3-1-18）。

图3-1-17　达摩拉吉卡窣堵坡

图3-1-18　公元2世纪以后犍陀罗地区的佛塔上开辟佛龛成为主流

随后开始在佛塔中安置佛像：借鉴中亚原有宗教建筑——祆庙的方底穹顶建筑造型，用祆庙的方底取代窣堵坡的塔座，或在塔座上开拱门，内辟空间供奉佛像；或不开拱门，塔座四壁雕刻佛像和佛龛。

将沙费德祆庙（图3-1-19的左图，建于公元前后，位于今吉尔吉斯斯坦拉巴特依）的屋顶换成卡尔利石窟中的窣堵坡（图3-1-19的中图，参见图3-1-2的中图），就是哥尔达拉窣堵坡（图3-1-19的右图，建于公元2世纪，位于今阿富汗喀布尔），其塔座中空，塔座上有2层圆形鼓座，上覆半球形钵体，塔刹已毁。这种造型的佛塔公元1—3世纪在贵霜帝国一直持续被建造，典型实例还有乌兹别克斯坦铁尔梅

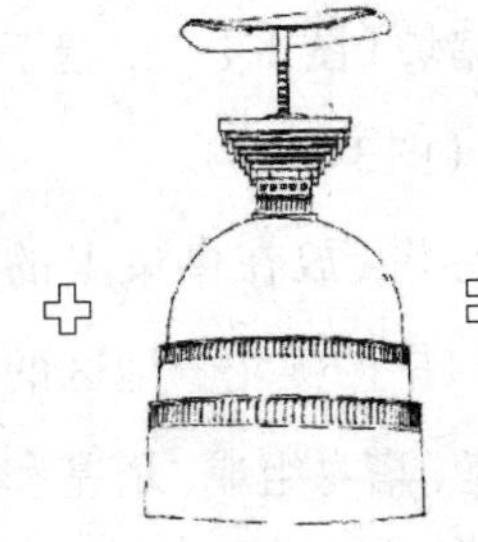

图3-1-19　祆庙与印度窣堵坡融合

图3-1-20　祖尔马勒窣堵坡

图3-1-21　苏巴什佛寺塔

图3-1-22　莫尔窣堵坡

图3-1-23　云南大姚白塔（建于唐代，为西域番僧所造）

兹的祖尔马勒窣堵坡（图3-1-20，建于公元1—2世纪），以及中国新疆库车的苏巴什佛寺塔（图3-1-21，建于公元5世纪）和新疆喀什的莫尔窣堵坡（图3-1-22，建于公元3世纪前），影响甚至抵达云南（图3-1-23）。

石窟寺壁画中的佛塔和供养塔（放在供桌上的小塔）也记录了这种形制：图3-1-24中的犍陀罗地区的佛塔，由祭坛演变为塔基，上由塔座、塔身组成，塔基和塔座正方形，四壁雕刻佛像，上覆犍陀罗式窣堵坡。公元

图3-1-24　犍陀罗地区的佛塔

4—5世纪佛教传入河西走廊一带的北凉国（397—439年）时，塔基改为八边形，塔座为圆柱形，在塔身（覆钵）上开凿佛龛，相轮式塔刹，实例有酒泉高善穆塔、酒泉程段儿塔、敦煌沙山塔、敦煌三危山塔（图3-1-25）。

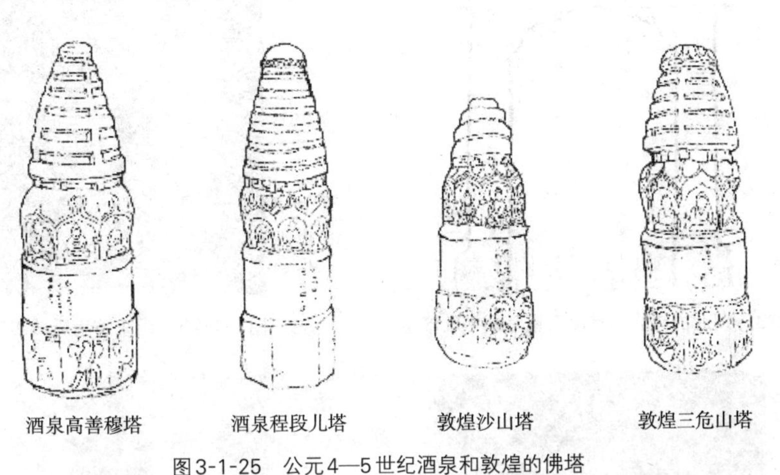

图3-1-25 公元4—5世纪酒泉和敦煌的佛塔

在方形塔座上开凿佛龛则从新疆、河西走廊一直传到河北，半球形覆钵比例缩小并演变为塔刹，塔座演变为塔身，因而被称为门塔。典型实例有新疆拜城克孜尔石窟壁画中的佛塔（图3-1-26，画于公元3世纪），新疆库车森姆塞姆石窟壁画中的窣堵坡（图3-1-27，画于公元4—10世纪），河北邯郸北响堂山石窟壁画中的窣堵坡（图3-1-28，画于528年），山东济南历城四门塔（图3-1-29，建于611年）。在传播过程中增加了中国建筑元素，如敦煌第257窟中的门塔（图3-1-30，雕刻于北魏），

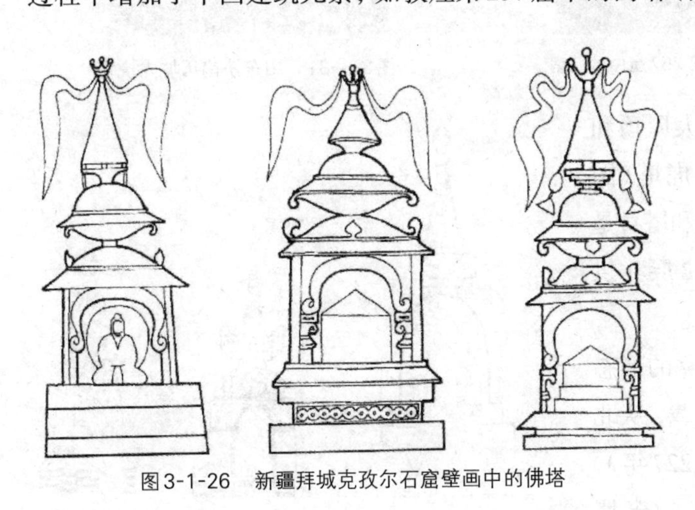

图3-1-26 新疆拜城克孜尔石窟壁画中的佛塔

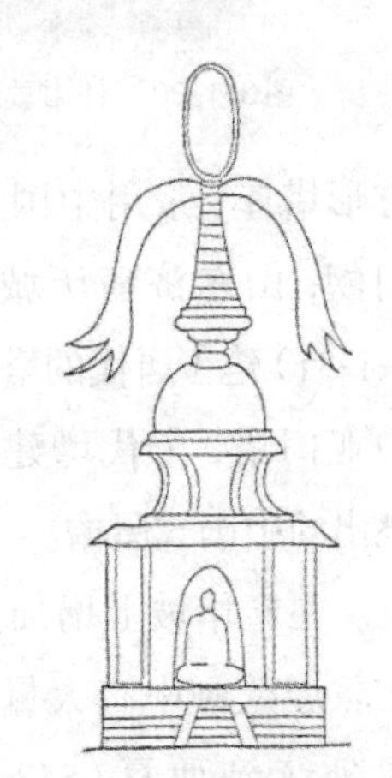

图3-1-27 新疆库车森姆塞姆石窟壁画中的窣堵坡

图3-1-28　河北邯郸北响堂山石窟壁画中的窣堵坡

图3-1-29　山东济南历城四门塔

图3-1-30　甘肃敦煌第257窟中的门塔

图3-1-31　山东济南历城龙虎塔

方形塔座，采用中国式大屋顶和门阙；山东济南历城龙虎塔（图3-1-31）建于唐代的塔基和塔身是中亚门塔，宋代增建了3层斗拱挑出的中国式屋檐。

在窣堵坡上增加佛龛的形态在敦煌壁画中有大量记载，从北周延续到西夏（542—1227年），图3-1-32是北周至隋代的窣堵

图3-1-32　敦煌壁画中北周至隋代的窣堵坡

坡，图3-1-33是唐代至西夏的窣堵坡。

图3-1-33　敦煌壁画中唐代至西夏的窣堵坡

（4）小乘佛塔

在南传佛教传播的沿途，早期依然以印度窣堵坡的半球形覆钵为塔身，后期逐渐演变为覆钟形，传至中国西南地区后，又衍生出另一种形态——叠置形。

佛教公元前3世纪传到斯里兰卡，公元430年，觉音论师在斯里兰卡大寺注释三藏完成，奠定了大寺派复兴和传承的基础，形成南传佛教，5世纪传到东南亚，15世纪经缅甸传入中国西南地区。

公元6世纪，东南亚地区的佛塔依然以覆钵为主体，形态与印度窣堵坡原型相比，塔座增高，覆钵减小，塔刹增高。例如，缅甸仰光大金塔（Shwedagon Pagoda，图3-1-34），相传始建于公元585年，历代多次修缮，至18世纪建成现状，高107

米，塔座做成可进入式佛殿，内置佛像，塔身为半球形覆钵（钵体下部向外伸展略呈钟状），上置高高的塔刹，大金塔周围环绕着大量内置佛像的门塔。

图3-1-34　缅甸仰光大金塔

泰国的窣堵坡演变为覆钟式，须弥座塔基，塔座重叠多层，塔身不大，半球形覆钵演变为覆钟形，如位于曼谷的玉佛寺的佛塔（图3-1-35，建于公元1784年）和卧佛寺的大和尚塔（图3-1-36，建于1824—1851年）。

图3-1-35　曼谷玉佛寺佛塔

图3-1-36　曼谷卧佛寺大和尚塔

公元7世纪，南传佛教经缅甸传入与之接壤的云南西双版纳，15世纪以后，陆续传播到德宏、普洱、临沧和保山等民族地区。佛塔形态呈现出覆钟式和叠置式两种（图3-1-37），覆钟式与泰国佛塔相似（图3-1-38）；叠置式塔的覆钟比例进一步缩小，塔身变为两个叠置的须弥座，覆钟上移为塔刹的基座（图3-1-39、图3-1-40）。

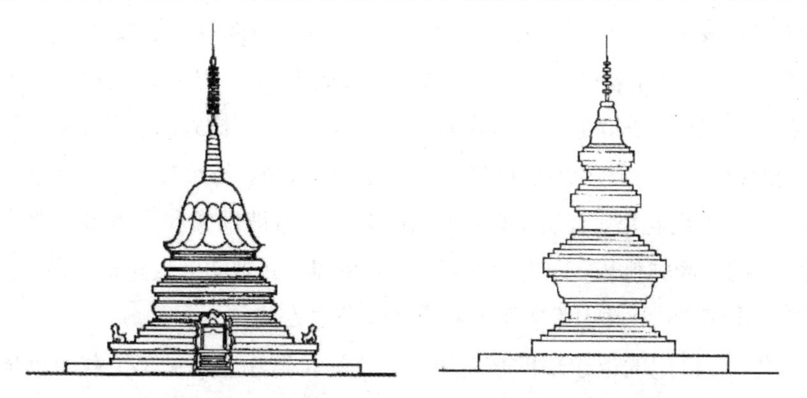

图3-1-37　覆钟式佛塔（左）与叠置式佛塔（右）示意图

图3-1-38　云南德宏风平大佛寺覆钟式佛塔（建于1728年，高10多米）

图3-1-39　云南景洪曼听佛寺叠置式佛塔（始建于公元669年，重建于1982年）

图3-1-40　云南景洪曼春满佛寺叠置式佛塔（清代重建）

2. 楼阁式塔——半球形覆钵转换为塔刹

楼阁式塔最早见于公元2世纪的犍陀罗，塔身用楼阁取代了覆钵，首层较高，中心放置佛像，半球形覆钵体量变小，被移至楼阁顶，成为塔刹的基座。随着佛教宗派的发展，楼阁式塔衍生出众多支系，如6世纪出现密檐式塔，将各层楼阁的塔身去掉，仅保留首层楼阁和各层屋檐，故得名密檐式塔；公元12世纪，在密檐式塔的基础上又衍生出花塔，首层不变，上面的多层密檐被佛像和小塔雕刻取代。诞生于犍陀罗的楼阁式佛塔，向南影响到印度中北部，并被印度教建筑承袭；北沿丝绸之路传至中国境内，并引发中国木构高楼建筑之发展。

建于公元2世纪的位于现巴基斯坦白沙瓦的雀离浮屠是见于记载的最早楼阁式佛塔（已毁），根据记载推断其造型与犍陀罗的鲁利延·坦海楼阁式塔（Loriyan Tanhai Stupa，图3-1-41，建于公元2世纪）相差不远，塔身为多层楼阁，遍刻佛龛与佛像。

图3-1-41　鲁利延·坦海楼阁式塔

图3-1-42　泥板浮雕上的楼阁式佛塔

位于印度北部的巴特那出土的公元3世纪泥板浮雕，展示了一座5层高的楼阁式佛塔（图3-1-42），首层为供佛的佛龛，其余各层雕刻盲券（装饰性的拱），半球形之覆钵缩小移至楼阁顶，成为塔刹的基座。

位于印度北部巴特那东南90千米的那烂陀寺，建于公元5—6世纪，其中有一座楼阁式砖砌佛塔（图3-1-43），3层，方形，塔身每面雕刻着3个盲龛，内有佛像雕刻，顶部为半球形穹顶，塔刹已毁。位于斯里兰卡波隆纳鲁沃城的萨特马哈尔

（Satmahal）塔（图3-1-44，建于12世纪）为7层楼阁式佛塔（现存6层）。公元6世纪开始，佛教在印度逐渐被印度教取代，楼阁式佛塔的式样被印度教建筑继承。

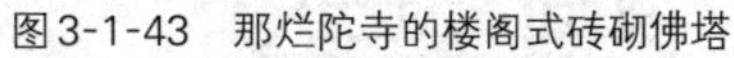

图3-1-43　那烂陀寺的楼阁式砖砌佛塔

图3-1-44　萨特马哈尔塔

楼阁式佛塔向北沿丝绸之路渐达中国，至迟公元4世纪末—5世纪中叶出现在新疆吐鲁番，5世纪末抵达中原地带，6世纪传到朝鲜半岛和日本岛。

中国现存最早的楼阁式佛塔，是位于新疆吐鲁番的西克普（Sirkip）楼阁式佛塔（图3-1-45，至迟建于公元5世纪中叶）；文字记载的建于公元193年的徐州浮屠祠塔为“上累金盘，下为重楼”（《后汉书·陶谦传》）的楼阁式佛塔；《洛阳伽蓝记》记永宁寺“中有九层浮屠一所，架木为之，举高九十丈，有刹复高十丈，合去地一千尺”（公元516年），描述的也是楼阁式佛塔；山西朔县崇福寺内的小石塔（图3-1-46）是中原最早的楼阁式佛塔（建于北魏天安元年，公元466年）；再如敦煌石窟寺第340窟壁画中的楼阁式佛塔（图3-1-47，画于公元7世纪）和云冈石窟

图3-1-45　西克普楼阁式佛塔

寺第6窟中的楼阁式佛塔（图3-1-48，开凿于公元471—494年），以及唐代西安慈恩寺大雁塔（图3-1-49，建于652年）、辽代山西应县佛宫寺释迦塔（图3-1-50，建于1056年）等。公元6世纪，楼阁式佛塔传到朝鲜半岛和日本，如建于535年的韩国庆州佛国寺多宝塔（图3-1-51）、韩国扶余定林寺石塔（图3-1-52）和始建于680年的日本奈良法隆寺五重塔（图3-1-53）等。

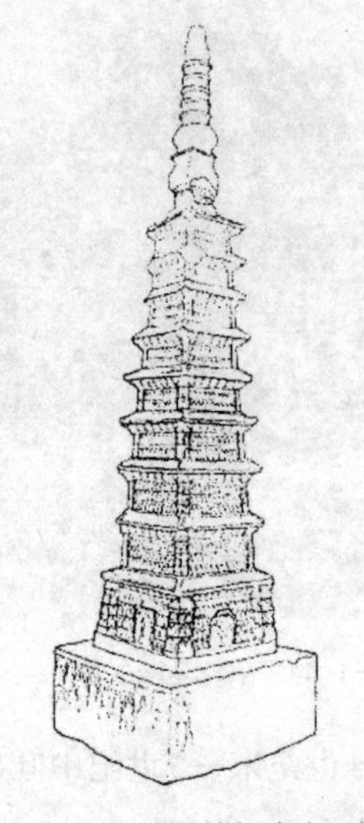

图3-1-46　山西崇福寺小石塔

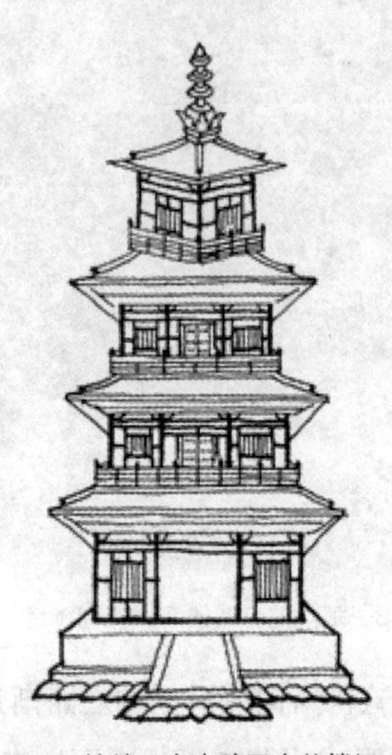

图3-1-47　敦煌石窟寺壁画中的楼阁式佛塔

图3-1-48　云冈石窟寺中的楼阁式佛塔

图3-1-49　西安慈恩寺大雁塔

图3-1-50　山西应县佛宫寺释迦塔

图3-1-51　韩国庆州佛国寺多宝塔（建于535年，751年重建）

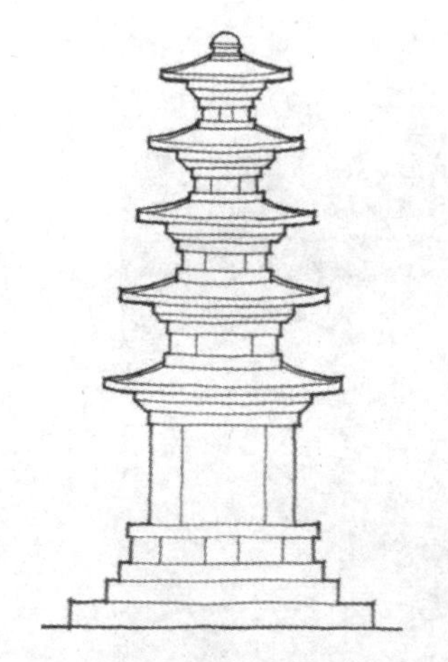

图3-1-52　韩国扶余定林寺石塔（建于6世纪中叶）

图3-1-53　日本奈良法隆寺五重塔（建于680年，重建于8世纪初）

中国境内的楼阁式塔分为两类，一类是砖塔，与印度境内的楼阁式塔相似，券门、屋檐均为叠涩出挑；另一类是中国木结构建筑，各层楼身及屋檐均是东亚木构建筑式样，唯塔刹呈现为缩小版的窣堵坡塔。朝鲜半岛和日本的佛塔基本为后者。

公元6世纪，密檐式佛塔在中国逐渐成为主流。密檐式塔的各层檐是对重楼各檐的模仿，只是上部塔檐层层相叠，层檐都用砖叠涩砌出，只有第1层塔身特别高大，雕饰着门窗、柱子、斗拱及佛龛、佛像。

北魏建造的今河南登封嵩山嵩岳寺塔（图3-1-54，建于公元523年），12边形，15层，高40多米，是现存最早的密檐式塔，砖砌，各层塔檐叠涩挑出。

图3-1-54　河南登封嵩岳寺塔

西安荐福寺塔（又名小雁塔，图3-1-55，唐中宗景龙年间建，即建于707—710年），为存放唐代高僧义净从天竺带回来的佛教经卷、佛图等而建。该塔为方形密檐式砖塔，原有15层，现存13层，高43.4米，基座之上为塔身，塔身底层高大，二层以上高、宽递减，逐层内收，愈上愈促，以自然圆和的曲线收顶，故整体轮廓呈现为秀丽的卷刹。塔内部为中空，有木梯盘旋而上可达塔顶，塔身上为叠涩挑檐，塔身每层砖砌出檐，檐部叠涩砖，间以菱角牙子，塔身表面各层檐下砌斜角牙砖。

图3-1-55　西安荐福寺塔

图3-1-56　云南大理千寻塔

图3-1-56为云南大理崇圣寺千寻塔（建于公元824—859年），塔身16层，每层正面中央开券龛。

公元11—12世纪，佛塔又衍生出一个分支——华塔，塔身上半部装饰着莲瓣、佛龛以及佛、菩萨、天王、力士及一些动物形象的繁复雕饰，似巨大的花束，故华塔又名 “花塔”。花塔最早唐末出现，盛行于宋、辽、金时期，元代基本绝迹。

花塔表现的是佛教华严宗的莲花藏世界。《华严经》东晋时传入中国，武则天时开创华严宗，唐中宗时大盛。在敦煌石窟中有根据《华严经》绘制的壁画，画中大海中浮现一朵莲花，花中间为毗卢舍那佛，周围有小城几十座，每座小城代表“如微尘数”的一个小世界，整体就是“莲华藏世界”。花塔的多重莲瓣和小塔组成的巨大塔顶，就是这种世界的立体表征，一座座小塔取代了壁画中的一座座小城，塔刹最高处的小塔就是毗卢舍那佛所居（图3-1-57）。

图3-1-57 敦煌成城湾花塔（建于北宋）

北京房山万佛堂花塔（图3-1-58）建于辽咸雍六年（1070年），高约24米。塔身为平面八角亭阁，南面设拱券门，可通塔室，其余各面交错为假门和盲窗，门楣门侧及窗周围均有精美砖雕。塔冠为9层佛龛，共104个佛龛，龛内为文殊、普贤菩萨，龛下部雕刻狮、象。

图3-1-58 北京房山万佛堂花塔

图3-1-59 河北正定广惠寺花塔

河北正定广惠寺花塔建于金大定年间（1161—1189年），由毗连5塔组成，皆砖建。中央主塔（图3-1-59）最大，塔身由3层仿木结构的楼阁组成，上为圆锥状塔冠，密布莲瓣、小塔及狮、象等雕塑，锥顶以斗拱出挑八角形屋顶，顶尖已佚，通高40.5米。

北京市丰台云岗的镇岗塔（图3-1-60）建于金代，高18米，11层。

河北唐山丰润药师灵塔（图3-1-61）始建于辽重熙元年（1032年），八角形实心砖塔，原高21米，须弥座及塔身上布满多种形式的砖雕，包括花鸟、神兽、佛教人物。塔冠由9层方形小龛装饰，佛龛内原塑各种形态佛、菩萨塑像，塔刹为青铜覆钵形座，上边饰相轮和重层莲瓣，再上为宝珠顶。

图3-1-60　北京丰台镇岗塔

图3-1-61　河北唐山药师灵塔

花塔的造型，既有印度建筑的痕迹，又有中国木结构建筑的痕迹，是两种建筑体系结合的产物。

总之，楼阁式佛塔至迟于公元2世纪诞生于犍陀罗地区，传入中国后延续印度的砖叠涩手法，同时衍生出木楼阁式佛塔；公元6世纪出现的密檐塔，式样与印度教建筑相似，同时衍生出仿木结构式样；公元12世纪兴盛的花塔，与印度的耆那教建筑相似，塔冠相同，但塔身为仿中国木结构建筑形态。

3.佛塔组合——一塔一坛或多塔一坛

佛塔与祭坛是固定搭配，至迟公元前2世纪出现塔居于祭坛中央的一塔一坛形制；公元4世纪，一座大塔居祭坛的中央、4座小塔居大塔周围之四角的五塔一坛形制出现，这种形制随北传佛教至迟公元6世纪传至中国，公元8世纪被密宗金刚部奉为神坛标准式样而得名金刚宝座塔；南传佛教至迟在公元8世纪出现一座大塔周围环绕多个小塔于一坛的组合。坛上佛塔有窣堵坡、楼阁式塔、密檐式塔和花塔等各种形态。

一塔一坛形制起源于印度曼陀罗，曼陀罗是梵文Mandala的音译，意译“坛”，是印度《吠陀经》中的一个抽象场所概念。这个概念认为，一个绝对超现实的梵天，存在于方形的场所形态之中；这个方形场所的边长可以分为若干单元——帕达（Pada），以1~32为其变化范围，一个曼陀罗可以由1~1 024个帕达组成。可以说，曼陀罗图形（图3-1-62）是古雅利安人宇宙图式在建筑中的具象化。这个方形场所在佛教建筑中发展为祭坛，在祭坛中间置塔，则代表着宇宙中心，以供僧侣诵经礼拜。

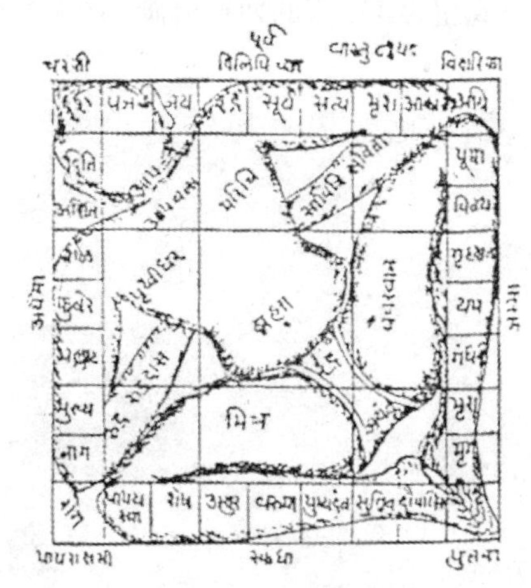

图3-1-62　曼陀罗图形

始建于公元前250年的印度桑奇1号窣堵坡（参见上文的图3-1-1），公元前2世纪在周围增建了一圈栏杆，界定出祭坛范围，是最早的一塔一坛形制，此时的祭坛为圆形。公元前后在犍陀罗地区出现方形祭坛。北传佛教佛寺的中心常常设置一座佛塔，采用一塔一坛形制。

五塔一坛的形制最初见于公元4世纪的印度菩提伽耶佛塔（Bodhgaya Pagoda，图3-1-63），菩提伽耶佛塔位于印度比哈尔邦，建于佛陀苦行6年后在菩提树下跏趺而坐悟道成佛处。5座佛塔立于祭坛之上，下面的祭坛代表着佛陀当时坐的蒲团，祭坛上面中间的大塔代表佛陀本身，塔高55米，9层，四面刻佛像佛龛，内2层，置佛陀金身坐像，塔座四角的小塔代表着佛陀的4个弟子。现存佛塔是14世纪依原样重建又于19世纪修复的。

图3-1-63　菩提伽耶佛塔

公元5世纪，五塔一坛的形制始见于中国新疆。建于交河郡时代（公元5—7世纪）的新疆吐鲁番交河故城中的佛塔（图3-1-64），5座佛塔居于一座祭坛上，中心塔残高10米，四角小塔高约其半。凿于北周时期（公元557—581年）的敦煌莫高窟第428窟的西壁壁画（图3-1-65），亦清楚地表现了这种形象。

图3-1-64　新疆交河故城中的佛塔

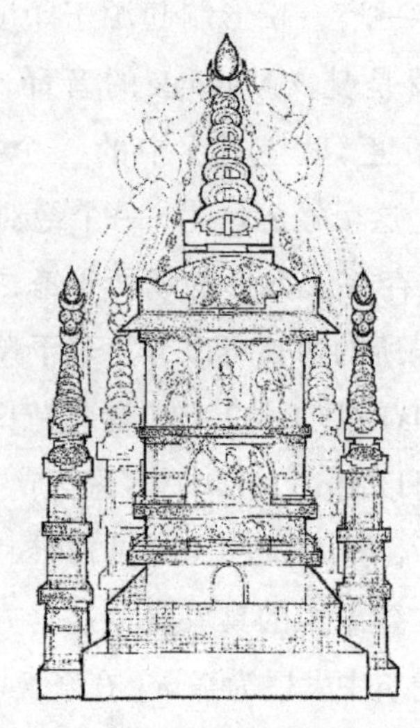

图3-1-65　敦煌莫高窟第428窟壁画

公元8世纪，在佛教中取得主导地位的密宗，将五塔一坛的佛塔形制作为密宗金刚部的神坛，故得名金刚宝座塔。5座塔代表金刚界五佛，中间为大日如来佛，东面为阿閦（chù）佛，南面为宝生佛，西面为阿弥陀佛，北面为不空成就佛，塔随地域和年代的不同呈现为窣堵坡塔或楼阁式塔（包括楼阁式塔衍生出的众多支系如密檐式塔、花塔）。

明、清两代中国境内建了大量金刚宝座塔，如昆明官渡古镇金刚宝座塔、北京正觉寺金刚宝座塔、湖北襄阳广德寺金刚宝座塔、北京碧云寺金刚宝座塔、北京静明园妙高塔、北京西黄寺清净化城塔。

图3-1-66　昆明官渡金刚宝座塔

昆明官渡古镇金刚塔（图3-1-66）始建于明朝天顺元年（1457年），塔座为正方形，开券洞门，主塔为喇嘛塔，4座同样小塔立于四角。

北京正觉寺（又名真觉寺）金刚宝座塔（图3-1-67）建成于明成化九年（1473年），塔座台基下部为须弥座，上部台身分为5层，每层皆雕出柱、栱、枋、檩和短檐。柱间为佛龛，龛内刻佛坐像，共有佛像381尊。座上为造型相同的5座密檐式塔，中央者较高，四角者较矮。

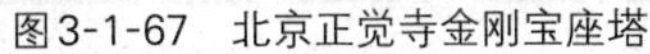

图3-1-67 北京正觉寺金刚宝座塔

图3-1-68 湖北襄阳广德寺金刚宝座塔

湖北襄阳广德寺金刚宝座塔（图3-1-68，建于1494年），八角形塔座，高7米，各壁设石雕券门4个。共5座塔，居中者为喇嘛塔，高10米，周围4座小塔为六角形密檐塔。

北京碧云寺金刚宝座塔（图3-1-69）建于清代乾隆十三年（1748年），高34.7米，位于两层高的台基上。塔座正中开券门，券门内置石阶可至宝座顶。宝座上有8座石塔，后面是金刚宝座塔惯用的中间大、四角小的组合塔，为13层密檐方塔，前面对称布置1对喇嘛塔，中间是1座门式塔，为登阶入口。

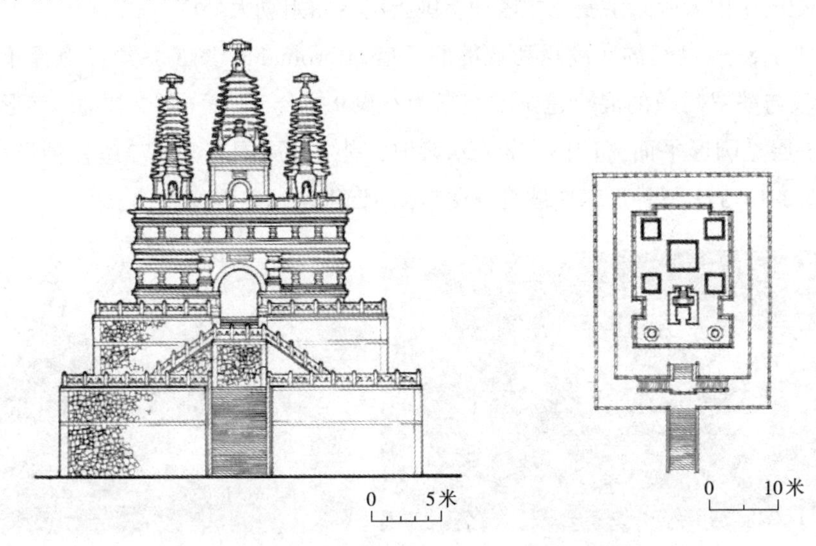

图3-1-69 北京碧云寺金刚宝座塔的立面图和平面图

北京静明园妙高塔（图3-1-70）建于乾隆三十六年（1771年），为金刚宝座塔，中间大塔为喇嘛塔，四角小塔为门式塔，塔刹为13层相轮。

图3-1-70　北京静明园妙高塔的立面图

图3-1-71　北京西黄寺清净化城塔

北京西黄寺清净化城塔（图3-1-71）建于乾隆四十六年（1781—1782 年），塔内葬六世班禅大师衣冠经咒等物，“亞”字形塔座，中间大塔为喇嘛塔，四角4座小塔为密檐式塔。

多塔一坛的形制出现在南传佛教沿途，有五塔一坛、九塔一坛、十七塔一坛、七十三塔一坛者。实例根据建造时间排列如下：建于8世纪的印度尼西亚婆罗浮屠，建于12世纪的柬埔寨吴哥窟，建于13世纪的缅甸蒲甘明迦拉赛底塔，建于18世纪的中国云南景洪曼飞龙塔和中国云南瑞丽姐勒大金塔等。

建于8—9世纪的印度尼西亚婆罗浮屠（Borobudur，图3-1-72），意译千佛坛，是佛教与婆罗门教的混合建筑。祭坛为石砌9层台，下面6层为“亞”字形平面，上面3层是圆形平面；正中一座大窣堵坡，围绕其周围有3圈72座覆钟形小窣堵坡（图3-1-73）；覆钟形窣堵坡塔身镂空，内置佛陀端坐雕像。

图3-1-72　印度尼西亚婆罗浮屠

图3-1-73　印度尼西亚婆罗浮屠的小窣堵坡

柬埔寨吴哥窟（Angkor Wat，图3-1-74，建于1113—1152年）东西长1 480米，南北宽1 280米，中间是按照五塔一坛形制建造的密檐塔，带有印度教建筑痕迹，中间大塔加上塔座总高65米，四周设围廊，四角各建1座佛塔。

缅甸蒲甘明迦拉赛底塔（Mingalazedi Pagoda，图3-1-75，建于1274—1284年），1座大窣堵坡和坐落四角的同形小塔坐落在4层圆形平面基座上。

图3-1-74　柬埔寨吴哥窟

图3-1-75　缅甸蒲甘明迦拉赛底塔

中国云南景洪曼飞龙塔（图3-1-76，建于1736—1795年），1座大塔、8座小塔和8个佛龛坐落在一个圆形须弥座上，最外圈为佛龛，龛内供佛像，中圈为覆钟形窣堵坡，高9.1米，居中为同形的窣堵坡，高16.3米。

始建年代不晚于18世纪的云南瑞丽姐勒大金塔（图3-1-77，重建于1981—1986年），17座塔居于圆形坛上，中间主塔高10余米，周围环列16座小塔。

图3-1-76　云南景洪曼飞龙塔

图3-1-77　云南瑞丽姐勒大金塔

4.石窟寺

古印度石窟寺最早开凿于公元前3世纪，公元1世纪传至锡兰国（今斯里兰卡）和中亚，公元3世纪传至中国新疆，沿河西走廊逐渐向黄淮流域延展。印度石窟寺分支提窟（Caitya或Chaitya）和毗诃罗窟（Vihara）两种，前者为举行佛教仪式之用，后者为僧徒禅修居住之用。在石窟寺的发展过程中，用于礼佛和用于僧侣修行的两种功能空间一直持续存在，但形态则随地域发生较大变化。绕佛礼拜的支提窟平面布局始终没变，古印度以窣堵坡为被环绕物，锡兰基本沿用古印度窣堵坡式，中亚地区用贯顶的中心塔柱和佛像取代窣堵坡，中国沿袭中亚做法，在中心塔柱的基础上衍生出背屏式。用于僧侣修行的毗诃罗窟在古印度是在一个方形大厅的3壁上凿出方形小室，中央方厅用于讲经之用，壁上小室为僧侣修行之用，也有单独小室者。中亚用佛像窟取代了讲经堂，支提窟与毗诃罗窟组合为一体，中国石窟延续中亚做法，在讲经堂左、右、后的内壁凿佛龛或沿3壁塑佛像，毗诃罗窟或单独或与讲经堂连接。印度、中亚、中国3个区域石窟寺的窟顶天花和石窟外檐基本采用各自的建筑元素，印度采用仿木拱形顶，中亚采用拱顶和穹顶，中国在拱顶的基础上增加了木构建筑的坡顶和平棊顶。

印度石窟寺开凿于公元前3世纪中叶，7—8世纪逐渐衰微。除了少量石窟寺分布在印度北部的比哈尔邦外，主要分布在印度中部的温迪亚山脉和恒河平原以及南部的德干高原。印度石窟寺的开始，是受古波斯阿契美尼德王朝（疆土在公元前5世纪东达印度河平原）开凿石窟为墓（位于今伊朗设拉子的现存石窟墓建于公元前5—前4世纪）的启发而为。支提是梵文Caitya的音译，意为在圣者逝世或火葬之地建造的庙宇或祭坛等礼拜场所。印度支提窟的平面为马蹄形，终端为半圆形，半圆形中间为一座就地开凿的窣堵坡，沿内墙面设一圈柱子。毗诃罗是梵文Vihara的音译，意为僧院、僧侣精舍，早期的毗诃罗窟为一个小室，后又出现了组合式，以一个方厅为核心，也沿内墙面设一圈柱子，3面内墙凿出数间方形小室，中间方厅为讲经堂，小室供僧侣静修之用。石窟寺的天花和外檐，仿照竹木结构雕刻出柱、梁、椽子等构件。最早开凿的巴拉巴尔石窟、早期开凿的卡尔利石窟、阿旃陀石窟以及晚期开凿的埃洛拉石窟展示了印度石窟寺的发展历程。

开凿于公元前3世纪的巴拉巴尔石窟位于印度北部比哈尔邦格雅城北，保存至今有3个窟，均为毗诃罗窟，如洛马沙梨西窟，单窟，高4米，椭圆形平面，石窟外檐雕刻着柱、梁、檩、椽等仿木构件，在门楣上雕着群象礼拜窣堵坡的图案。

图3-1-78 印度卡尔利石窟寺的支提窟

开凿于公元前1世纪初的印度卡尔利石窟寺位于孟买东南约160千米，支提窟均为马蹄形平面（图3-1-78为最大者，进深37.8米，宽14.2米，高13.7米，开凿于公元前78年），周围设一圈仿木八角形石柱，终端半圆形中央就地凿出窣堵坡塔（参见上文图3-1-2的中图），窟顶天花凿出拱形椽子。

开凿于公元前2世纪—公元7世纪中叶的阿旃陀石窟（图3-1-79）位于印度孟买东北388千米处，现存30窟（包括一未完成窟），从东到西长550米，计有5座支提窟（第9、10、19、26、29窟）和25座毗诃罗窟。以开凿于公元5世纪的第19号支提窟（图3-1-80）为例，窟型与卡尔利支提窟相同，马蹄形平面，终端有窣堵坡塔，沿内壁四周设仿木梁柱，窟顶天花做筒拱，表面雕刻仿木椽子，唯窣堵坡随着佛像崇拜的出现，在半球形覆钵上开凿佛龛，龛内雕刻站佛。窟檐外壁雕刻出梁柱结构，为增加窟内采光照度，在窟门上方开凿一个窗口，呈火焰型（图3-1-81）。

图3-1-79 阿旃陀石窟现状

图3-1-80 阿旃陀石窟第19号支提窟

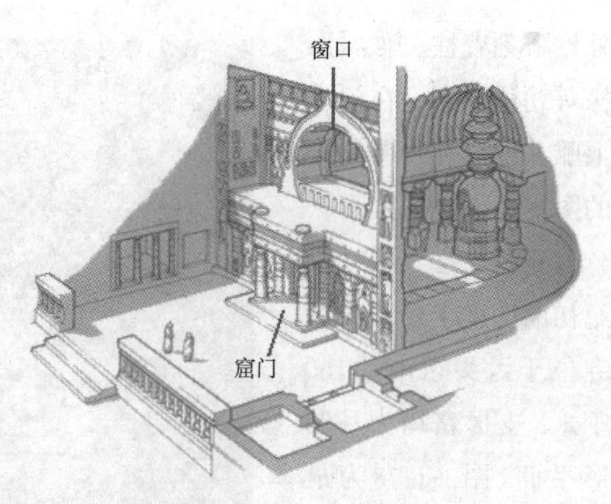

图3-1-81 窟门上方的窗口

阿旃陀石窟寺中的毗诃罗窟（图3-1-82）与开凿于公元前3世纪的巴拉巴尔石窟相比发生较大变化，以方形大厅为主，内3壁上凿出方形小室，中央方厅用于讲经之用，壁上小室为僧侣修行之用，内部设有石床、石枕、佛龛等。

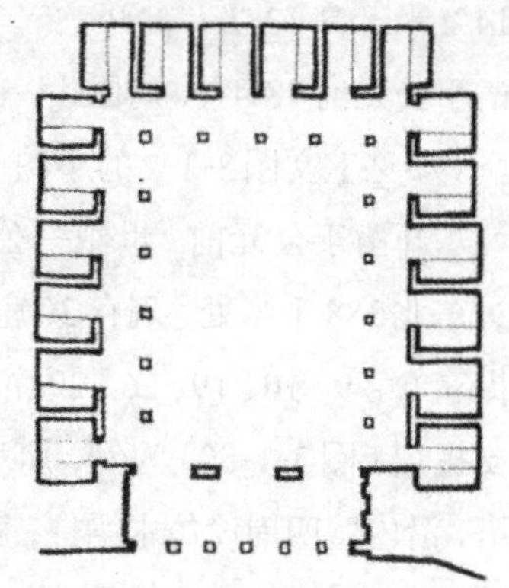
图3-1-82 阿旃陀石窟寺中的毗诃罗窟平面图

开凿于公元4—7世纪的印度马哈拉施特拉邦埃洛拉石窟第1~12窟是印度晚期石窟寺的代表，石窟平面、天花顶都保持不变，图3-1-83为10号窟，窣堵坡塔四面遍雕佛像，正面佛龛内设3米多高的佛陀坐像，两旁立菩萨。石窟寺外檐呈梁柱结构（图3-1-84），石柱高约4米，横梁刻合十作施礼状的持花信女雕像。

图3-1-83 埃洛拉石窟10号窟及佛像

图3-1-84 埃洛拉石窟寺外观

图3-1-85 斯里兰卡丹布拉石窟寺的支提窟

公元1世纪，石窟寺传到斯里兰卡，开凿于1—2世纪的丹布拉石窟寺（Dambulla Cave Temple）共有5窟，支提窟（图3-1-85，参见上文的图3-1-8）依然以窣堵坡为环绕中心，平面由印度的马蹄形变为方形。

公元1世纪，石窟寺也传到中亚地区，并盛行于公元3—7世纪。石窟寺在这里发生了较大变化，不但支提窟平面由印度的马蹄形变为方形，而且石窟中的窣堵坡被贯顶的四壁遍刻盲券佛龛的中心塔柱、佛像和佛坛取代，毗诃罗窟也发生较大变化。

开凿于1世纪的卡拉·帖佩支提窟，是中心塔柱式支提窟最早者，位于乌兹别克斯坦铁尔梅兹，由巴克特里亚（即大夏，公元前3世纪中期—公元1世纪古希腊殖民者在中亚草原地区建立的希腊化国家）开凿，方形平面，中间为贯顶的方形塔柱。

开凿于公元5世纪的阿富汗巴米扬西大佛窟（图3-1-86，2001年3月12日遭到塔利班政权破坏），用巨大的佛像取代了印度石窟中的窣堵坡，方形平面，筒拱形窟顶，佛像立于石窟中央，高53米，佛像脚下四周设甬道，依然保持着绕佛礼拜的功能。大佛窟将支提窟与毗诃罗窟有机结合在一起，在其内3壁凿有10个方形、圆形和八角形的毗诃罗窟，窟顶相应为穹顶和八边形抹角藻井顶。

图3-1-86 阿富汗巴米扬西大佛窟

佛坛窟见于阿富汗巴米扬石窟寺（开凿于公元2—7世纪），方形平面，石窟中央用上置佛像的佛坛取代了印度的窣堵坡，窟顶采用穹顶，方圆之间的过渡用喇叭拱，再现了中亚地区方底穹顶建筑建造手法。

石窟寺传至中国新疆在3世纪，然后沿河西走廊向内地传播，4世纪抵达今甘肃省（代表作有酒泉敦煌莫高窟、天水麦积山石窟和瓜州榆林石窟），5世纪传到黄淮流域（代表作有山西云冈石窟和河南洛阳龙门石窟及河北邯郸响堂山石窟），盛于5—8世纪，12世纪渐微，16世纪停止开凿。中国石窟寺承袭了中亚3种支提窟类型，即中心塔柱式、大佛窟和佛坛窟。中心塔柱式的塔早期为方形贯顶柱子，四周雕刻单层佛龛，在此基础上衍生出屏风式，即贯顶佛龛只有后部与顶相连，呈现屏风式样，公元5世纪，中心塔柱在单层的基础上增加了楼阁式塔。中亚大佛窟在中国也发生细微的变化，立于石窟中央的大佛像脚下不再凿出绕佛甬道，佛像背靠石窟后壁或站或坐。毗诃罗窟的形制基本与印度相同，有单独的小禅窟，也有与方形讲经堂相连的多个小室；窟顶天花在中亚纵向筒拱的基础上，揉入了人字坡、平綦、藻井等东亚木构建筑元素，窟檐采用东亚大屋顶式样。

位于中国新疆库车的古龟兹国克孜尔石窟寺，始凿于公元3世纪，持续到公元9世纪。支提窟（图3-1-87）依石窟后壁开凿佛龛或佛像，在佛龛两侧及后侧开凿低矮甬道，以达到绕佛礼拜之功能，是中心塔柱式的萌芽，窟顶沿用中亚的纵向筒拱。

图3-1-87　新疆克孜尔石窟寺的支提窟（第8窟）

图3-1-88　甘肃敦煌莫高窟第428窟的中心塔柱及窟顶天花

甘肃酒泉敦煌莫高窟始凿于公元4世纪后半叶，历经十六国、北朝、隋、唐、五代、西夏、元等历代的兴建，现有洞窟735个。中心塔柱式支提窟（图3-1-88）与克孜尔石窟寺略有不同，如开凿于4世纪末—6世纪初的北魏第254窟，不是在佛龛左右及后方开凿低矮甬道，而是贯顶中心塔周边与天花板同高，中心塔柱四壁雕刻佛龛，内置佛像；窟顶天花融入东亚木结构建筑元素，窟顶前半部呈双坡顶状，彩画出椽子，窟顶后半部中心柱周边呈平顶，彩画出平棊。

公元5世纪，中心塔柱出现楼阁式塔，实例见于云冈石窟第39窟中心塔柱（图3-1-89）。

图3-1-89　山西云冈石窟第39窟中心塔柱

开凿于北魏、改建于晚唐和西夏的敦煌莫高窟第263号窟，将中心塔柱其它3面壁上的佛龛取消，仅留正面佛龛，加大进深，台上放置一组佛像。

五代时，佛龛两侧壁被去掉，仅保留后墙体与窟顶连接，窟顶藻井天花，是为背屏式支提窟（图3-1-90）。敦煌莫高窟第98窟（开凿于五代）和第55窟（开凿于宋代）就是背屏式支提窟。

图3-1-90　背屏式支提窟

图3-1-91　山西云冈石窟第20窟

中国境内的佛像窟，以北魏开凿的山西云冈石窟昙曜五窟之一的第20窟（图3-1-91）、盛唐开凿的甘肃酒泉敦煌莫高窟第130窟、宋代开凿的陕西榆林石窟第6窟为典型，佛像背靠窟后壁，不再开凿中亚地区惯用的绕佛甬道。

佛殿式支提窟是在石窟四壁开凿佛龛，将中亚地区在石窟中间放置的佛坛及佛像移到后壁上，实例有开凿于北魏的敦煌莫高窟第259窟（图3-1-92）、第328窟（图3-1-93）。

图3-1-92　敦煌莫高窟第259窟

图3-1-93　敦煌莫高窟第328窟

毗诃罗窟除单独者外，与支提窟组合有3种类型：第一种类型两者并列，中间有甬道相连，如新疆拜城克孜尔石窟第80支提窟和毗诃罗窟的组合（开凿于3—9世纪）；另一种与印度原型相似，如开凿于5世纪中叶的敦煌莫高窟第267~271窟，中间为长方形讲经堂，两侧壁各开凿2个供僧侣修行的小窟穴；第三种在印度正方形毗诃罗窟后壁增加佛像而成，如开凿于6世纪（538—539年）的莫高窟第285窟（图3-1-94），正方形平面的讲经堂，在后壁开凿3个佛龛，内置佛像，两侧壁各开凿4个小的毗诃罗窟。

图3-1-94　敦煌莫高窟第285窟

除了人字坡、藻井、平棊等东亚木构建筑元素在窟顶天花板上的采用，石窟外檐更是直接采用东亚木结构建筑体系，如甘肃敦煌莫高窟（图3-1-95）、山西云冈石窟（图3-1-96）。

图3-1-95　甘肃敦煌莫高窟的外檐

图3-1-96　山西云冈石窟的外檐

3.2　印度教建筑

印度教前身是婆罗门教，起源于公元前2000年的吠陀教，形成于公元前7世纪，公元6世纪汲取部分佛教教义，改名印度教并开始营建神庙。保存至今的印度教神庙多用石块砌筑，或用整块岩石凿成，主要由举行仪式的大厅和安放神像的神堂两个空间构成。因神堂内部空间仅用于安置神像，不需要大空间，故用叠涩法砌筑成穹顶，外形呈现高塔状；举行仪式的大厅需要较大的室内空间，故多用梁柱结构的平顶，较小的大厅依然用塔顶。神庙既是神的居所，又是神的主体，故建筑本体被当作雕塑对待，屋顶和墙身没有明显区别，从基座到屋顶遍布雕刻。印度教建筑最显著的特点是游刃有余地用叠涩手法在方形、长方形的平面上砌筑出方锥形、圆形、棱形塔，而塔的这种形态其实就是矢跨比很大的叠涩穹顶的外在表现。事实证明叠涩穹顶所构筑的塔，比其它建筑形制在持久性方面确有优势，虽然内部空间狭小，但印度人巧妙地利用了这种建筑外形对人的心理的震慑作用，赋予建筑本体以宗教功能。

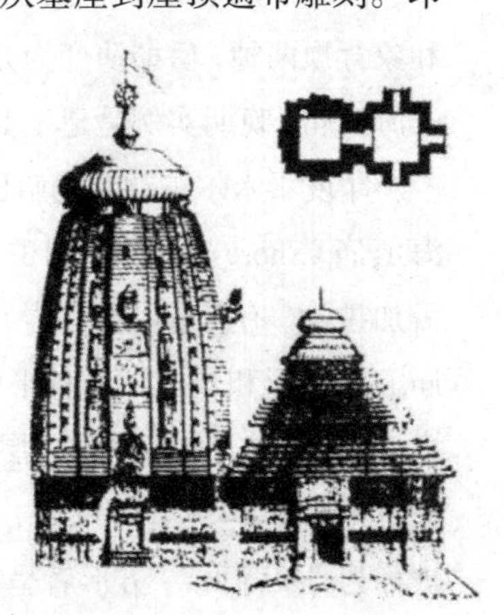

图3-2-1　科纳拉克太阳神庙

北方印度教建筑基本是密檐式塔，如科纳拉克太阳神庙（Konarak Sun Temple，图3-2-1，建于1250年）由一座密檐塔的神堂（Vimana，高约68米，已毁）和一座方锥密檐塔的方厅（Jagamohana，边长约30米，高约30米）组成。方厅和神堂前后布置在一个台基上，方厅是死亡和轮回之神湿婆的本体，他是初升和将没的太阳，用水平线代表，所以屋顶用水平线分明的密檐式；神堂是护持神毗湿奴的本体，他是中午的太阳，用垂直线代表，因此塔身上密布棱线，也是方形，屋顶为曲形塔，同时神堂也是创造神梵天的本体，整个庙宇是婆罗门教三位一体神的本身。

中部印度教建筑采用密檐塔和石梁柱平顶建筑。位于松纳特普尔的卡撒瓦神庙（Kesava Temple, Somnathpur，图3-2-2，建于1268年），由居中的大厅以及大厅左右两侧和后面对称布置着的3个神堂组成，三者之间以方厅相连。大厅为石梁柱结构的平顶。神堂平面为长方形，外轮廓呈曲线形，塔上雕刻出垂直的尖棱。神堂上的塔比印度北方的塔低，彼此独立。一圈挑檐和台基形成水平线将几座神堂和柱厅联成一体，神庙四周用柱廊环绕成院。

图3-2-2　卡撒瓦神庙

南部印度教建筑早期呈楼阁式塔，分方形和长方形两种平面，塔顶有茅篷顶和象背顶两种，后期演变为方锥形密檐塔，保留拱形顶。早期实例是建于7世纪末的海滨庙，晚期实例是建于16—17世纪的米纳克希神庙。

印度泰米尔纳德邦马哈巴利普兰的海滨庙（Shore Temple，图3-2-3），濒临孟加拉湾，有5座用整块岩石凿成的神庙。有方形和长方形两种平面，楼阁式塔，各层屋檐出挑很大，首层凿空为殿。长方形者长14米，宽12米，拱形屋顶，被称为“象背顶”；方形者呈方锥形，塔顶雕成茅蓬顶。

图3-2-3　海滨庙

象背顶后来传到越南。越南美山是越南占婆王朝（7—13世纪）建造的印度教圣地，现存20多座印度教神庙（图3-2-4），建筑屋顶采用与印度海滨庙同样的象背顶，不同点是建筑用红砖砌筑而非整石雕成。首层为神殿，殿顶下部是两个叠涩砌筑的梯形体上下对拼呈须弥座式样，上覆叠涩砌筑的象背顶。

图3-2-4　越南美山的印度教神庙

11—17世纪，印度南方建造了大量印度教神庙，每个神庙依然由举行仪式的大厅和密檐塔形状的神堂构成，四周以围墙环绕，围墙每边正中辟门，门上设塔，门塔高过神堂的塔。随着神庙的扩建，不断增加新的围墙，每道围墙再设置门塔，门塔越来越高。如马杜赖城中的米纳克希神庙（Meenakshi Temple, Madurai，建于16—17世纪），占地260米 × 222米，林林总总十几座门塔（图3-2-5），塔为长方形平面，方锥密檐式塔身上覆满雕刻（图3-2-6），以象背顶结束。

图3-2-5　米纳克希神庙的门塔由内向外越来越高

图3-2-6　米纳克希神庙的塔身覆满雕刻

总之，印度教神庙的建筑形制，是在方形和长方形平面上用叠涩手法砌筑出3种塔：图3-2-7中左上为北方常用者，中间为中部常用者，右下为南方常用者。

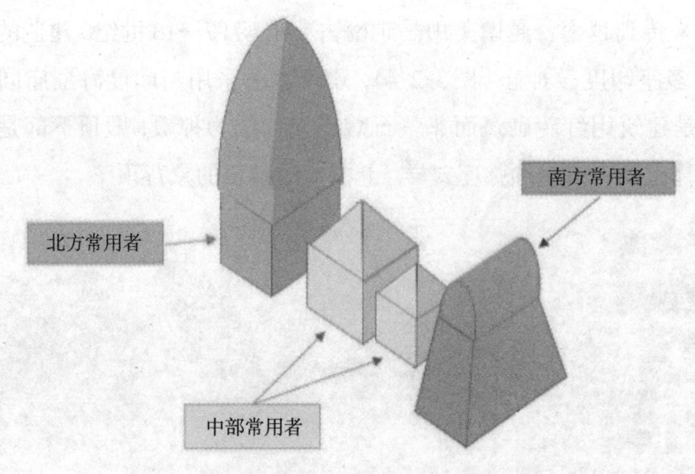

图3-2-7　印度教神庙的3种塔

3.3　耆那教建筑

诞生于公元前6—前5世纪的耆那教，从公元10世纪开始在印度北方大量建造神庙。耆那教神庙与印度教神庙大体相同，不同之处是神堂前封闭的柱厅改为开敞的十字形平面柱廊，柱廊平顶，横廊与纵廊相交处的天花板采用八角形或圆形藻井（图3-3-1），叠涩而成，外部呈穹隆状，因而整座神庙的屋顶由覆盖神堂的高塔、柱廊相交处的近半球形穹顶及柱廊的平顶组成。

图3-3-1　耆那教神庙的圆形藻井

印度拉贾斯坦邦阿布山的迪尔瓦拉神庙群（Dilwara Jain Temples, Mt. Abu），由5座神庙组成，陆续建于公元11—13世纪期间。其中维马尔神庙（Vimal Jain Temple）建造最早（建于1032年），是较早采用柱廊与藻井的耆那教建筑（图3-3-2），建筑物内外所有部位均用透雕和圆雕手法雕刻（图3-3-3）。

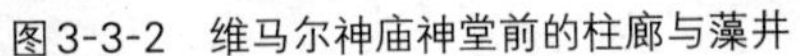
图3-3-2　维马尔神庙神堂前的柱廊与藻井

图3-3-3　维马尔神庙的神堂外观

拉贾斯坦邦的热纳克普神庙（Ranakpur Jain Temple，图3-3-4，建于15世纪），用白色大理石砌筑，坐落在5 000平方米的高大基座上，神庙由封闭的神堂和开敞的柱廊两种类型的建筑组成。主神堂位于台基正中，神堂内为耆那教祖师的白色大理石像，上覆最高的尖塔。两圈柱廊呈“回”字形环绕在主神堂四周，内圈柱廊的四角分别矗立着一座比主神堂的尖塔略低一点的尖塔，塔下为神堂；外圈柱廊外侧沿基座外壁整齐排列着一圈小神堂，上覆再低的尖塔。台基四面中间各有一条外端呈3层的柱廊通往主神堂，与两圈环绕主神堂的柱廊相交处采用藻井（图3-3-5），藻井外部呈穹隆状。整组建筑对称布置，屋顶由高、中、低3种尖塔以及穹顶和平顶组合出丰富的轮廓线。

图3-3-4　热纳克普神庙

图3-3-5　热纳克普神庙的藻井

12世纪中亚突厥人及16世纪信奉伊斯兰教的蒙古人入侵，中断了印度建筑体系的发展，印度本土纪念性建筑被伊斯兰教建筑体系所取代，详见本书第七部分介绍的伊斯兰教建筑。

综上所述，古印度建筑体系以砖石建造了大量纪念性建筑，其中佛教建筑以窣堵坡为标志性构件；印度教建筑以满布雕刻的密檐塔为特点，采用叠涩法砌筑。与古西亚和玛雅文明的神庙均在阶梯式高台上置神殿相反的是，印度宗教建筑将神殿置于建筑底部，屋顶采用叠涩方法砌出方锥式或抛物线式塔。耆那教建筑在沿用印度教建筑的基础上，用局部半球形穹顶取代印度教大厅的平顶。从印度砖石建筑雕刻所记录的建筑构件如梁、柱、天花、券等，可以看到古希腊、古波斯建筑的痕迹，甚至还有中国斗拱的痕迹，其因果关系与发生发展目前学界尚未理出清晰脉络，本书亦未过多涉及，有志者可续之。

四、古欧洲建筑（公元前2000年—公元19世纪）

欧洲建筑发源于地中海北岸，丰富的石材和火山灰资源造就了“石+砼”建筑，采用柱、拱和穹顶结构体系，以柱式、拱券、三角形山花和穹顶为建筑标识，其发展大体分为3个阶段。第一阶段从公元前2000年到公元4世纪古罗马灭亡，是欧洲石结构建筑体系形成阶段。公元前2000年，位于地中海东北的爱琴海诸岛的建筑，采用木梁柱平屋顶形制；公元前6世纪古希腊时期，石柱取代木柱，屋顶由平屋顶演变为双坡顶，欧洲建筑两大标识之柱式和山花出现；公元1世纪的古罗马，使用天然混凝土浇筑穹顶，使用石块砌筑拱券并与古希腊柱式结合形成券柱式，欧洲建筑四大标识至此全部诞生。第二阶段从公元4世纪古罗马分裂为东、西罗马到15世纪文艺复兴前，是欧洲建筑之拱顶和穹顶发展成熟的阶段。西罗马基督教建筑继承古罗马的筒拱技术并不断改进，将筒拱进化为肋骨拱，后来发展出罗马风建筑与哥特式建筑；东罗马建筑则继承了古罗马穹顶技术，借鉴中西亚方底穹顶砖砌穹隅的方法创造出帆拱，摆脱了古罗马穹顶由圆形平面墙体承托的束缚，使穹顶下的空间得以连续，营建出拜占庭建筑。第三阶段从15世纪文艺复兴开始到19世纪末，继续使用肋骨拱技术，并将之用于构建穹顶，建筑风格上则是将古希腊、古罗马、古拜占庭、哥特式等建筑元素进行各种组合与创新，直到19世纪末被近现代建筑取代。

4.1　爱琴海建筑（公元前2000—前1400年）

公元前2000年，当位于地中海南岸的古埃及营造巨石梁柱建筑的时候，位于地中海东北部的爱琴海诸岛屿上的克里特-迈锡尼文明也在创造着各种建筑奇迹。克里特岛出现用木梁柱建造的5层平顶建筑，这是世界上层数最多、时间最早的楼房（建于公元前1700—前1400年）；伯罗奔尼撒半岛上的梯林斯文明建造的美加仓室，揭示出古希腊神庙建筑的源头；迈锡尼文明用石块砌筑的叠涩尖券、尖券拱和叠涩穹顶（建于公元前1325年），完整保留至今。

1.克里特建筑——木梁柱敞廊建筑

具有海洋性温和气候的克里特岛，盛产石、木，夏季炎热干燥，冬季温和。基于富源的石木产生了木骨架石墙平顶建筑，早期建筑墙体下半部用乱石砌筑，上半部用土坯砌筑，土坯墙里加木骨架，墙上端铺木板，盖黏土，形成平屋顶；公元前2000年之后，重要建筑的墙体以方正石块取代乱石砌筑，墙内仍保留木骨架。温和的气候使建筑的厅堂柱廊均呈开敞布置，室内外之间常用柱子划分，柱式非常简洁，多为椭圆形平面，柱身上粗下细，用整棵百年大树锯刨而成。柱头为圆盘形，圆盘之下为一圈凹圆的刻着花瓣的线脚，柱头之上承托方石板，上承托木梁，柱身有凹槽或者凸棱，柱础为扁平方板。柱身最下部和柱头漆成黑色，其余部分漆成红色。

位于克里特岛中部的米诺斯王宫（Palace of Minos, Knossos，存在于公元前1700—前1400年），是一组用石墙和木梁柱建造的2~5层敞廊平顶建筑（图4-1-1）。王宫占地22 000平方米，由东西两宫、1 500多个房间组成。位于高坡的西宫为2~3层建筑，位于低坡的东宫为4~5层建筑。东宫和西宫中间是一个1 400多平方米的长方形庭院，庭院东面是国王起居部分，有正殿、寝宫、浴室、学校等建筑，庭院西面主要为办公、集会、祭祀用房，之间以长廊、门厅、复道、阶梯相接。建筑采用木梁柱敞廊（图4-1-2）；墙体用方正的石块砌筑，墙身用红、蓝和黄色粉刷（图4-1-3）。

图4-1-1　米诺斯王宫复原图

图4-1-2　木梁柱敞廊

图4-1-3　米诺斯王宫的残垣断壁

2.迈锡尼卫城——石叠涩尖券和穹顶

约公元前2000年左右，希腊人开始在巴尔干半岛南端定居，公元前16世纪上半叶逐渐形成一些国家，建造了诸多卫城，即迈锡尼文明。鉴于当时战争频发，卫城常常设立在易守难攻的小山顶上，典型代表为迈锡尼卫城。

迈锡尼（Mycenae）卫城（图4-1-4、图4-1-5，存在于公元前16—前12世纪），位于希腊南部伯罗奔尼撒半岛上，用3~8米厚的石围墙环绕，城内建有宫殿、住宅和陵墓等。卫城大门狮子门和迈锡尼国王阿伽门农陵墓揭示出迈锡尼文明的宫殿形制、石叠涩建造的尖券和穹顶形象。

图4-1-4　迈锡尼卫城遗址鸟瞰图

图4-1-5　迈锡尼卫城复原图

狮子门(Lion Gate, 图4-1-6, 建于公元前1250年)是迈锡尼卫城的主要城门, 宽3.5米, 门两侧为垂直的石块, 石块上为石梁, 石梁上砌筑一个叠涩尖拱, 中间镶嵌着一块三角形整块石雕(图4-1-7)。这座城门揭示了迈锡尼文明的3个建筑成就, 一是石梁柱结构已经使用; 二是石雕两侧墙体采用叠涩手法形成尖券拱; 三是石雕揭示的宫殿建筑形象: 两个相对而望的狮子中间是一座建筑的局部, 柱子上是薄板, 板上是椽头, 椽上覆瓦, 柱式与克里特米诺斯王宫的柱式相似, 柱子立在一个高度接近柱高1/2的台基上, 这应该是迈锡尼文明的宫殿建筑形制。

图4-1-6 迈锡尼卫城狮子门

图4-1-7 迈锡尼卫城狮子门上方的石雕

位于迈锡尼卫城内的迈锡尼国王阿伽门农墓(图4-1-8), 墓室用石块垒筑而成, 顶为叠涩圆穹顶(图4-1-9), 高13.4米, 直径15.6米, 建造时间在公元前1325年左右, 是现存最早的石叠涩穹顶建筑之一。

图4-1-8 迈锡尼国王阿伽门农墓

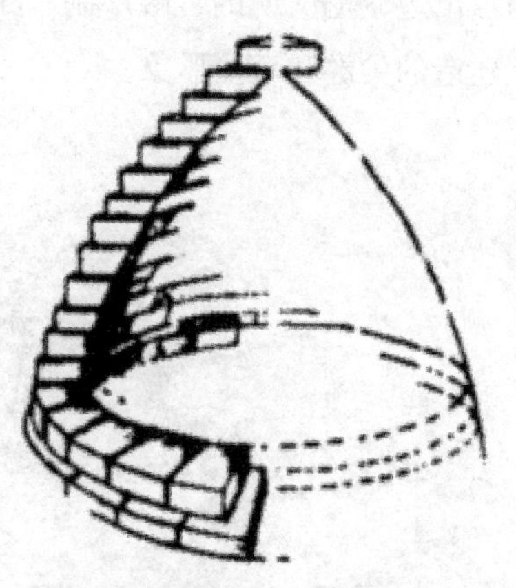
图4-1-9 阿伽门农墓墓室的叠涩圆穹顶示意图

阿伽门农墓的门洞用石过梁支撑，梁上以叠涩手法砌筑出尖拱（图4-1-10），使石梁不承受上部负荷而仅仅承受自重。石材抗压能力强，抗弯能力差，这种做法有效减小了石梁承受的弯矩，使石梁不易损毁。

图4-1-10　阿伽门农墓门洞石过梁上的尖拱

叠涩技术是人类早期搭建屋顶的一种手法，在世界各建筑体系都有发生，古埃及、古中亚、古印度、古玛雅皆用叠涩技术建造房屋，各自发展，相互之间没有传承。由于用叠涩方法构筑的券拱或穹顶的跨度有限，所以在砖石建筑体系中逐渐被发券取代，而在欧洲建筑体系中则被天然混凝土浇筑的骨架肋穹顶取代。

3. 梯林斯文明——希腊神庙柱廊之源

位于伯罗奔尼撒半岛的梯林斯（Tiryns）卫城，建于公元前1350—前1330年，卫城由7.3米厚的石砌城墙环绕，被《荷马史诗》称为“铜墙铁壁”（mighty walled）。城内北侧是较低的空地，南侧是排列较整齐的宫殿，建筑毁于公元前1200年。

梯林斯卫城遗址中的宫殿建筑形制是古典希腊时期神庙的源头。宫殿正厅名美加仑（Megaron）室，是宫殿群的主要建筑，面宽约9.7米，房间正中设一座圆形祈神用的火塘，火塘四周有4根承托屋顶的米诺斯式木柱，建筑正面为带双柱的敞廊（图4-1-11），是古希腊端柱式平面神庙的雏形。

图4-1-11　美加仑室立面复原图

总之，公元前16—前11世纪的爱琴海各文明，以石块为主要建筑材料，砌筑出石墙木骨架平顶建筑，高度达5层，出现简单的柱式，运用叠涩技术营建尖券、尖拱和穹顶。

4.2 古希腊建筑(公元前11—前1世纪)

公元前11世纪，在迈锡尼文明湮灭之后，古希腊文明兴起。当地丰富的石材，造就了古希腊建筑的石梁柱体系；丰富的陶土资源，促进了陶瓦和陶片在建筑上的大量使用，陶瓦保护木屋架免遭雨水侵蚀，陶片保护木构件免遭火灾，木屋架为室内营造出较大的空间；温和的气候条件，促使适宜室外活动的围廊式建筑成为古希腊建筑的主流，从而使构成建筑立面的主要构件立柱和三角形山花走向极致，最终成为古希腊古典建筑的标识。

古希腊历史分为两个阶段：公元前8世纪，在巴尔干半岛、小亚细亚西岸和爱琴海的岛屿有许多小国，并向外移民，在意大利、西西里和黑海沿岸建立了许多国家；公元前4世纪，马其顿统一了希腊，随后扩展疆土至包括希腊、小亚细亚、埃及、叙利亚、两河流域和波斯，后来又分裂为几个中央集权的君主国，直至公元前1世纪被罗马兼并。古希腊建筑发展分为4期：荷马文化时期，公元前11—前8世纪，为古希腊文化形成时期，但建筑已无存；古风文化时期，公元前8—前5世纪，建筑遗迹以石砌神庙为主；古典文化时期，公元前5世纪中叶—前4世纪中叶，是古希腊文化高度繁荣时期，此时期的建筑被称为“古典建筑”；希腊文化时期，又称希腊化时期，公元前4—前1世纪，建筑类型除神庙外，出现大量其它公共建筑，如议事厅、祭坛、纪念亭、市场敞廊(Stoa)等。

1. 希腊古典建筑之形成

石梁、石柱、两面坡的木屋架、陶瓦覆顶是希腊古典建筑的构造体系，至迟到公元前7世纪末，完成了从木结构建筑向石结构建筑的转变。公元前8—前7世纪末的古希腊建筑，基本是用木材和泥砖或黏土造的，用木材支撑屋梁，用泥砖筑墙；公元前7世纪末，神庙及公共建筑的柱子、梁和墙体以石灰岩和大理石取代了木材和泥砖，仅屋架为木质，屋架上以陶瓦(Terracotta)覆盖。石造建筑多立克柱式檐部构造(图4-2-1)完全保留了木构

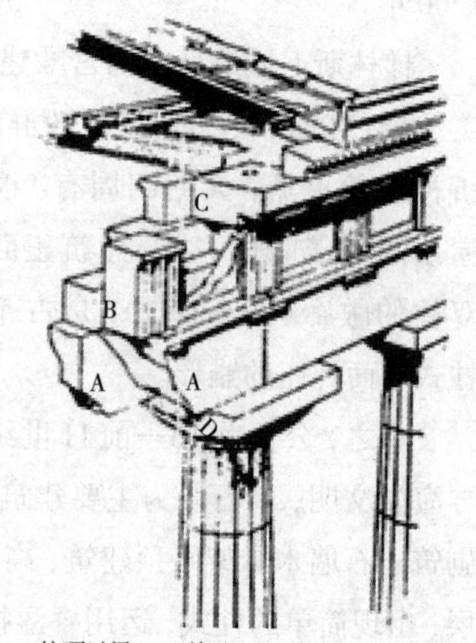

A—柱顶过梁；B—檐壁；C—檐口；D—柱头托板。

图4-2-1　多立克柱式檐部构成

建筑的痕迹（图4-2-2）。

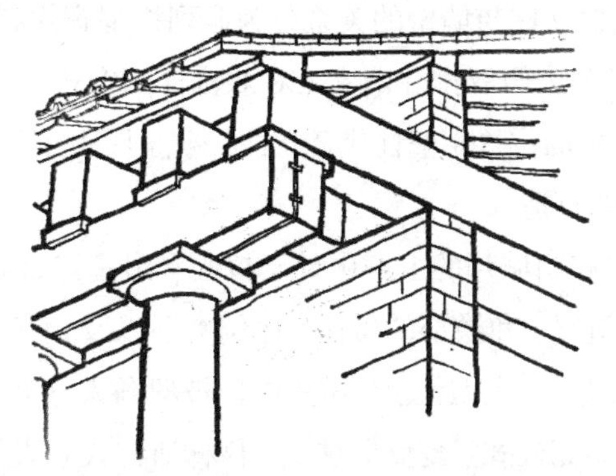

图4-2-2　多立克柱式对应的木构原型

（1）古希腊神庙平面形式的形成

古希腊遗留的最典型纪念性建筑是神庙，是古希腊人奉祀守护神的场所。古希腊人信奉多神，神庙被认为是神灵的居所，每座庙奉献给一个神或者两个神。神庙通常以正殿为主体，殿内刻有该神灵雕像，大门朝东。神庙平面大体分为两种——端柱式和围廊式。第一种为端柱式（图4-2-3），脱胎于带门廊的长方形居住建筑，称为端柱式门廊，如迈锡尼文明中的美加伦室（参见上文的图4-1-11）即为此类，前面门廊中间是2根立柱，两侧墙与立柱齐，殿内中间祭祀祖先的火塘被放置守护神的祭坛所取代；逐渐发展出列柱式，即神殿前面门廊的两侧墙分别由立柱取代，2根柱子变成4根立柱；以后又发展出“前后廊式”，分为前后廊端柱式和前后廊列柱式，端柱式多用于小型神庙。第二种为围廊式（图4-2-4），早期用木构架和土坯砌筑的神庙，为保护墙面，常常在建筑周边搭一圈棚子遮雨，形成围

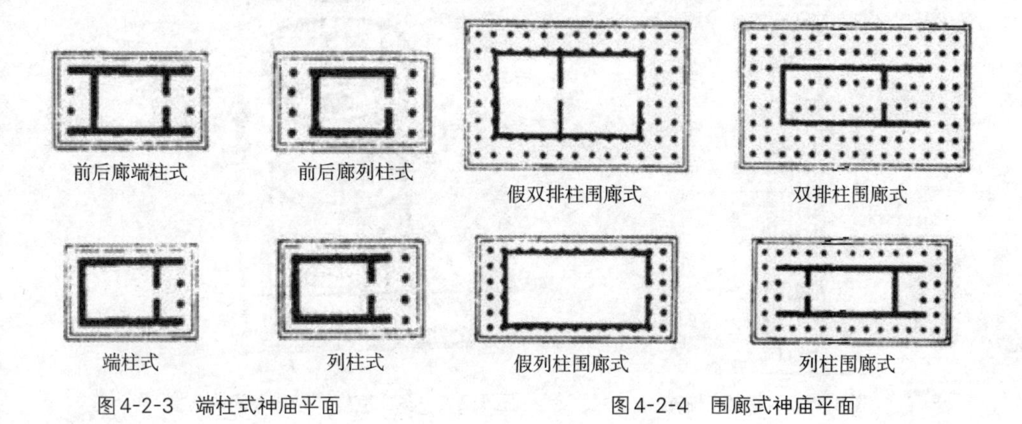

图4-2-3　端柱式神庙平面　　图4-2-4　围廊式神庙平面

廊，从公元前6世纪左右开始，大型神庙基本都采用“列柱围廊式”，即神殿四周以柱廊环绕，根据侧面立柱与墙壁的关系分为假列柱围廊式和列柱围廊式两种，根据围廊立柱的列数又分为假双排柱围廊式和双排柱围廊式两种，所谓“假”是指在神殿侧墙外壁对应立柱的位置用壁柱代替立柱，神庙平面的长宽比为2 ∶ 1。

(2) 柱式与山花的打造

神庙在古希腊共和制城邦的卫城中处于核心和最高点，从四面八方都能观之，故柱子、额枋（柱上过梁）和檐部的做法、比例关系以及相互组合成为重点打造的地方，到公元前5世纪中叶定型，这套做法以后被罗马人称为柱式。古希腊发展造就了4种柱式，即多立克柱式、爱奥尼柱式、科林斯柱式和人像柱式。双坡顶两端形成的山花（参见下文的图4-2-10），位于神庙正立面，更是重点打造的焦点。柱式与山花组合成希腊古典建筑风格的基本形式，后世作为古希腊建筑的标识性元素传遍世界。

多立克柱式（Ordine Dorico）与古埃及先多立克柱式相似，早期在希腊半岛、意大利半岛多立克人居住区使用，比例粗壮，高度为柱径的4倍多。经过不断改进，公元前5世纪中叶形成定式并开始在希腊全域普及，其高径比为（5.5 ~ 5.7）∶ 1，柱头是倒立圆锥台与方形板的组合，柱身表面从上到下刻有沟槽，没有柱础，直接置于阶座上（图4-2-5）。由一系列鼓形石料一个挨一个垒叠而成，砌块之间用榫卯或金属销子连接（图4-2-6）。

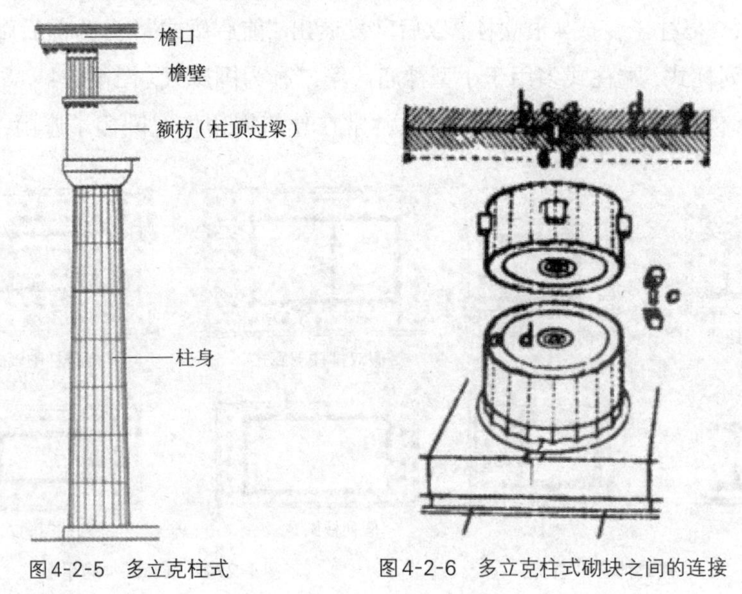

图4-2-5　多立克柱式

图4-2-6　多立克柱式砌块之间的连接

爱奥尼柱式（Ordine Ionico）早期在小亚细亚爱奥尼人居住区流行，公元前5世纪中叶传遍希腊全域。柱身修长，上细下粗，早期柱子高度是柱径的8倍，成熟时演变9~10倍，檐部高度是柱高的1/4，柱身刻半圆形沟槽，柱头由装饰带及两个涡卷组成，涡卷上的方形顶板承接过梁，有线脚复杂的柱础（图4-2-7）。

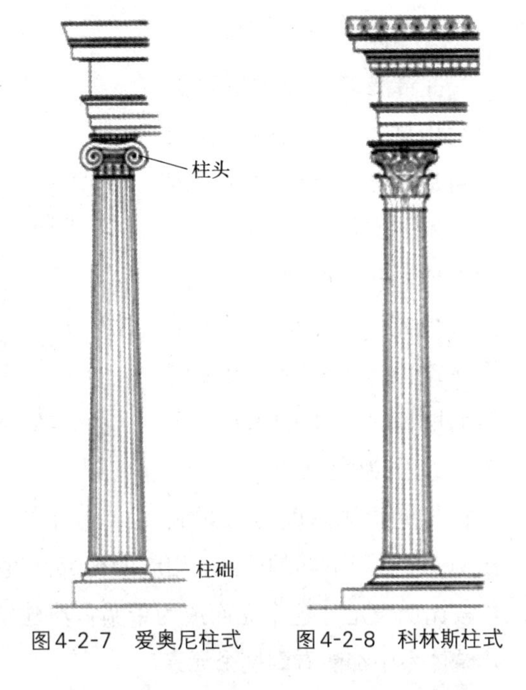

图4-2-7　爱奥尼柱式　　图4-2-8　科林斯柱式

科林斯柱式（Ordine Corintio）出现在公元前5世纪的科林斯城邦，成熟于希腊晚期，比爱奥尼柱式的高径比略大，柱头高度也增加到约等于柱径，柱头用忍冬草做装饰，形似盛满花草的花篮，相较于爱奥尼柱式，科林斯柱式装饰性更强（图4-2-8）。

人像柱式出现于公元前6世纪，沿用到古典文化时期，使用较少，多为女性，比例逼真（图4-2-9）。

图4-2-9　雅典卫城伊瑞克提翁（Erechtheion）神庙的人像柱式（高2.3米）

(3)山花与立面形制

古希腊建筑双坡屋顶的前后山墙，用石线脚围合成三角形，三角形内的墙面满布浮雕，故名山花。山花下为檐壁，由陇板和浮雕间隔分布组成。陇板是早期木结构建筑为防木梁头失火和腐朽而贴陶片留下的做法，石造建筑作为装饰保留下来。额枋与檐壁的高度与柱式成比例，即采用不同的柱式，相应的檐部高度不同。构成建筑立面的各个构件尺寸均按比例设定。这个立面成为希腊古典建筑的经典元素（图4-2-10），在以后欧洲建筑体系中都能看到这个元素。

图4-2-10　雅典帕提农神庙的多立克柱式立面

2. 古风文化时期建筑

公元前8—前5世纪的古风文化时期，遗存下几座比较典型的神庙，如阿法亚女神庙、德尔菲阿波罗神庙、阿耳忒弥斯神庙和赫拉女神庙等。

阿法亚女神庙（Temple of Aphaia, 图4-2-11, 建于公元前510—前490年），位于希腊萨罗尼科斯湾埃伊纳岛，祀奉地方神阿法亚，围廊多立克柱式神殿，正面6根立柱，侧面12根立柱，柱子高径比约为5.3 ∶ 1, 长28.81米，宽13.77米。

图4-2-11　阿法亚女神庙遗存

希腊福基斯（Phocis）的德尔菲阿波罗圣地（Sanctuary of Pythian Apollo at Delphi，图4-2-12，建于公元前6世纪），位于距离雅典150千米的帕那索斯深山里，主要由阿波罗（太阳神）神庙、雅典女神庙、剧场等组成，从公元前6世纪以来，一直是古希腊的宗教中心以及希腊统一的象征。阿波罗神庙是圣地的主体建筑，始建于公元前7世纪，重建于公元前360—前330年，长约60米，宽约25米，围廊多立克柱式神庙，东西两端各有6根柱子，南北两个侧面各有15根柱子。

图4-2-12　德尔菲阿波罗圣地遗址及复原模型

位于以弗所（Ephesus，今土耳其爱奥尼亚海滨）的阿耳忒弥斯神庙（Temple of Artemis，图4-2-13，建于公元前6世纪），供奉月神阿耳忒弥斯女神。围廊爱奥尼柱式殿，长约100米，宽约55米，四周设阶梯。

图4-2-13　阿耳忒弥斯神庙复原图

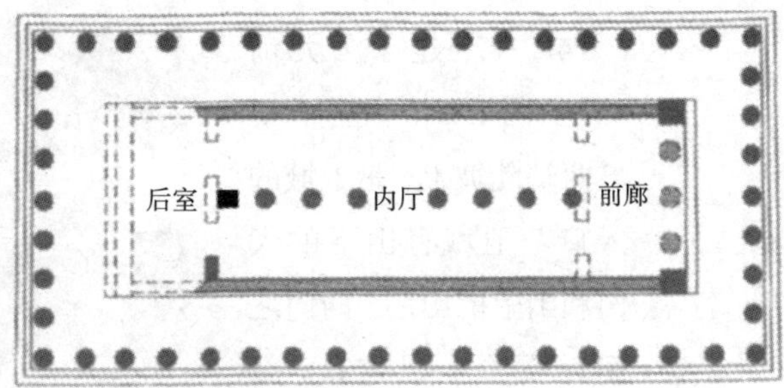

图4-2-14　赫拉神庙平面图

位于意大利那不勒斯南部帕埃斯图姆的赫拉神庙（Temple of Hera at Paestum，图4-2-14，建于公元前530年）由前廊、内厅和后室组成，列柱围廊多立克柱式殿，里面供奉着宙斯之妻赫拉女神像。柱高径比为4.47 ∶ 1，特殊之点是前后两面的立柱为奇数。

3. 古典文化时期建筑

希腊古典文化时期（公元前5世纪中叶—前4世纪中叶）是希腊建筑成熟期，形成的风格称为希腊古典建筑，以著名的雅典卫城、宙斯神庙为代表。

雅典卫城（Acropolis of Athens，图4-2-15）始建于公元前580年，公元前480年毁于波希战争，战后用白色大理石重建。雅典卫城战时为市民避难之所，建在山顶上一个约280米 × 130米的天然平台上，四周环绕坚固的城墙，山体东面、南面和北面都是悬崖绝壁，只能从西侧修建的阶梯登上卫城，主要由山门、帕提农神庙、胜利神庙、伊瑞克提翁神庙等建筑组成（图4-2-16）。

图4-2-15　雅典卫城遗迹鸟瞰图

图4-2-16　雅典卫城复原图

雅典卫城的山门（图4-2-17，建于公元前437—前432年）位于卫城西端陡坡上，是卫城的入口。卫城有山下的大门和山上的山门，两门之间以石阶上下连接，石阶两侧分别矗立着胜利神庙和亚基帕雕像基座（Pedestal of Agrippa）。山

图4-2-17　雅典卫城山门遗迹

门采用不对称形式，主体建筑为多立克柱式，当中一跨很大，净宽3.85米，内部采用爱奥尼柱式。山门北翼现作为展览馆，南翼是敞廊，进入山门的对景是雅典娜女神铜像。

位于卫城中央的是帕提农（Parthenon）神庙（图4-2-18，建于公元前447—前432年），列柱围廊多立克柱式神庙，东西两端各有8根多立克柱，两侧各有17根，柱高10.44米，高径比5.5∶1，立在3级台基上。台基长约69.5米，宽约30.9米。主要入口在东面，经前廊进入主殿，主殿长约30米，殿内供奉雅典娜立像，顶盔、持矛、握盾，右手掌上立一个展翅的胜利女神像，加基座高约12.8米，环像三面沿墙建多立克柱式回廊；神庙的西半部是圣女宫，比主殿小，内用4根爱奥尼柱支承屋顶。西山花雕刻雅典娜和海神波塞冬争战的场面，东山花雕刻着雅典娜诞生的情景，陇板之间是高浮雕，描述希腊神话中拉庇泰同马人搏斗的故事。

图4-2-18 帕提农神庙遗迹

图4-2-19 胜利神庙

胜利神庙（Temple of Nike Apteros，图4-2-19，建于公元前427年）位于雅典卫城山门南侧，建于雅典与斯巴达争雄时期，用以激励斗志、祈求胜利。神庙规模很小，长8.2米，宽5.4米，前后廊端柱式，前后列柱式，前后各有4根爱奥尼柱，内殿供奉一尊没有翅膀的雅典娜女神像。

伊瑞克提翁（Erechtheion）神庙（图4-2-20，建于公元前421—前405年），由神殿及北门廊和南敞廊组成。神殿采用前后廊列柱式平面，爱奥尼柱式。神殿中间立隔墙，形成相背而立的两个神殿，东殿祀奉雅典娜，西殿祀奉雅典人祖先伊瑞克提翁。西廊北侧是6根爱奥尼柱式的门廊，作为西殿的入口；南毗连由6根少女人像柱支撑的敞廊，柱高2.3米，比例逼真，头顶千斤，亭亭玉立，是古希腊建筑中人像柱的代表（参见上文的图4-2-9）。

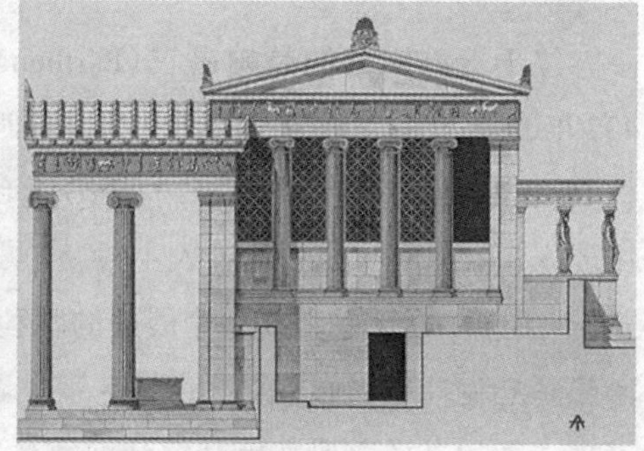

图4-2-20　伊瑞克提翁神庙遗迹及西立面复原图

位于希腊雅典奥林匹亚的宙斯神庙（Temple of Zeus，图4-2-21），始建于公元前515年，完成于公元131年，历时近700年。神庙长110米，宽44米，共有104根石柱，柱高17.25米，直径1.7米，采用科林斯柱式，现仅存15根石柱。

图4-2-21　宙斯神庙遗迹

4. 希腊化时期建筑

公元前4世纪—前1世纪的希腊化时期，建筑类型丰富起来，如出现大型露天阶梯剧场和大型室内阶梯会场；神庙建筑上的围廊，作为一种建筑元素以敞廊的形式被广泛用于其它建筑，如祭坛的围廊、院内回廊、市场敞廊等；伴随着马其顿帝国与古波斯帝国之间的拉锯战争，受古西亚建筑体系的影响，希腊建筑呈现出新的建筑元素——穹顶；受古埃及建筑体系影响，出现古希腊建筑与古埃及建筑相融合的尝试。

公元前4世纪中叶，露天阶梯形剧场大型化，并成为联邦制城市公共活动的重要场所，如埃庇道鲁斯剧场、德尔菲阿波罗圣地的剧场、狄俄尼索斯剧场等；公元前2世纪，阶梯形座位被移到室内，作为议事厅使用，如米利都的元老院议事厅等。

图4-2-22　埃庇道鲁斯剧场遗迹

埃庇道鲁斯剧场（Theatre of Epidaurus，图4-2-22，建于约公元前350年）位于希腊南部伯罗奔尼撒半岛的一座希腊古城里，建在古城东北部的一座山坡上。中心舞台呈圆形，直径20.4米。舞台前有34排从岩石中开凿出来的大理石座位，依地势建在环形山坡上，次第升高，像一把展开的巨大折扇。呈楔形的座位区被条条阶梯分隔开，观众通过阶梯进出各排座位，全场能容纳1.5万余名观众。演出区后面有一排建筑。

德尔菲阿波罗圣地（参见上文的图4-2-12）的露天剧场建于公元前4—前3世纪，半圆形，可容纳5 000人，在每4年举办一次的祭神活动中，这里举办音乐、诗歌和戏剧竞赛。

雅典卫城东南山脚下的狄俄尼索斯剧场（Theatre of Dionysus，图4-2-23，建于公元前4世纪），半圆形的剧场，可容纳17 000人。

图4-2-23　狄俄尼索斯剧场遗迹

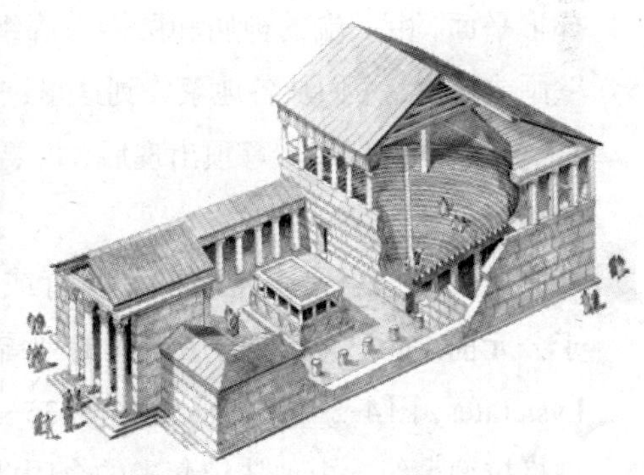
图4-2-24　米利都元老院议事厅复原图

米利都元老院议事厅（Bouleuterion of Miletus，图4-2-24，建于约公元前170年），位于今土耳其艾登省，回廊式院落，正门为4柱前后廊端柱式，爱奥尼柱；内院三面回廊，后面坐落着议事厅，长方形平面，内设逐排升起的半圆形座位，可容

1 200座，双坡木桁架结构，外观一层，实为两层，座位层四周使用敞廊，座位下层四周砌筑实墙。

敞廊除了在米利都议事厅被用于院落回廊及会议厅敞廊，还被用于祭坛。位于今土耳其帕加马（Pergamon）城中的宙斯神坛（Altar of Zeus，图4-2-25，建于公元前197—前159年），平面呈凹形，周围以3米余高的爱奥尼柱式敞廊环绕，其中两侧和后部的敞廊中间被实墙分隔成双边敞廊，祭坛在中央，敞廊下的基座高5.34米，上面刻有一圈精致的长达120米的人物雕刻。

图4-2-25　宙斯神坛模型（位于德国柏林）

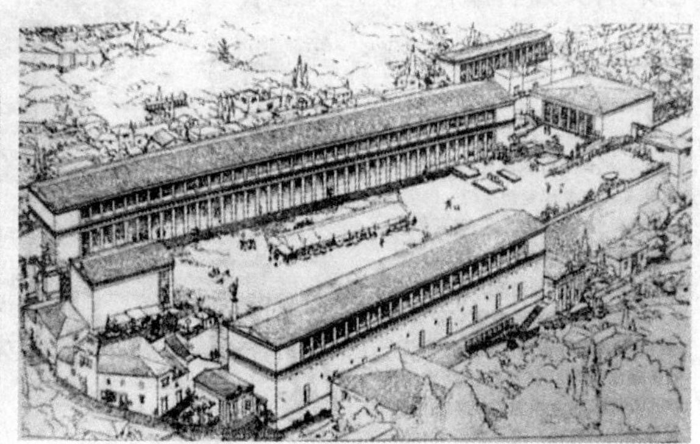

图4-2-26　阿索斯广场复原图

位于今土耳其的阿索斯广场（Agora of Assos，图4-2-26，建于公元前3世纪），梯形平面，由一端的神庙和两侧敞廊组成，敞廊2层，爱奥尼叠柱，敞廊墙面饰以壁画或铭文，人们从各地聚集到这里进行买卖或举行诗歌朗诵、演说活动。

新建筑元素小型穹顶出现后，主要用于小型建筑，如雅典得奖纪念亭、雅典风塔等建筑。

得奖纪念亭是古希腊陈列体育或歌唱比赛所获奖品的纪念性建筑物，兴起于公元前4世纪，位于希腊雅典的列雪格拉德音乐纪念亭（Choragic Monument of Lysicrates，图4-2-27，建于公元前335—前334年）是仅留存的一座，是雅典富商列雪格拉德为纪念由他扶植起来的合唱队在酒神节比赛中获得胜利而建。亭子基部是高4.77米、宽2.9米的方形基座，基座上立着高6.5米的实心圆形亭子，亭子四周有6根早期科林斯柱；亭顶是一块完整大理石雕成的圆穹顶，上面安置奖品；檐壁雕刻浮雕，内容是酒神狄俄尼索斯在海上遇海盗将他们变成海豚的故事。这是古希腊建筑首次出现穹顶建筑，推测是受西亚穹顶影响而成。

图4-2-27　列雪格拉德音乐纪念亭

图4-2-28　雅典风塔

位于雅典中心广场的风塔（Tower of the Winds，图4-2-28，建于公元前48年），八角形平面，白色大理石砌筑，塔顶圆锥形，先用条形木板覆盖，上覆石板，顶上安置风标和日晷，用作风向标和水钟。八角塔高3.2米，塔内设有滴漏及利用塔南面蓄水池中的水驱动水力钟的机械。

位于今土耳其博德鲁姆（Bodrum）的莫索洛斯陵墓（图4-2-29，建于公元前353—前350年）是希腊神庙与西亚塔庙（参见本书上文的2.1节）相结合的产物，是波斯帝国驻卡里亚（Caria）总督莫索洛斯（Mausolus）的陵墓，为希腊建筑师设计。陵墓建在一个长12.5米、宽10.5米的台基上，台基上是一座四面环绕的爱奥尼柱廊，顶部为一座24阶的类似西亚塔庙的梯形顶。

图4-2-29　莫索洛斯陵墓复原图

古希腊建筑对世界建筑史的贡献有两点：一是希腊的柱式和山花被古罗马建筑承袭，进而影响到整个欧洲建筑史，甚至在当今全球新建筑的营建中，仍然能看到希腊古典建筑的元素；二是公元前4—前1世纪马其顿统治时期，埃及、小亚细亚、西亚等地都在其统治之下，古希腊建筑风格对这些地方的建筑都有影响，其影响甚至东达印度河平原，直接引发了犍陀罗艺术。

4.3 古罗马建筑（公元前8世纪—公元4世纪）

古罗马天然的混凝土造就了古罗马辉煌的筒拱和穹顶，建筑立面则全面继承了古希腊古典柱式与三角形山花，并将希腊柱式与发券结合形成罗马券柱式。厚重的外墙、半圆形筒拱和券柱式的立面是古罗马建筑的特征，穹顶则隐藏在女儿墙后，或被瓦屋顶覆盖。

古罗马的建筑分为3个时期。一是伊特鲁里亚时期（公元前8—前2世纪），伊特鲁里亚曾是意大利半岛中部的强国，其建筑在石工、陶瓷构件与拱券结构方面有突出成就。二是罗马共和国盛期（公元前2世纪—前30年），在公路、桥梁、城市街道与输水道方面进行大规模建设，公元前146年对希腊的征服，使它承袭了大量的希腊与小亚细亚文化和生活方式，除了神庙之外，公共建筑如剧场、竞技场、浴场、巴西利卡大厅等的兴建十分活跃，并发展出了角斗场，同时希腊建筑在建筑技艺上的精益求精与古典柱式也强烈地影响着罗马。三是罗马帝国时期（公元前30年—公元476年），疆土涵盖了马其顿统治的希腊，公元180年左右是帝国的兴盛时期，这时，歌颂权力、炫耀财富、表彰功绩成为建筑的重要任务，建造了不少雄伟壮丽的凯旋门、纪功柱和以皇帝名字命名的广场、神庙等等，此外，剧场与浴场等亦趋于规模宏大与豪华富丽；公元3世纪起帝国经济衰退，建筑活动也逐渐没落，以后随着帝国首都东迁拜占庭，帝国分裂为东、西罗马帝国，西罗马建筑活动仍长期不振，直至公元476年西罗马帝国灭亡为止，东罗马则发展出拜占庭建筑风格。

1.辉煌的拱券技术

(1)发券技术

伊特鲁里亚人早有用石头砌筑叠涩券的手法，叠涩技术原发于各个文明，如古西亚、古爱琴海、古埃及、古美洲。发券与叠涩有本质的区别，叠涩是通过一

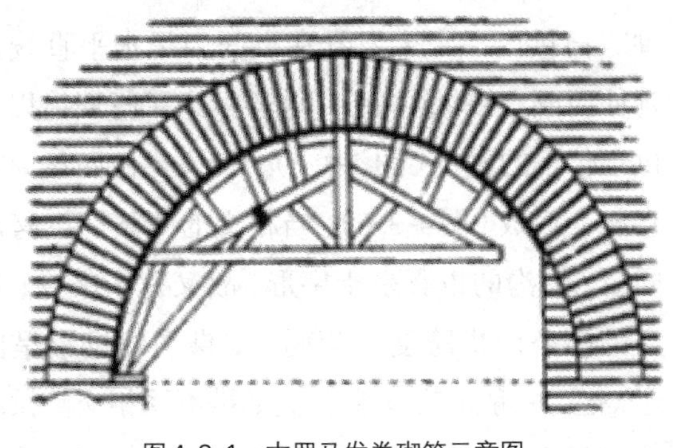
图4-3-1　古罗马发券砌筑示意图

层层堆叠向外挑出或收进，向外挑出时要承担上层的重量，发券则是利用块料之间的侧压力建成跨空的承重结构的砌筑方法（图4-3-1）。罗马人从公元前4世纪使用真正的发券，是承接希腊马其顿帝国时期由古西亚传入的发券技术而仅以富源的石头取代烧制砖，还是由伊特鲁里亚人的叠涩发券演变而来，尚未有结论。最初用于罗马城排水道的砌筑，公元前2世纪在陵墓、桥梁、城门和输水道等工程中广泛使用。公元前2世纪末建造的奥古斯都拱门和公元1世纪建造的加尔桥，是古罗马人运用发券拱技术的实例。

位于意大利佩鲁贾（Perugia）的奥古斯都拱门（Arch of Augutus，图4-3-2，建于公元前2世纪末），檐壁以下的拱门部分是伊特鲁里亚时期的遗迹，用石块干砌而成，跨度达5.55米。

图4-3-2　奥古斯都拱门

图4-3-3　加尔桥

位于法国加尔省尼姆（Nimes）的加尔桥（Pont du Gard，图4-3-3，建于公元14年）是古罗马的输水道，为石砌的连续拱券，上下3层，高49米，长269米，其中最大拱的跨度达24.5米。

（2）拱顶（筒拱与交叉拱）

公元前1世纪中叶，罗马人将拱券技术用于搭建屋顶，分为筒拱和交叉拱两种。筒拱由一个个发券在空间中呈水平直线连续延伸而成，在拱顶的下部建立两道平行墙体以承担拱顶传来的重量（图4-3-4）。交叉拱由两条筒拱垂直相交而成（图4-3-5），当相交的两条筒拱跨度相同时，拱沟的投影呈十字形，故又称十字拱；当相交的两条筒拱跨度不相同时，拱沟的投影呈曲线形，是为一般的交叉拱。交叉拱不受相交筒拱跨度的限制，能使建筑内部具有更大的连续空间，可在拱顶四面开半圆形采光窗。拱顶早期用石块砌筑，公元前1世纪开始用混凝土浇筑。混凝土的主要成分是活性火山灰，加上石灰和碎石后，凝结力强，坚固，不透水，早期用于填充石砌的基础、台基和墙垣里的空隙，公元前2世纪开始被作为建筑材料使用。经过50年的使用，到公元前1世纪中叶，天然混凝土完全取代石块成为拱券结构的建筑材料，从墙脚到拱顶用混凝土浇灌成整体，侧推力较小，结构稳定。

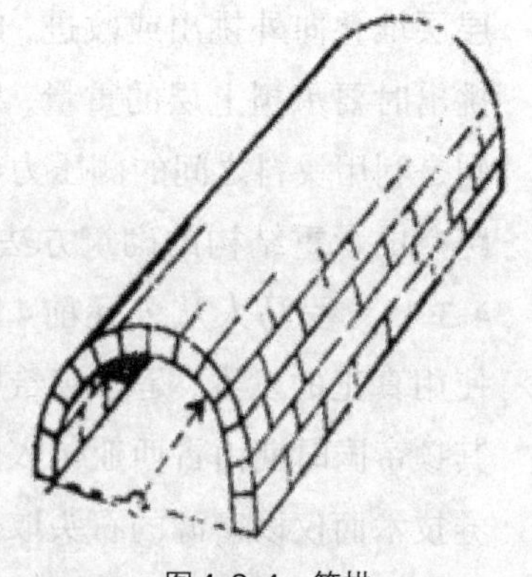

图4-3-4　筒拱

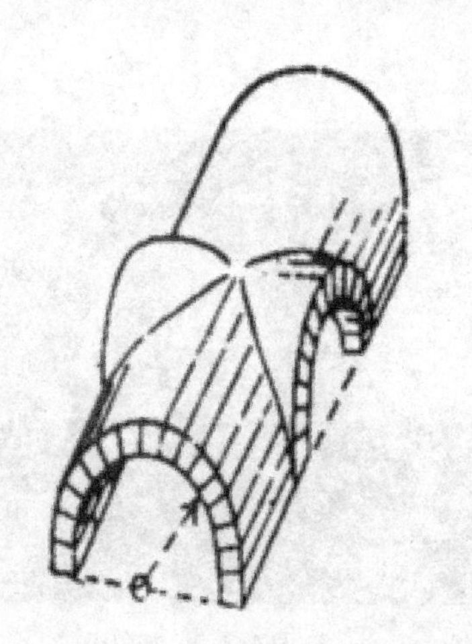

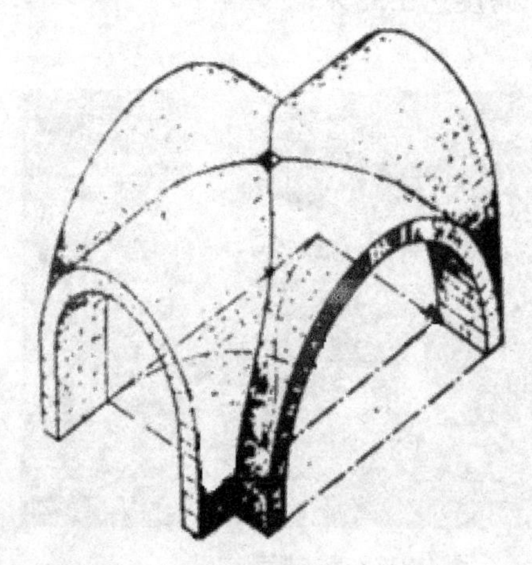

图4-3-5　交叉拱

位于今法国南部沃吕克兹省的奥朗日剧场（Theatre of Orange，图4-3-6，建于公元50年），在平地用混凝土筒拱支撑起阶梯形观众席（结构参见下文的图4-3-7），摆脱了古希腊必须依山而建观众席的束缚。剧场半圆形平面，舞台面宽61.87米，进深13.72米，观众席直径103.62米，能容纳8 000 ~ 10 000人。

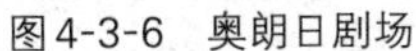

图4-3-6　奥朗日剧场

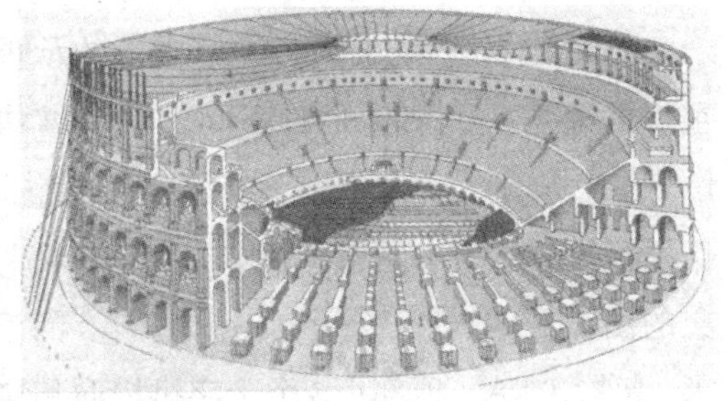

图4-3-7　罗马大角斗场观众席下的筒拱结构

建于公元1世纪的罗马大角斗场（Colosseum of Rome，参见下文的图4-3-24，建于公元70—82年），也是混凝土筒拱结构的典范（图4-3-7）。椭圆形平面，长轴188米，短轴156米，中央为椭圆形表演区，外围60排座位逐层升起。观众席底层有7圈石砌墩子，每圈80个。外面3圈墩子之间是两道环廊，顺向筒拱覆盖；在第4、5、6圈墩子之间做混凝土墙，墙上架拱，呈放射形排列。第2层靠外设两道环廊，第3层靠外设一圈环廊。观众席架在这些环形和放射形拱上，墩子和墙面贴以石板。

罗马凯旋门的门洞采用混凝土筒拱顶。凯旋门是古罗马纪念性建筑之一，为炫耀对外战争胜利而建，通常位于城市主要交通要道的相交处。建于公元82年的罗马泰塔斯凯旋门（Arch of Titus，图4-3-8），单门洞，高14.4米，宽13.3米，进深约6米，用混凝土浇筑而成，门洞采用筒拱顶，门洞两侧宽宽的墙体可以平衡筒拱水平的侧推力，整座门的外墙贴白色大理石，墙面上装饰着组合柱式，檐壁上刻着向神灵献祭的行列，是19世纪初巴黎雄狮凯旋门的蓝本。公元3世纪初出现三门洞凯旋门，图4-3-9是建于4世纪初的罗马君士坦丁凯旋门。

图4-3-8　罗马泰塔斯凯旋门

图4-3-9　罗马君士坦丁凯旋门（Arch of Costantino，建于公元315年）

公元1世纪，交叉拱与十字拱下的承重垛子被立柱取代，彻底摆脱了连续承重墙的束缚。十字拱是古罗马的巨大结构成就，以4根柱子取代相交筒拱的拱墩（图4-3-10），被大量用于有大型室内空间需求的公共建筑如浴场、市政厅，取代了容易毁坏的木屋架。例如，罗马卡瑞卡拉浴场（Thermae of Caracalla，参见下文的图4-3-14，建于公元211—217年）的温水浴中央大厅，长55.77米，宽24.08米，高32.92米，顶部由3个十字拱横向相接而成；罗马戴克里先浴场（Thermae of Diocletian，建于公元298—306年）的温水浴大厅，横向3间，8个墩子承接3个十字拱负荷，墩子外侧是一道横墙以抵御拱顶的侧推力，横墙之间用筒拱覆盖，使室内空间连为一体。

图4-3-10　罗马十字拱顶（Roman Vault）

图4-3-11　罗马君士坦丁巴西利卡大厅遗迹

巴西利卡大厅是古罗马法庭、交易所、会场等大型建筑的统称，平面为长方形，纵向被两排柱子分隔成3部分，中间部分高，称为中厅，两侧部分低，称为侧廊，在中厅高于侧廊的墙上部开窗，使大厅有很好的采光，主入口在长边。希腊时期巴西利卡大厅的屋顶使用木屋架，上覆屋瓦，古罗马早期沿袭古希腊做法，如建于公元98—112年的图拉真巴西利卡，与古希腊巴西利卡不同的是在大厅两端设有半圆形龛，上覆半球形穹顶。鉴于木屋架容易失火和腐朽，公元4世纪，罗马用混凝土拱顶取代了木屋架，如建于公元310—313年的罗马君士坦丁巴西利卡大厅（Basilica of Constantine，图4–3–11），长80.77米，宽25.30米，高36.58米，中厅由3个十字拱组成，南北侧廊为跨度23.16米的筒拱。

2. 独特的混凝土穹顶

公元前1世纪末，罗马人开始利用天然混凝土凝固前的可塑性浇筑穹顶，将石灰、火山灰、海水混合制成原始灰浆，再将原始灰浆和凝灰岩混合后灌入木质模具，180天达到硬化。具体做法是在圆形平面的承重墙上，支好穹顶木模，然后贴着球形表面砌筑大大小小几层发券，再在它们中间分段浇筑混凝土。最早见于公元前1世纪末意大利巴埃（Baiae）附近的一个浴场，穹顶直径达21.55米。

罗马万神庙（Pantheon，图4-3-12，建于公元120—124年）是保存完好的混凝土穹顶实例，穹顶直径43.3米，穹顶高度43.3米，为了使内部空间有较好的采光，同时匹配穹顶象征天宇的寓意，穹顶中间留有直径8.9米的圆洞。由于穹顶自重大，需要连续的承重墙来抵挡穹顶的侧推力，因此穹顶下的承重墙很厚。万神庙前面入口处为希腊前廊列柱式神庙的形制，采用科林斯柱式柱廊和三角形山花，唯檐壁部位的陇板被省略了。

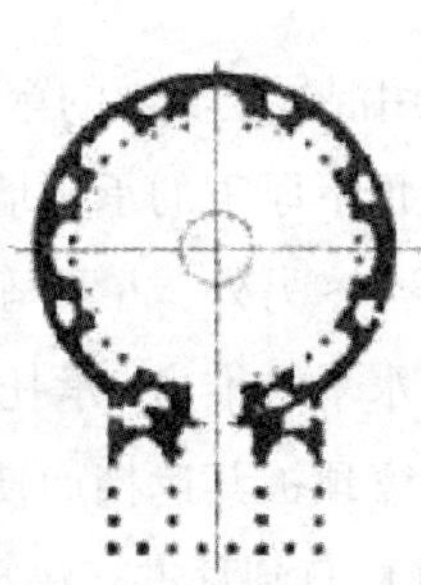

图4-3-12　罗马万神庙外观、平面图和穹顶中间的圆洞

罗马人还尝试在神庙中采用半穹顶结构。建于公元125—135年的罗马维纳斯与罗马神庙（Temple of Venus and Rome，图4-3-13），平面采用古希腊列柱围廊式，内部空间由两个端柱式神庙相背而成，分别供奉维纳斯女神与罗马守护神；两神像后面是半圆形平面的墙体，墙体上承托着半穹顶。

图4-3-13　罗马维纳斯与罗马神庙的平面图与遗迹

上文提到的罗马卡瑞卡拉浴场（图4-3-14）的热水浴厅也是古罗马混凝土穹顶的实例。热水浴厅为圆形平面，穹顶直径35米，厅高49米，在圆形平面的承重墙上辟有3个券门与其它空间相连。

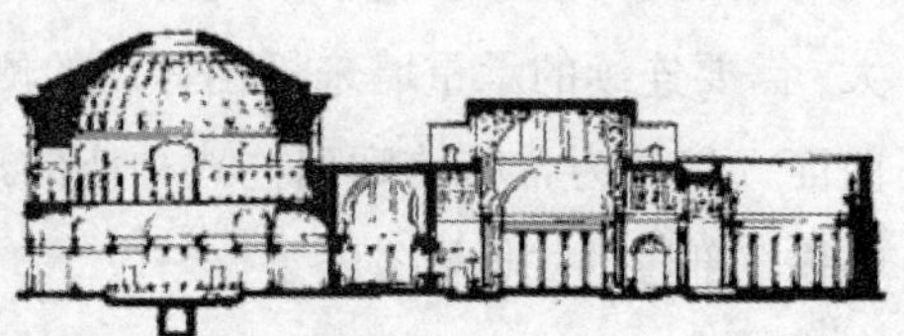

图4-3-14　罗马卡瑞卡拉浴场遗迹与剖面复原图（左侧穹顶为热水浴厅）

总之，古罗马用混凝土浇灌的穹顶（最大直径达43.3米）营建了开阔的室内空间，尽管尝试在穹顶下厚重的承重墙上开辟拱门与其它空间相连，但未能摆脱穹顶对室内空间的限制；另外，古罗马的穹顶在建筑外立面上没有作为构图要素显现，为了平衡穹顶水平侧推力，承托穹顶的承重墙在穹顶底脚外围继续向上延伸成高高的女儿墙，穹顶被其遮挡而使人无法看到（如万神庙），或用瓦顶覆盖（如罗马卡瑞卡拉浴场），直到拜占庭建筑才将穹顶作为建筑造型的重要元素凸显。

3.流传后世的罗马券柱式

在罗马共和国盛期（公元前2世纪—前30年）和罗马帝国时期（公元前30年—公元476年）前期，古罗马的神庙基本沿用希腊的石梁柱结构体系，并对古希腊柱式进行改良而形成5种柱式（图4-3-15），即多立克柱式、爱奥尼柱式、科林斯柱式、塔司干柱式、混合柱式。其中多立克柱式、爱奥尼柱式（图4-3-16）与科林斯柱式（图4-3-17、图4-3-18）直接

A—塔司干柱式；B—多立克柱式；C—爱奥尼柱式；D—科林斯柱式；　E—混合柱式。

图4-3-15　古罗马5种柱式

继承古希腊柱式；塔司干柱式（图4-3-19）与古希腊多立克柱式基本一样，区别是柱身没有凹槽；混合柱式是为了解决柱头与大体量建筑相结合的矛盾，在科林斯柱式上再加一对爱奥尼柱式的涡卷形成的柱式。

图4-3-16 罗马命运女神福耳图那·维利斯神庙（Temple of Fortuna Virilis，建于公元前2世纪）的爱奥尼柱式

图4-3-17 胜利者海克力斯神庙（Temple of Hercules Victor，建于公元前2世纪，为圆形建筑，外围是20棵柱子组成的柱廊）的科林斯柱式

图4-3-18 卡利神殿（Maison Carree，建于公元前16年，位于今法国加尔省尼姆市）的科林斯柱式

图4-3-19 庞培古城中心广场（建于公元前2世纪）的塔司干柱式

券柱式是古罗马建筑最鲜明的特征，是罗马发券技术与希腊柱式结合的产物。古罗马早期神庙基本采用古希腊神庙形制，如上述4座神庙，随着公元前1世纪拱券技术在建筑上的应用，罗马人逐渐将拱券与希腊柱式有机结合成一体，终于在公元前后形成了著名的罗马券柱。具体做法是将罗马券套在希腊柱式的开间里，在券脚券面上贴装饰性的柱式，柱础、柱身、檐部均保持原有比例，柱子凸出墙面大约3/4柱径（图4-3-20）。图4-3-21为罗马券柱实例。

图4-3-20　罗马券（左）与罗马券柱（右）

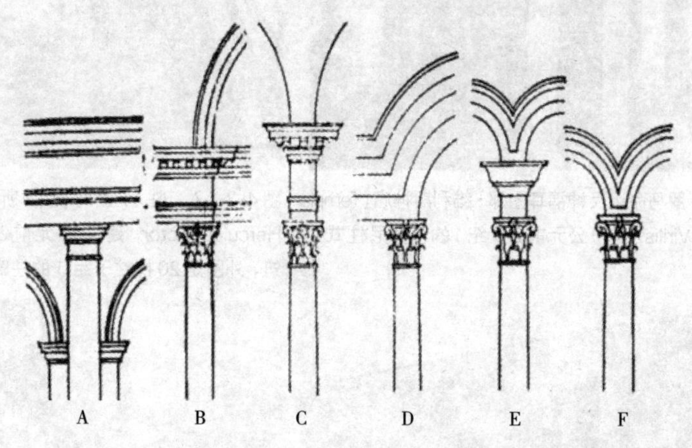

A—罗马大角斗场的券柱（建于约公元82年）；B—万神庙中央神龛的券柱（建于约公元124年）；C—卡瑞卡拉浴场的券柱（建于约公元215年）；D、E、F—斯普利特宫的券柱（建于约公元300年）。

图4-3-21　罗马券柱实例

古罗马多层建筑采用叠券柱，始于公元前1世纪末，是古希腊叠柱式与古罗马发券结合的产物（图4-3-22）。古希腊晚期，市场建筑多为两层高的敞廊，立面采用叠柱式，下层用粗壮质朴的多立克柱式，上层用修长华丽的爱奥尼柱式，上层柱子的底径等于或小于下层柱子的上径，上下两层柱式都具备柱础、柱身和柱头3部分。古罗马建筑继承了这种手法，分别将券洞套进各层柱开间中，并对柱子进行了变通，通常底层用塔司干柱式，二层用爱奥尼柱式，三层用科林斯柱式，四层用科林斯壁柱。典型实例有建于公元前13—前11年的马赛鲁斯剧场（图4-3-23）和建于公元

图4-3-22　叠券柱

70—82年的罗马大角斗场（图4-3-24，参见上文的图4-3-7）。

图4-3-23　马赛鲁斯剧场（Theatre of Marcellus）的叠券柱（下面2层为连续的券柱式，首层是塔司干柱，二层是爱奥尼柱）

图4-3-24　罗马大角斗场（高48米，4层）的叠券柱（下面3层为连续的券柱式，首层是塔司干柱，二层是爱奥尼柱，三层是科林斯柱，四层是实墙加科林斯壁柱）

总之，古罗马创造出辉煌的拱券技术、独特的混凝土穹顶、流传后世的券柱式。罗马分裂为东、西罗马后，西罗马及西罗马之后四分五裂的西欧继承和大力发展古罗马的拱顶结构，并将筒拱技术发展为骨架券——一种近似于框架的结构，先后发展出罗马风建筑和哥特式建筑；东罗马则大力发展穹顶结构，形成拜占庭建筑。

4.4　拜占庭与俄罗斯建筑（公元4—15世纪）

公元395年，罗马帝国分裂成东、西罗马后，东罗马将古罗马穹顶技术与西亚建筑构造方法结合在一起，创造出拜占庭建筑风格；12世纪，拜占庭建筑风格北上，与俄罗斯民族建筑风格结合，衍生出俄罗斯建筑风格。

1.帆拱结构——拜占庭辉煌的穹顶结构

以拜占庭（罗马迁都后改称君士坦丁堡，今土耳其伊斯坦布尔）为都城的东罗马帝国，公元4—8世纪时期最大的版图包括巴尔干半岛、小亚细亚、地中海东岸、北非、两河流域，15世纪被土耳其人灭亡。东罗马与波斯萨珊王朝在西亚地区长达百年的拉锯战争，为罗马建筑与西亚建筑的融合提供了契机。

拜占庭建筑是罗马穹顶技术与西亚方底穹顶构造手法相结合的产物。拜占庭建筑突破了古罗马穹顶下必须由圆形平面墙体支撑的限制，穹顶负荷通过帆拱落到4根呈正方形布置的立柱上，数个穹顶纵横排列，使室内空间扩展开来，而古罗马大跨度混凝土穹顶的优势，使采用较少立柱获取较大室内空间成为可能；再利用鼓座，使古罗马隐藏在女儿墙后和瓦顶下的穹顶凸出于屋顶之上，成为拜占庭建筑的标志性元素。

西亚地区至迟公元前7世纪已经有在平面方形的房屋上覆盖圆形穹顶的做法，以亚述帝国尼尼微城出土的石板雕刻图形（参见本书上文的图2-3-4）为证；公元前后圆形穹顶在帕提亚帝国（又名安息帝国，公元前247—公元224年，位于中西亚）和巴克特里亚王国（又名大夏－希腊王国，公元前256—公元1年，位于中亚）盛行，最早实物为建于公元前后的沙费德袄庙（位于今吉尔吉斯斯坦拉巴特依，参见本书上文的图3-1-19的左图）；贵霜王朝（公元30—375年，位于中亚）和波斯萨珊王朝（公元224—651年，位于中西亚）一直沿用圆形穹顶。

拜占庭建筑借鉴了西亚方底穹顶从方过渡为圆的墙隅构造方法，发展出帆拱：先沿方形平面的4边做发券，在4个发券顶点之上做水平切口，水平切口所余下的4个角上的球面三角形就称作帆拱（图4-4-1）；穹顶负荷由发券和帆拱传到4根立柱上，这样穹顶下的空间只有4个落地的柱子。在发券水平切口上可以直接砌半圆穹顶（图4-4-1的前图），但为了进一步突出穹顶的高度，在发券水平切口上砌筑一段圆筒形鼓座（后来又在鼓座上开窗券），鼓座之上再砌筑穹顶，于是就形成了由帆拱、鼓座和穹顶组成的拜占庭结构体系（图4-4-1的后图）。

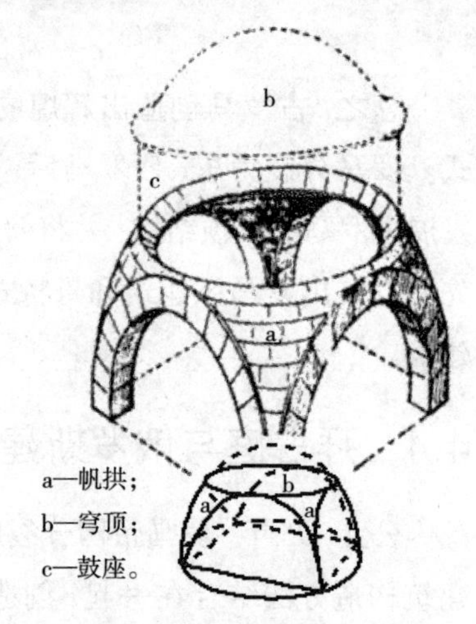

图4-4-1　帆拱及拜占庭结构体系

为了平衡穹顶水平推力，拜占庭建筑在结构体系上创下奇迹，具体做法是在中央穹顶4边建造与穹顶垂直的筒拱（图4-4-2）或半穹顶（图4-4-3），扣在4个发券上来抵抗穹顶侧推力（筒拱与半穹顶可以混用）。按照同样的方式在外围营建更低的穹顶（或拱顶），逐次消除大穹顶的侧推力，形成拜占庭建筑以中央大穹顶为中心，周边为层层叠叠的半穹顶的独特风格。位于今土耳其伊斯坦布尔的圣索菲亚大教堂（St. Sophia Cathedral，图4-4-4，建于532—537年）是拜占庭建筑的典范，由中央直径32.6米的圆形穹顶和左右两个半穹顶及前后筒拱组合而成，左右半穹顶分别再由更小的半穹顶平衡水平推力。圣索菲亚大教堂的内部空间开阔宽敞（图4-4-5），比起古罗马万神庙（参见上文的图4-3-12）单一封闭的空间是结构上的一大进步。

图4-4-2　用筒拱平衡穹顶水平推力示意图

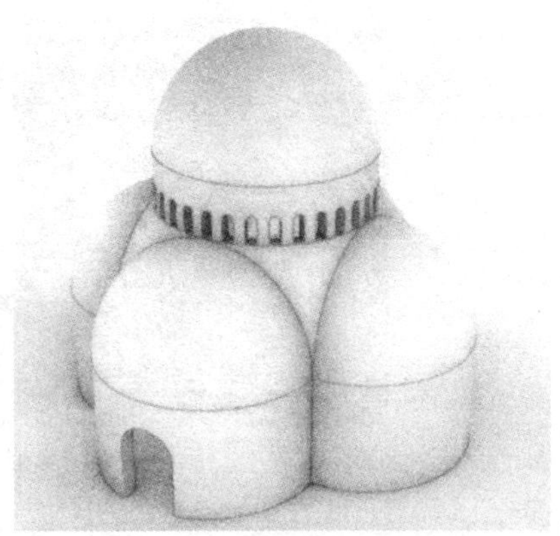

图4-4-3　用半穹顶平衡穹顶水平推力示意图

图4-4-4　圣索菲亚大教堂外观（4根尖塔是在15世纪被改作清真寺时添建的）

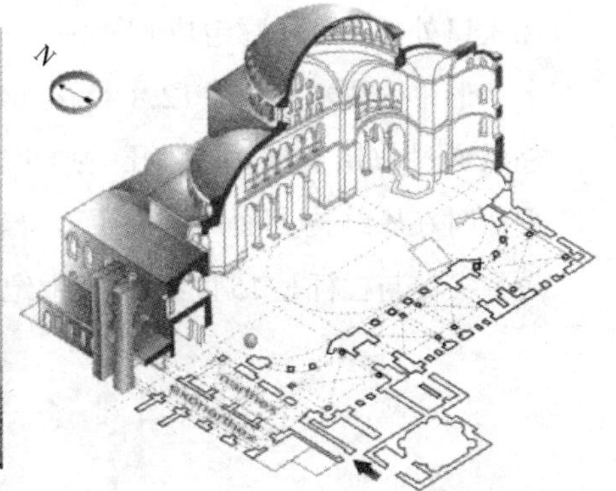

图4-4-5　圣索菲亚大教堂内部空间

为了减小穹顶的水平推力，拜占庭建筑在减轻穹顶自重方面也创下奇迹。圣索菲亚大教堂的穹顶由40个肋架券和现浇轻质混凝土板组成，位于穹顶下半部的一圈40个窗子就是开在肋架券之间的（图4-4-6）。轻质混凝土板以串联在一起的陶罐作为混凝土的骨料，因此穹顶的混凝土板内的空隙很大，混凝土板的重量很轻。

图4-4-6 圣索菲亚大教堂穹顶下半部的窗子

至迟在11世纪，拜占庭建筑衍生出多穹顶形制，用多个穹顶取代中央大穹顶，如威尼斯圣马可教堂（Basillica di San Marco，图4-4-7）由十字形平面的教堂主体和入口处的3面环廊组成（图4-4-8），教堂主体有5个穹顶，略大的一个穹顶位于十字形平面中心，直径12.8米，4个略小的穹顶位于十字形平面4个端部，穹顶由柱墩通过帆拱支撑，底部开一列小窗。该教堂始建于公元829年，1063—1085年重修时在原结构上面加了一层鼓身较高的木结构穹顶，3面环廊逐间用穹顶覆盖，教堂尖券与栏杆是15世纪和17世纪增添的。

图4-4-7 圣马可教堂

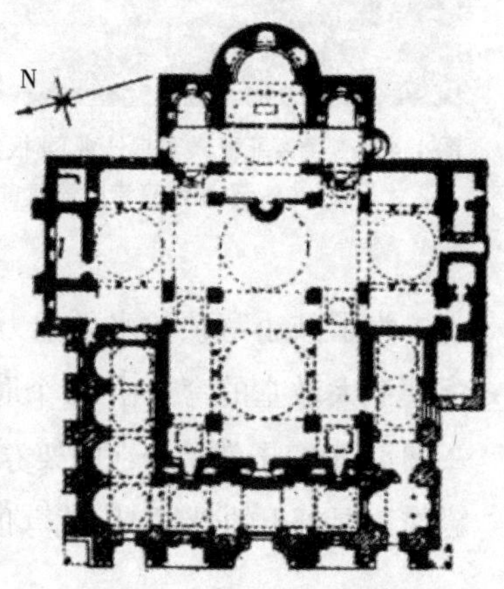

图4-4-8 圣马可教堂平面图

拜占庭建筑风格呈辐射状影响着周边区域的建筑风格，15世纪拜占庭帝国灭亡后，拜占庭建筑风格被土耳其奥斯曼伊斯兰教建筑全盘承袭，同时被西欧文艺复兴建筑采用。

2.俄罗斯建筑（公元12—16世纪）

俄罗斯建筑风格形成于12世纪，是拜占庭建筑与当地原有建筑结合的产物，主要体现在穹顶造型上。中古俄罗斯建筑大致分为两个时期，即基辅罗斯公国的建筑（11—14世纪）和莫斯科公国的建筑（15—16世纪），前者教堂常常采用浑圆饱满的战盔式穹顶，后者在战盔式穹顶之外又增添了帐篷式尖顶和葱头式穹顶。

斯拉夫人早在5世纪与拜占庭经常有军事上的接触，9世纪皈依基督教，在文化上效仿拜占庭帝国，教堂建筑基本仿效拜占庭东正教堂。

位于今乌克兰基辅的圣索菲亚教堂（St. Sophia Cathedral，图4-4-9，建于1017—1037年），长方形平面，室内用方形和长方形的柱网（图4-4-10），采用多连穹顶的方式，共有13个穹顶耸立在鼓座上。

图4-4-9 基辅圣索菲亚教堂外观

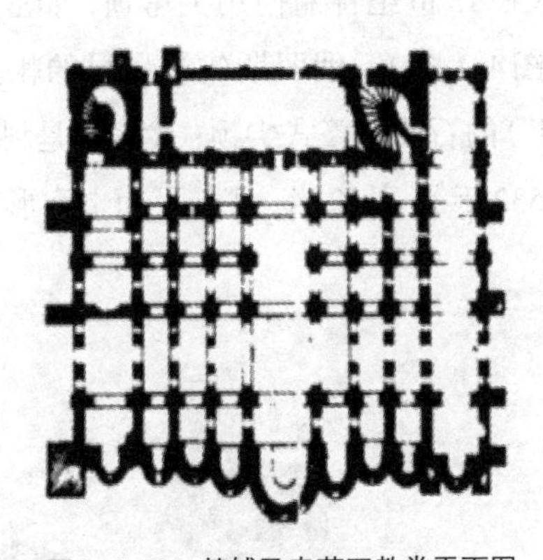

图4-4-10 基辅圣索菲亚教堂平面图

12世纪末战盔式穹顶出现。在拜占庭穹顶的基础上，俄罗斯建筑融入了民族建筑特点，在教堂穹顶外面用木构架支起一层铅或铜的外壳，形成饱满的穹顶，形状与战盔相似，故称为战盔式穹顶，实例有诺夫哥罗德的圣索菲亚教堂和莫斯科的乌斯平斯基教堂。

诺夫哥罗德的圣索菲亚（St. Sophia）教堂（图4-4-11）位于诺夫哥罗德公国都城（今俄罗斯诺夫哥罗德，Novgorod），建于1045—1052年，数个战盔式穹顶凸出于屋顶之上，穹顶下的鼓座表面装饰着古罗马连续盲券。

图4-4-11　诺夫哥罗德圣索菲亚教堂

图4-4-12　乌斯平斯基教堂

乌斯平斯基（Uspensky）教堂（图4-4-12，建于1475—1479年）位于俄罗斯莫斯科克里姆林宫广场内，屋顶上矗立着5座战盔式穹顶。

16世纪初，俄罗斯建筑出现帐篷式尖顶。尖顶源于防止屋顶积雪，高加索地区在13世纪普遍使用尖穹顶，如亚美尼亚基哈修道院教堂（建于1225年）尖穹顶（图4-4-13）。俄罗斯建筑最早的帐篷式尖顶是亚历山德罗夫三一教堂（建于1510年）的石质帐篷式尖顶；代表作是科洛敏斯基的伏兹尼谢尼亚教堂（图4-4-14，建于1532年），高62米，底部平面十字形，上部为八角形，顶部为八角形帐篷式尖顶。

图4-4-13　亚美尼亚基哈修道院教堂尖穹顶

图4-4-14　伏兹尼谢尼亚教堂

莫斯科克里姆林宫墙上塔楼之一的斯巴斯基钟塔（图4-4-15，建于1625年，初建于15世纪），平面正方形，石砌，原为防御之用，17世纪在屋顶上增建俄罗斯独特的帐篷式尖顶。

16世纪葱头式穹顶出现。葱头式穹顶被认为是从伊斯兰国家喀山汗国（1441—1552年）传入俄罗斯的，第一座使用葱头式穹顶的俄罗斯建筑是为纪念成功击退蒙古人入侵而建的莫斯科圣巴兹尔教堂。葱头式穹顶在印度莫卧儿王朝（1526—1858年）被广泛使用，其后在伊朗、中东、中亚等地的礼拜寺中也被使用；16世纪在德国奥格斯堡被用于巴洛克式建筑，随后在捷克、奥地利等地都出现葱头式穹顶教堂。葱头式穹顶通常用铜片制成，可以有效阻止积雪在屋顶上的堆积。

图4-4-15　斯巴斯基钟塔立面

莫斯科红场上的圣巴兹尔教堂（Cathedral of St. Basil，图4-4-16，建于1555—1560年），8座葱头式穹顶环绕着中央一座高46米的帐篷式尖顶，葱头式穹顶饰以金、绿两色并夹杂黄、红色，整座教堂用红砖砌筑，细部用白色石料。

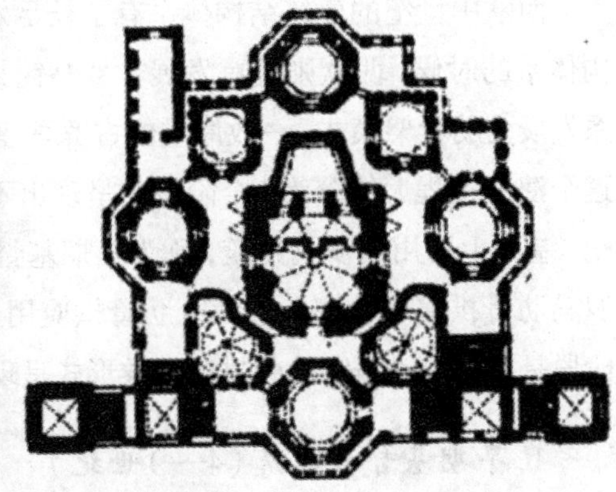

图4-4-16　圣巴兹尔教堂及其平面图

建于15世纪末的莫斯科克里姆林宫建筑群（图4-4-17），集战盔式穹顶、葱头式穹顶和帐篷式尖顶3种俄罗斯建筑风格于一群。

图4-4-17　克里姆林宫建筑群

总之，俄罗斯建筑以战盔式穹顶、帐篷式尖顶和葱头式穹顶为主要特点，战盔式穹顶诞生于12世纪，帐篷式尖顶出现于16世纪，葱头式穹顶16世纪传入俄罗斯。17世纪末至18世纪初，欧洲古典主义建筑风潮传到俄罗斯，取代了中古俄罗斯建筑风格。

4.5　西欧中世纪基督教建筑（公元4—15世纪）

西欧中世纪的建筑结构体系有了长足发展。在东罗马偏重发展古罗马穹顶结构体系的时候，西欧则偏重发展古罗马筒拱顶结构体系，将古罗马筒拱顶结构体系发展为肋骨架模式，一改厚重的古罗马建筑风格而形成轻盈的哥特式建筑风格。这个演变过程大体分为3个阶段并呈现出不同的建筑风格：第一个阶段是4—9世纪，基本上沿用古罗马建筑，称为早期基督教建筑；第二个阶段是9—12世纪，古罗马肋骨拱演变为四分和六分肋骨拱应用于方形柱列，形成罗马风建筑；第三个阶段是12—15世纪，肋骨拱以尖券形式呈现，史称哥特建筑风格。

1. 早期基督教建筑（4—9世纪）

从公元330年罗马帝国首都迁到拜占庭（更名君士坦丁堡）、公元395年罗马帝国分裂为东罗马帝国和西罗马帝国、公元476年西罗马帝国灭亡，到其后三百年间的封建混战，西欧一直处于四分五裂的局面，基督教成为统一西欧的唯一力量，基督教教堂和圣墓成为这个阶段的主流建筑。教堂采用木屋架和筒拱相结合的结构体系，圣墓沿用十字拱和穹顶结构体系，建筑风格延续古罗马。

(1)拉丁十字教堂的出现

公元313年，基督教成为罗马帝国官方认可的合法宗教。与古罗马神庙室内以祀奉神像为主、祭祀活动在室外进行不同，基督教教堂要提供众教徒室内聚会之用，因而要求室内空间较大，于是古罗马用于法庭、交易所、会场的巴西利卡式大厅（参见上文的图4-3-11）被基督教会选中。为保证举行仪式时信徒面对耶路撒冷圣墓，将原巴西利卡长边入口改为西端短边入口，保留巴西利卡东端半穹顶覆盖的半圆形龛为圣坛，圣坛前是祭坛，祭坛前增建一道横厅，形成一个十字形的平面。由于竖厅比横厅长很多，得名拉丁十字。在巴西利卡入口前增建一个内廊式院子，中央设洗礼池。由于拉丁十字象征耶稣基督的受难，同时又适合于基督教仪式需要，故成为西欧天主教教堂的标准做法。此时的教堂，延用古罗马巴西利卡木屋架结构体系，中厅用木屋架，侧廊用筒拱，典型实例有罗马老圣彼得教堂和罗马城外的圣保罗教堂。

罗马老圣彼得教堂（Old St. Peter’s Basilica，图4-5-1，建于333—336年）是早期巴西利卡教堂的实例。平面为长方形，长90多米，宽60多米；中厅高，采用三角形木屋架，两侧高墙上开许多侧窗用以采光；侧廊两进深，最外侧柱廊柱子顺中厅方向以发券连接；东端设半圆形圣坛，以半球形穹顶覆盖，圣坛前添加一个横厅，是巴西利卡教堂向拉丁十字教堂嬗变的开始。

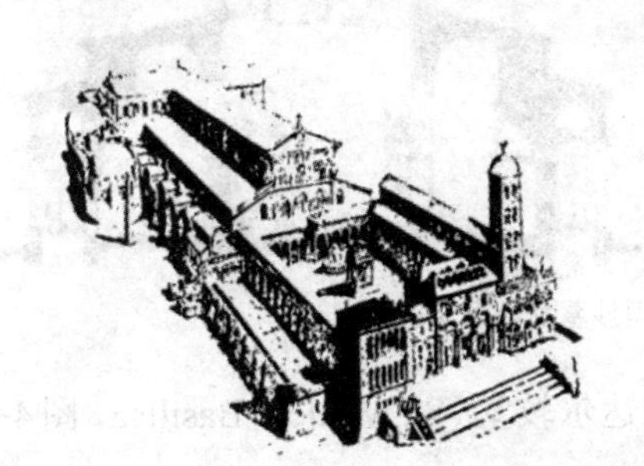
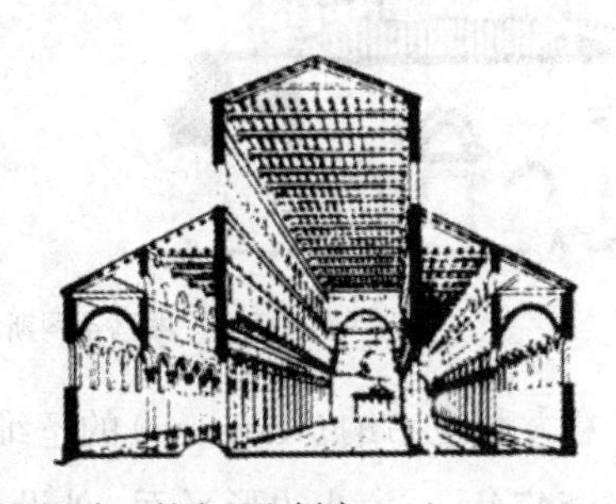

图4-5-1　罗马老圣彼得教堂及其中厅和侧廊

位于罗马城外的圣保罗教堂（Basilica of St. Paul，图4-5-2，建于386—395年），拉丁十字式平面，长132米，宽65米，中厅高30米，顶用三角形木屋架覆盖，上覆瓦顶，中厅与侧廊之间用连续的科林斯券柱。入口前是一个有三面回廊的院子，中间为圣保罗雕塑。

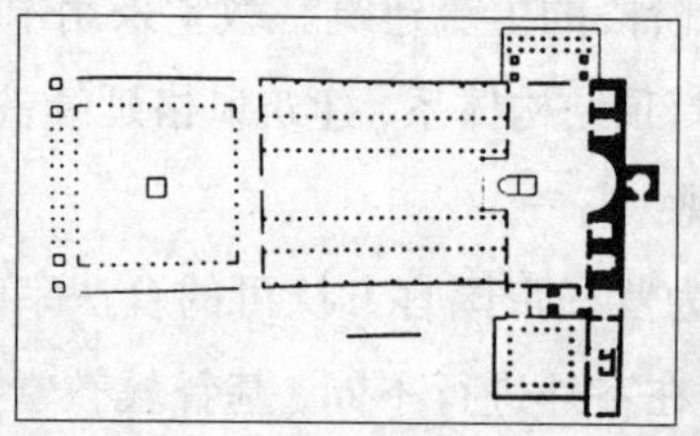

图4-5-2　罗马圣保罗教堂的外观、平面图及室内科林斯券柱廊

(2)穹顶和十字拱的应用

穹顶技术4—9世纪在西欧没有大的进展，圆形穹顶依然需要圆形墙支撑。为了扩大穹顶下的空间，常常将建筑做成圆形外带环廊的平面，让支撑穹顶的实墙落在圆形的连续券柱上，使穹顶下的空间与环廊的空间连在一起，穹顶依然被遮盖在瓦顶下。由于穹顶对室内空间的限制，仅圣墓和小型教堂使用。如罗马圣科斯坦沙（St. Constanza）墓（图4-5-3，建于330年），是君士坦丁大帝女儿的坟墓，1254年改为教堂，圆形平面，周围两圈筒拱，穹顶直径12.2米，依然由圆形平面墙体支撑，实墙下部落在由一圈12根柱子组成的连续券上，穹顶上覆屋瓦顶，四周两圈环廊筒拱也覆瓦顶。

图4-5-3　罗马圣科斯坦沙墓立面图与剖面图

位于意大利拉韦纳（Ravenna）的圣维达尔教堂（St. Vitale's Basilica，图4-5-4，建于526—547年），为八边形平面，外设一圈环廊。为了将穹顶下的空间与筒拱外廊下的空间连接，在承托穹顶的内墙周边开辟数个半圆形发券龛，龛顶用半球形穹顶覆盖，扣在承托中间大穹顶的外墙上，以增加墙体抗水平推力能力，发券龛的墙

壁做成连续券，如此穹顶下的空间和环廊空间之间仅有8根墩柱和若干小柱。

图4-5-4　圣维达尔教堂的平面图、外观及内景

位于米兰的圣劳伦佐教堂（St. Lorenzo's Basilica，图4-5-5，始建于370年），是当时罗马帝国首都米兰的五大教堂之一，正方形平面，四边各接一个半圆形，周围环绕一圈柱廊。正方形上的屋顶采用十字拱，是十字拱首次被用来构建正方形平面教堂，半圆形平面上用半球穹顶。四角建有4层角楼，内用穹顶，上覆盖瓦顶。

图4-5-5　圣劳伦佐教堂外观及室内圣坛

位于意大利拉韦纳的加拉·普拉西狄亚（Galla Placidia）墓（图4-5-6，建于425年），红砖砌筑，十字形平面，进深12米，宽10米；中间的方形间上用帆拱加穹顶（参见上文图4-4-1的前图），上覆四坡形的瓦顶，四翼用筒拱，上覆两坡的瓦顶。普拉西狄亚是最后一位统治统一的罗马帝国的皇帝狄奥多西一世的女儿，她在君士坦丁堡居住两年后返回当时西罗马的首都拉韦纳，不久开始主持营建自己的墓，推测该墓中间的方形间上架设穹顶是受到西亚砖筑方底穹顶的影响，是拜占庭帆拱体系的早期之作。

图4-5-6　加拉·普拉西狄亚墓

总之，早期基督教建筑完成了拉丁十字教堂平面的定式，承袭古罗马巴西利卡大厅，屋顶采用木屋架，同时尝试用穹顶和十字拱营建圣墓和小型教堂。随后的中世纪，十字拱演变为肋骨拱取代了拉丁十字形教堂的木屋架，成为西欧宗教建筑的主流。

2. 罗马风建筑（9–12世纪）

流行于9—12世纪的罗马风教堂，在早期拉丁十字教堂的基础上继续完善。其一，用古罗马发明但未推广使用的肋骨拱取代了木屋架，平衡筒拱水平侧推力的厚重外墙被仅抵住骨架券脚以平衡骨架券水平推力的扶壁取代，扶壁之间的外墙上可以开较大的窗或连续券；其二，东罗马的拜占庭穹顶体系被引进并成为教堂构建元素，通常在拉丁十字相交处以高高矗立在鼓座上的穹顶覆盖，穹顶裸露在空中成为教堂建筑的标识；其三，教堂入口的西立面形成程式化构图，钟楼成为教堂西立面的构图元素。

(1) 肋骨拱与扶壁、西立面定式以及墩柱与透视门

公元2—3世纪的古罗马，混凝土筒拱技术进一步革新，诞生了肋架筒拱（即肋骨拱，也称肋架拱，图4-5-7），即每隔60厘米左右用砖砌一个发券，每个砖券之间相隔一定距离用砖带连接，砖券和砖带将拱顶划分成若干小格，将混凝土浇进小格

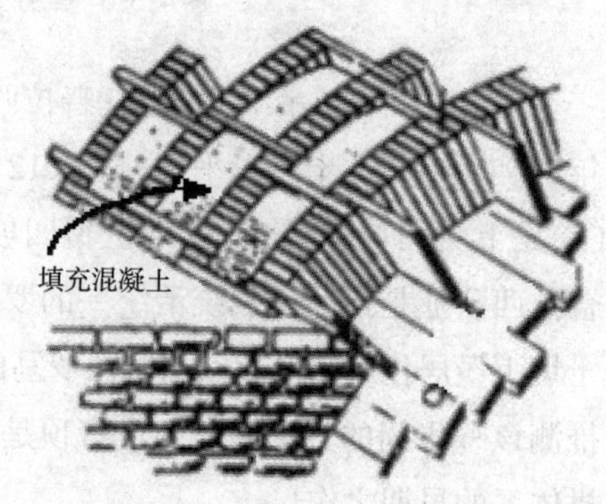

图4-5-7　肋架筒拱（肋骨拱）

里，就形成了肋架筒拱。肋架筒拱技术将筒拱顶分成承重和围护两部分，大大减轻了拱顶自重，同时将荷载传递到砖券，从而摆脱了平衡筒拱侧推力的承重墙。由于当时罗马开始衰落，肋架拱没有被推广。10世纪初，拱券技术从意大利北部传到莱茵河流域进而抵西欧各地，教堂开始采用拱顶进而采用肋架拱顶，取代了易于失火和损坏的木屋架。这里需要特别说明一下有关概念："拱"和"券"同义，英文都是arch，"拱顶"的英文是vault，但中文常把"拱顶"简称为"拱"；"肋骨"、"肋架"和"骨架"同义，英文都是rib。

起初由于对技术不熟悉，拱顶只在侧廊使用，侧廊筒拱外侧的水平推力以厚重的承重墙抵抗，形成建筑外立面封闭的墙体，因而建筑外立面较少开窗。为减轻外墙负荷便于开窗，侧廊开始用十字拱（图4-5-8，参见上文的图4-3-10）覆盖，或逐间覆盖横向筒拱，因而出现外墙装饰着连续券柱或连续券柱廊的做法。10世纪末，中厅开始使用十字拱，为平衡中厅拱顶的侧推力，或在侧廊上建造顺向的筒拱，或在侧廊上建造半个筒拱，拱顶抵住中厅拱顶的起脚，这样中厅就失去了侧高窗，侧廊高度增加并增加了楼层，为改进教堂的采光效果，在中厅与横厅相交处增加了一个采光塔。公元11世纪初，罗马风建筑用上述的肋骨拱取代了十字拱，由于肋骨拱是在十字拱相交的棱沟部位砌筑发券用于承重，十字拱的其它部分仅作为防护结构，所以大大减轻了拱顶的自重。肋骨拱分为四分肋骨拱（图4-5-9）和六分肋骨拱（图4-5-10）两种（罗马风时期发券为半圆形，哥特时期为尖券），六分肋骨拱就是将四分肋骨拱的长方形开间分为两间，把拱顶划分为6部分。当教堂的中厅和侧廊都采用肋骨拱后，侧廊拱顶内侧的水平推力与中厅互抵，外侧仅需要在券脚处砌筑墙垛支撑即可，这种墙垛被称为扶壁（参见下文的图4-5-17）；两个扶壁之间的墙体，由于不再承托拱顶的负荷，可以开很大的券洞，使建筑摆脱了厚重的外墙，形成比较轻盈的造型。

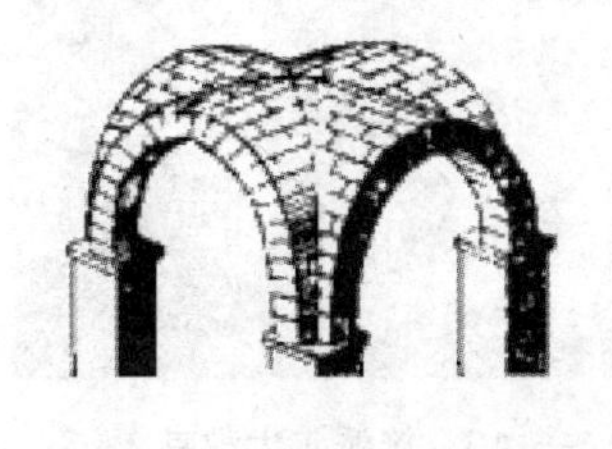
图4-5-8　十字拱（十字拱顶）

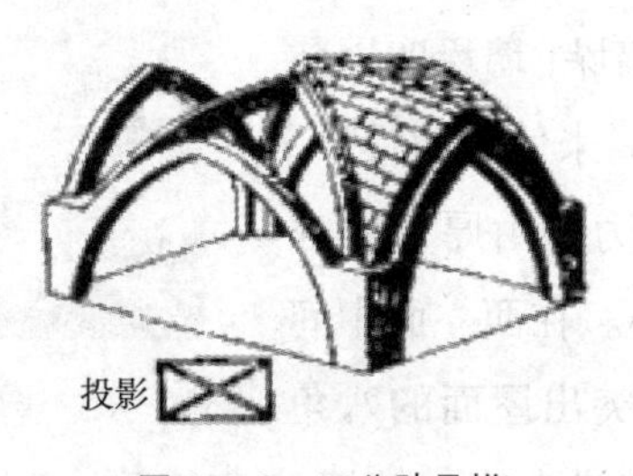

图4-5-9　四分肋骨拱

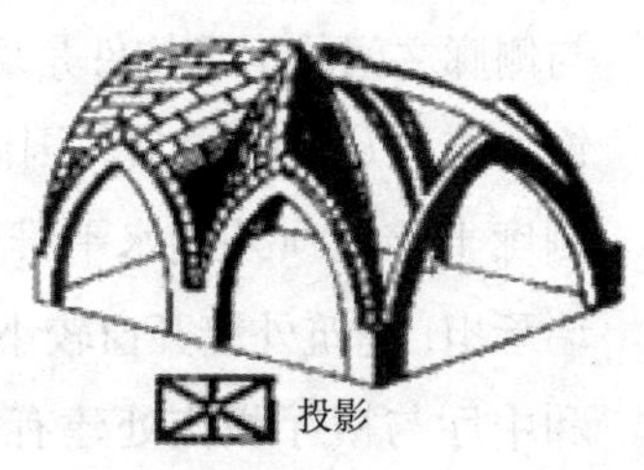

图4-5-10　六分肋骨拱

早期的基督教堂，通常有一个四周带内廊的院子，由内廊进入教堂，因此教堂的正立面没有显露出来。罗马风时期，院子被取消，西立面开始被重点打造并形成定式。意大利教堂西立面通常是梯形立面，首层做连续券廊，钟塔独立建在教堂旁边；德国、法国和英国教堂西立面通常是“凹”字形，钟楼与大门结合在一起，高高矗立在大门两侧。

罗马风建筑还具有几个细部特征：一是罗马风教堂内部的柱子，无论支撑十字拱还是六分或四分肋骨拱，由于要承担4个方向拱顶的重量，所以直径大，非常粗壮，初期为墙垛装饰壁柱，随后进化为墩柱（图4-5-11），成为罗马风建筑标识之一；罗马风建筑另一细部特征是它的透视门，在厚重的外墙上砌筑券洞时，常常将券洞做成逐层向内凹入的透视门（图4-5-12），以减轻墙体的厚重感。

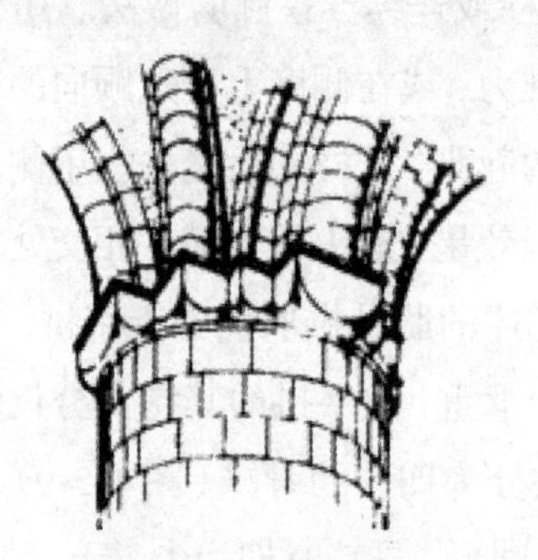

图4-5-11　罗马风墩柱

图4-5-12　罗马风建筑的透视门

德国施派尔大教堂（Speyer Cathedral，图4-5-13，建于1030—1106年）是早期罗马风建筑的典型，教堂建筑长130米，中厅长70米，宽37.6米，拉丁十字形平面（图4-5-14）。中厅和侧廊均采用十字拱顶，中厅与侧廊之间的承重构件是墙垛，墙垛四周装饰着壁柱（图4-5-15）。因尚未使用肋骨券，侧廊十字拱顶外侧水平推力仍由厚重的外墙承担，建筑外墙开窗较小。在西立面中间和中厅与横厅相交处建有突出屋面的八角形采光塔，塔檐口下设连续拱券廊。钟楼已成为西立面构图元素，在大门两侧各

图4-5-13　施派尔大教堂

有一座，同时在横厅与中厅相交处的采光塔两侧也各建一座（图4-5-16）。局部使用扶壁（图4-5-17），扶壁之间的外墙上开了较大的窗。圣坛依然用半圆形穹顶，穹顶上以瓦覆盖。

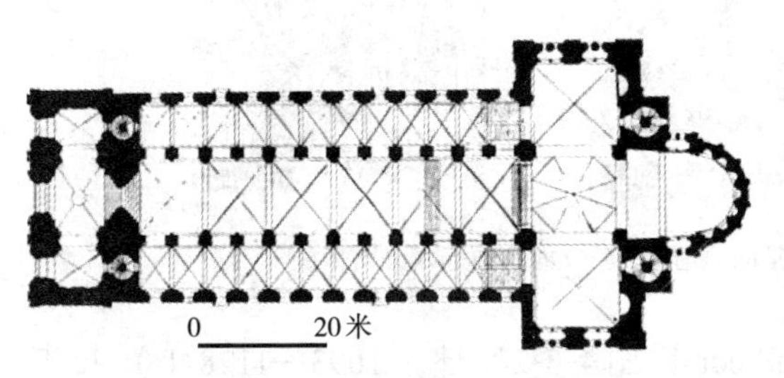

图4-5-14　施派尔大教堂平面图

图4-5-15　施派尔大教堂内部的壁柱

图4-5-16　施派尔大教堂的4座钟楼

图4-5-17　施派尔大教堂的扶壁

位于法国卡昂的圣埃蒂安教堂（Eglise St. Etienne，图4-5-18，建于1068—1115年）是法国罗马风教堂的代表，中厅采用六分半圆肋骨拱，因拱顶承重与防护功能的分离减少了屋顶自重，承担屋顶负荷的墩柱较小，西立面两侧有高耸的钟塔（图4-5-19），圣坛外墙使用飞扶壁（参见下文的图4-5-34），是哥特式建筑的前驱。

图4-5-18　圣埃蒂安教堂

图4-5-19　圣埃蒂安教堂的平面图、西立面及中厅六分肋骨拱

英国达勒姆大教堂（Durham Cathedral，图4-5-20，建于1093—1128年），拉丁十字平面，中厅采用尖肋骨拱（图4-5-21），为哥特式尖券的萌芽，由隐藏在墙外拱廊内的扶壁支撑，内柱用束柱，中厅和侧廊之间的连续券用半圆形结构形式，整座建筑外观仍呈现出罗马风式。

图4-5-20　达勒姆大教堂

图4-5-21　达勒姆大教堂中厅的尖肋骨拱

意大利佛罗伦萨圣米尼亚托教堂（S. Miniato al Monte，图4-5-22，建于11—12世纪）是意大利早期罗马风教堂的代表，巴西利卡式平面（图4-5-23），两侧有15世纪加建的两个小堂，屋顶采用三角形木屋架。梯形的教堂西立面如实地反映出教堂的结构形式，但在墙面上，用壁画和壁柱装饰着罗马券柱，上部用水平线脚分隔出中厅的山墙，中厅三角形木屋架的山花用壁画绘制着连续券柱，中层墙面砌筑出圆形和方形盲窗，首层墙面装饰着壁柱式连续券柱。

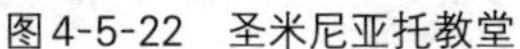

图4-5-22　圣米尼亚托教堂

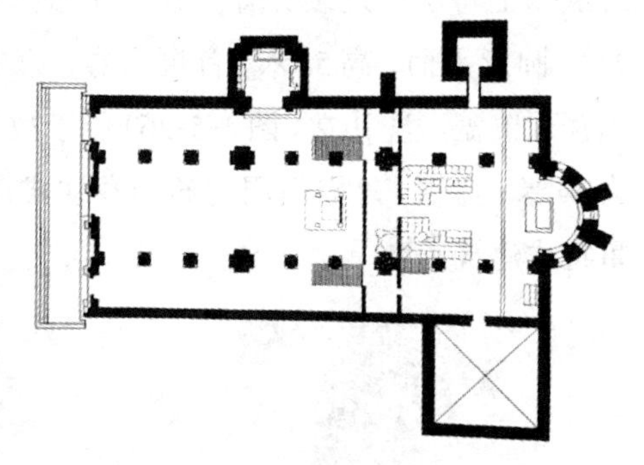

图4-5-23　圣米尼亚托教堂平面图

(2)拜占庭穹顶对罗马风建筑的影响

西欧早期基督教建筑体系，一直没有解决在方间上营建穹顶的问题，无论是一直使用的圣坛半球形穹顶，还是基督教圣墓和小教堂的穹顶，都没有摆脱圆形或者半圆形平面的束缚。罗马风教堂用十字拱取代木屋架后，中厅采光较差，遂在横厅和中厅相交处建凸出屋顶的采光塔。前面提及的英、法、德三国罗马风式教堂的采光塔为多边形或方形塔楼，意大利罗马风教堂则在拉丁十字相交处的方间上，采用拜占庭结构方法，搭建出高耸于鼓座之上的穹顶，之后成为文艺复兴时期最流行的做法。

意大利比萨大教堂(Pisa Cathedral, 图4-5-24)由教堂(建于1063年)、洗礼堂(建于1153年)和钟楼(建于1173年)组成。教堂平面为拉丁十字形，中厅与横厅相交处用高高的穹顶覆盖，侧廊采用十字拱结构，中厅采用三角形木屋架结构。教堂西立面为梯形，钟楼尚未揉入教堂西立面，首层采用盲券与实券门相间布置，

图4-5-24　比萨大教堂及内景

二层以上每层是连续券廊。独立于教堂后侧的钟楼，即著名的比萨斜塔（图4-5-25），圆形平面，高55米，首层盲券，第2～6层连续券廊，第7层退入，盲券，顶为瓦顶覆盖。洗礼堂（图4-5-26）位于教堂前60米，圆形平面，直径为39米，总高为54米，穹顶，外立面用盲券和券柱式连廊装饰，局部尖券是后来改造时增加的哥特式建筑元素。

图4-5-25　比萨斜塔

图4-5-26　比萨大教堂的洗礼堂

法国昂古莱姆大教堂（Angouleme Cathedral，图4-5-27，建于1105—1128年），首次在中厅使用拜占庭穹顶。教堂拉丁十字平面，没有侧廊，用一串3个穹隆覆盖大厅（图4-5-28），长15.2米，原位于十字交叉处的穹顶毁于1568年新教徒围攻，现存者为之后新建。西立面连续券柱装饰，两侧设置钟楼，圣坛及坛周围4个放射状神龛仍以半球形穹顶覆盖。

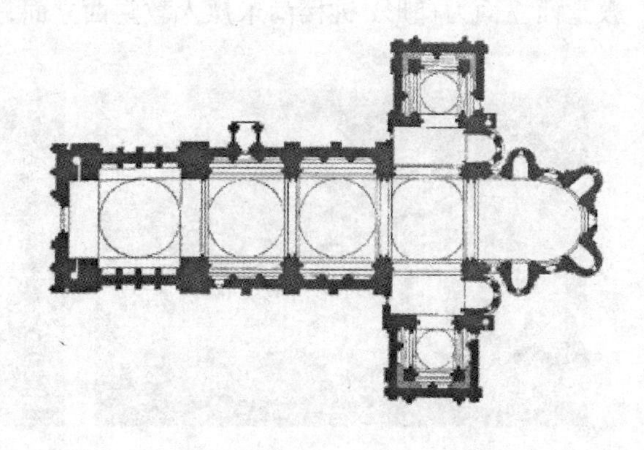

图4-5-27　昂古莱姆大教堂及其平面图

图4-5-28 昂古莱姆大教堂大厅

意大利佛罗伦萨圣若望洗礼堂（Battistero di San Giovanni，图4-5-29），位于佛罗伦萨大教堂前面，始建于5世纪，重建于1059—1128年，八角形平面，高约31.4米，直径25米，外立面分为3层，首层和第3层无窗，用大理石贴出窗子图案，第2层为连续的半圆形券柱，是罗马风建筑的典型做法。

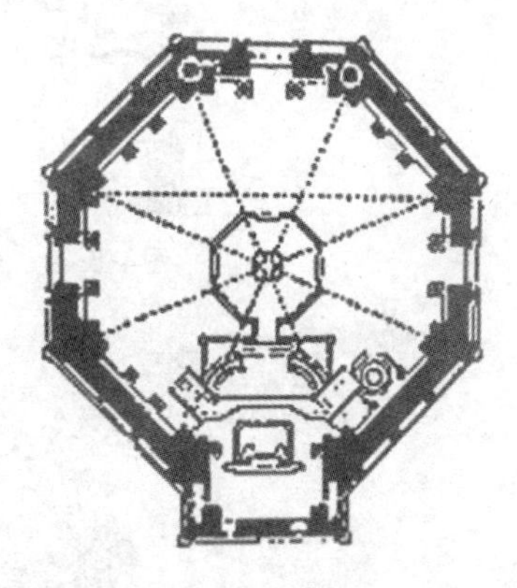

图4-5-29 圣若望洗礼堂及其平面图

图卢兹（位于法国西南，原属意大利）圣赛南大教堂（St. Sernin Cathedral，图4-5-30，建于1080—1120年），拉丁十字平面，中厅长115米，肋筒拱覆盖，肋脚由装饰着壁柱的墙垛承接，侧廊内侧者两层，外侧者一层（图4-5-31），也用肋筒拱覆盖，故外墙每个开间都开券形窗，肋脚的位置砌筑扶壁（图4-5-32）。拉丁十字相交处上是5层采光塔，横厅东侧建有4个小祈祷室，圣坛周围有5个放射状的小祈祷室。教堂西立面比较简朴，入口是两个退入的拱门，拱门之上是圆形玻璃窗，大门两侧未设钟楼。东端由高高的采光塔、圆形圣坛的半圆形顶及凸出的祈祷室构成（图4-5-33），相比西立面要丰富。

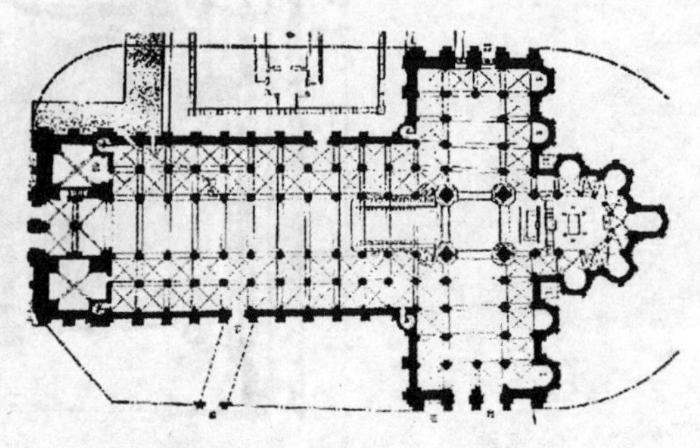

图4-5-30　圣赛南大教堂及其平面图

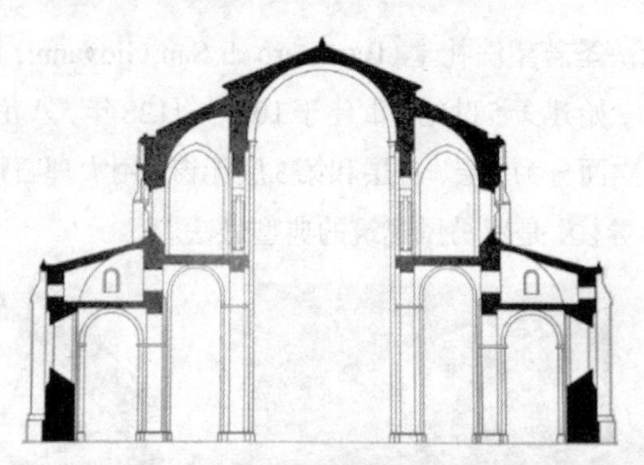

图4-5-31　圣赛南大教堂中厅及侧廊的横断面

图4-5-32　圣赛南大教堂外墙券形窗和扶壁

图4-5-33　圣赛南大教堂东端

总之，罗马风教堂以拉丁十字平面的教堂为代表，初期采用十字拱与筒拱结构体系，以厚重外墙为其特点，后期采用肋骨拱与扶壁结构系统，外墙出现连续券窗和连续券廊，作为采光塔的穹顶开始高耸在屋顶之上，教堂西立面在意大利保留巴西利卡木屋架三角形山花轮廓，在英、法、德则为两座钟楼中间夹透视券门。

3. 哥特式建筑（12—15世纪）

哥特式建筑发源于12世纪的法国，蔓延至意大利、英国、德国等国，直到15世纪被文艺复兴建筑风格取代。其主要特征是以尖骨肋券的拱顶、束柱、飞扶壁构成近似于框架的结构体系，屋顶以骨架券承重，减轻了拱顶自重，使各种形状的平面都可用拱顶覆盖；飞扶壁解决了拱顶侧推力问题（图4-5-34），侧廊的拱顶不必再负担中厅拱顶的水平推力，从而大大降低了侧廊的高度，扩大了中厅的高侧窗面积，改良了中厅的采光效果。

图4-5-34　哥特建筑的3种飞扶壁

哥特建筑的四分和六分肋骨拱由罗马风时期的圆券变为尖券，哥特建筑晚期出现星形肋骨拱，在尖券四分肋骨拱上添加许多辅助肋，形成星形或其它形状（图4-5-35）。罗马风的室内墩柱向束柱转化，弱化了墩柱柱头，使中厅和侧廊拱顶的骨架券一直延续下来贴在柱墩上，形成束柱（图4-5-36），较罗马风时期粗大的圆柱墩轻巧，削弱了沉重之感。教堂西立面的处理处于首要地位，高耸在两侧的两座钟楼、石制花窗棂以及尖券透视拱门、圆形玫瑰窗成为西立面定式（图4-5-37），中厅侧高窗彩色玻璃成为哥特建筑的标识（图4-5-38）。教堂平面仍为拉丁十字式，一般横厅在两侧伸出很少，东端圣坛平面趋向复杂（英国教堂横厅伸出较大，但圣坛平面比较简单）。

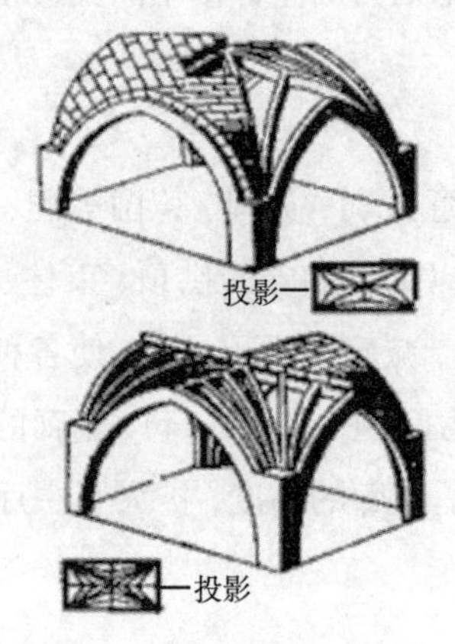

图4-5-35　尖券星形肋骨拱

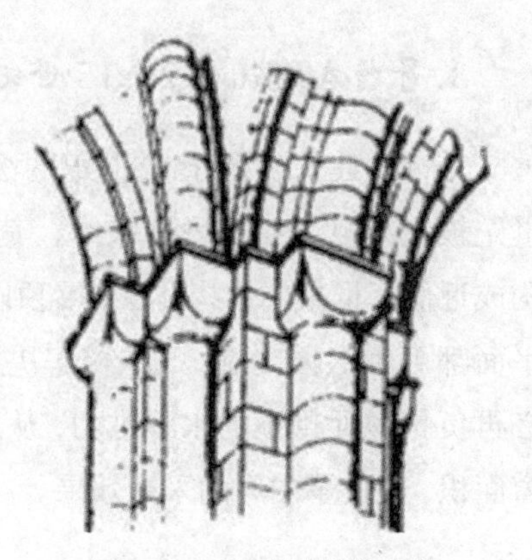

图4-5-36　哥特建筑的束柱

图4-5-37　巴黎圣母院展示的哥特教堂西立面

图4-5-38　哥特教堂玫瑰窗

位于法国巴黎近郊的圣丹尼修道院教堂（Abbey Church of St. Denis，图4-5-39，建于1137—1144年）被认为是第一座哥特式教堂，拉丁十字平面，中厅采用六分肋骨拱，中厅两侧高窗为大面积彩色玻璃窗（图4-5-40），半圆形圣坛后面是9个放射形布置的祈祷室；教堂西部原来建有双塔式前廊（现在只剩一座塔），立面的中心是圆形花窗，是最早的玫瑰花窗。

图4-5-39　圣丹尼修道院教堂

图4-5-40　圣丹尼修道院教堂的彩色玻璃侧窗

巴黎圣母院（Notre Dame，建于1163—1250年）是哥特式教堂的典范，拉丁十字形平面（图4-5-41），横厅很短（这是法国哥特式教堂的特点之一），长130米，宽47米。中厅高32.5米，宽12.5米，侧廊高9米。东端圣坛后面有许多放射状布置的小祈祷室，与圣坛之间用廊道隔离。中厅采用六分尖肋骨拱（图4-5-42），用飞券从侧廊的扶壁上飞越15米抵住中厅的券脚（图4-5-43）。西立面建有一对塔楼（参见上文的图4-5-37），高69米，平顶。教堂十字交叉处的采光塔用顶尖，高90米。玫瑰窗遍布教堂各个立面（参见图4-5-42）。

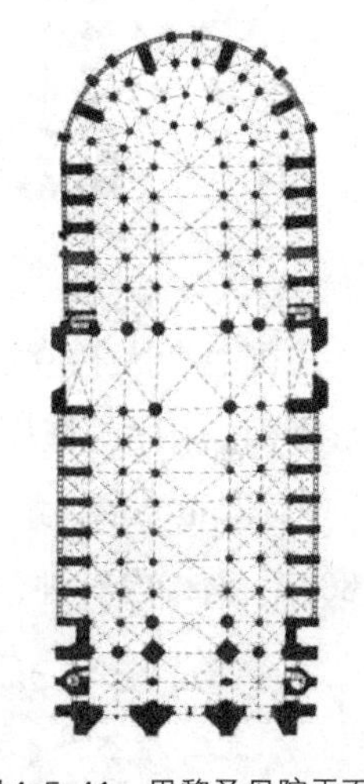

图4-5-41　巴黎圣母院平面图

图4-5-42　巴黎圣母院中厅的六分尖肋骨拱和玫瑰窗

图4-5-43　巴黎圣母院的飞扶壁

法国沙特尔大教堂（Chartres Cathedral，图4-5-44，建于1194—1260年），拉丁十字形平面，中厅长134米，高37米，宽16米，侧廊宽8米，横厅长46米，肋骨拱下接束柱，圣坛后放射状布置着5个小祈祷室，教堂内有173个彩色玻璃窗和2个玫瑰窗。西立面两个钟楼采用尖塔，左侧钟楼在16世纪初增添了火焰券，使两者造型不同，分别高115米和106米。

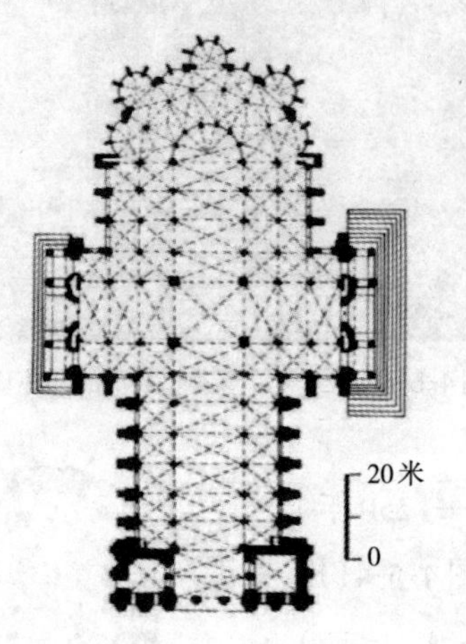

图4-5-44　沙特尔大教堂的平面图与西立面

法国兰斯大教堂（Rheims Cathedral，图4-5-45，建于1211—1290年），拉丁十字形平面，中厅与横厅均设侧廊，圣坛后环廊环绕，5个小祈祷室放射形布置在东端，中厅长139米，宽13米，用束柱承担肋骨拱顶，西立面两侧对称布置着的钟楼高80米，南楼内有钟，玫瑰窗、透视门、尖券等哥特式元素全部采用。

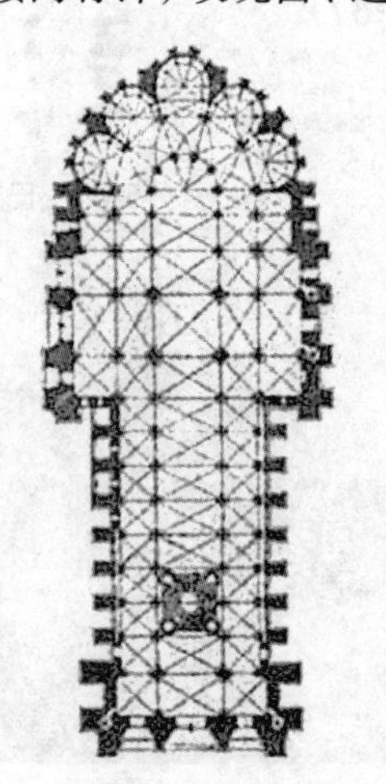

图4-5-45　兰斯大教堂的平面图与西立面

法国亚眠大教堂（Amiens Cathedral，图4-5-46，建于1220—1288年），拉丁十字平面，东西长145米，中厅内从地面到拱顶高44.5米，尖形肋骨拱。中厅侧面的彩色玻璃窗高达12米，几乎看不到墙面，使教堂室内采光极佳。由透视尖券门、11米直径的火焰纹玻璃圆窗、分矗大门两侧的钟楼构成哥特式教堂标准的西立面。

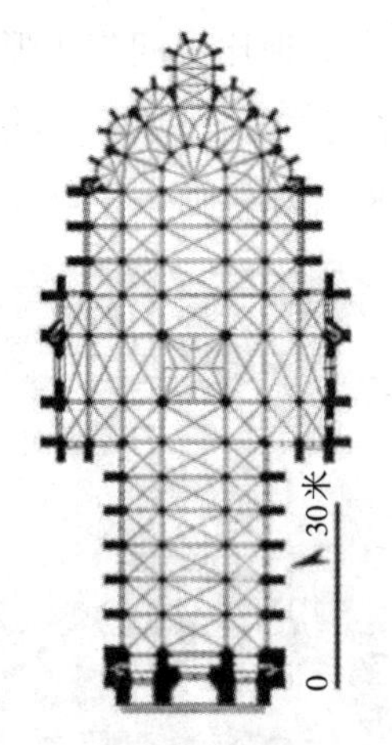

图4-5-46　亚眠大教堂的平面图与西立面

德国科隆大教堂（Cologne Cathedral，图4-5-47，建于1248—1880年）被誉为哥特式教堂建筑中最完美的典范，东西长144.55米，南北宽86.25米，拉丁十字形平面。横厅和竖厅均由中厅和侧廊组成，两者中厅跨度相同，宽均为15.5米，高43米，其屋顶组成一个十字架。由两座尖塔与中间尖券透视门组成西立面（图4-5-48），南塔高157.31米，北塔高157.38米（为全欧洲第二高的尖塔）。除大尖塔外，还有1.1万座小尖塔矗立在飞扶壁墩柱顶上。

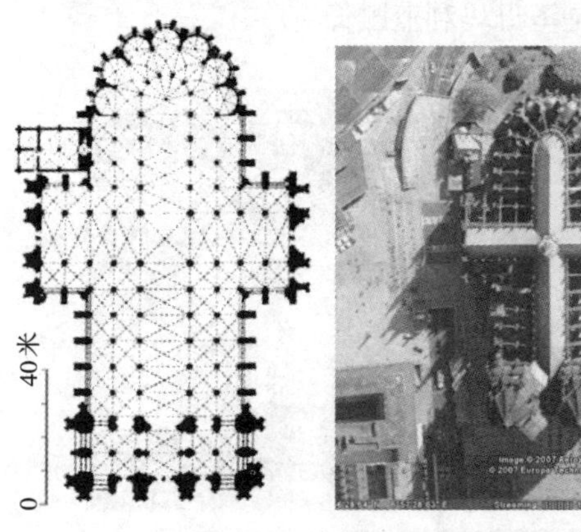

图4-5-47　科隆大教堂平面图与鸟瞰图

图4-5-48　科隆大教堂西立面

索尔兹伯里大教堂（Salisbury Cathedral，图4-5-49，建于1220—1258年）是英国哥特式建筑的代表。拉丁平面上布置着两个横厅，教堂东端的圣坛用矩形平面而不是半圆形或放射半圆形，平衡尖券肋骨拱的水平推力不用飞扶壁而是用罗马风建筑常用的扶壁，因此墙上所有窗户均为狭长的尖券洞，圆形玫瑰窗很小。西立面采用双塔夹尖券门的"凹"字形，两侧钟楼的尖塔顶比中间三角形山花顶略高一点。位于教堂中间横厅与中厅交叉处的高塔，高123米，为1330年加建，为英国塔高之冠。教堂主体南侧建有英国最大的回廊庭院和牧师会礼堂。

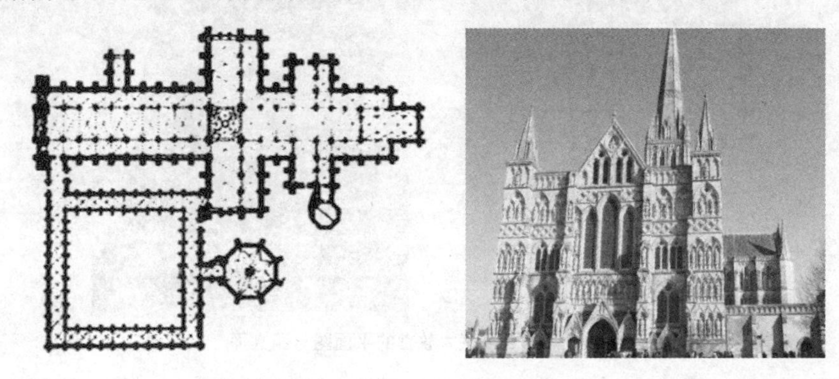

图4-5-49　索尔兹伯里大教堂的平面图和西立面

意大利米兰大教堂（Milan Cathedral，图4-5-50，建于1385—1485年）是世界上最大的哥特式建筑，长158米，最宽处93米，塔尖最高处108.5米。拉丁十字平面，长约130米，宽约59米，高45米，侧廊进深2间，总面积11 700平方米，可容纳35 000人。外墙每个柱子都做成尖塔，每个塔尖上有神的雕像。西立面三角形轮廓竖向被6个高耸的塔柱打破，塔柱之间开辟尖券门窗。十字交叉处的采光塔以穹顶覆盖，穹顶上也装饰着尖塔，塔尖上是圣母玛利亚雕像。

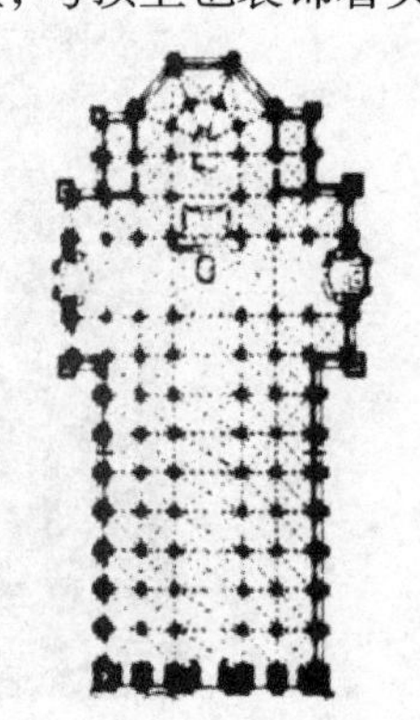

图4-5-50　米兰大教堂平面图及外观

总之，12世纪发源于法国的哥特式教堂逐渐蔓延至意大利、英国、德国等西欧各国，以尖肋骨拱、束柱、飞扶壁组成结构体系，配以尖券门、彩色玻璃窗、圆玫瑰花窗的装饰，加上尖塔状的钟楼和采光塔，形成独特的哥特式建筑风格，在西欧流行了近300年。

4.6 公元15—19世纪欧洲建筑

15—19世纪的欧洲人，娴熟地用石墙、石柱、肋骨拱、骨架穹顶及拜占庭帆拱体系，来构筑各类重要建筑，建筑风格经历了数个化繁为简、由简至繁的循环，直至被近现代建筑所取代。第一个化繁为简、由简至繁的循环是：15—17世纪起源于意大利的文艺复兴建筑摒弃了延续300年的烦琐哥特式建筑风格，汲取了灭亡的拜占庭帝国保存下来的古希腊、古罗马建筑精髓，加上拜占庭的建筑元素，将古希腊、古罗马以及拜占庭的建筑元素按照严谨比例重现；随后由简至繁的演变是17世纪初—18世纪上半叶在意大利本土衍生出来的重装饰、轻理性的巴洛克建筑，取代了严谨简洁的文艺复兴建筑风格，其影响达西班牙和德国。同时，16世纪下半叶受意大利文艺复兴建筑影响而兴起的法国古典主义建筑，至18世纪中叶影响已达尼德兰、英国和俄罗斯等地，也被重装饰的洛可可风格取代。再一次由繁至简的历程是18世纪60年代，在经历了巴洛克和洛可可建筑极尽装饰的风潮后，欧美大陆建筑重返简朴，再现古希腊和古罗马建筑的古典主义风格；随后在英国诞生的浪漫主义建筑，又重拾出中世纪城堡和哥特式建筑的烦琐造型。继英国浪漫主义建筑之后的折中主义建筑是欧洲古代建筑史上最后一个主流建筑风格，不计繁简，唯美为准，任选欧洲建筑历史上的建筑元素集于一身或任选一种建筑风格。

1. 意大利文艺复兴建筑（Renaissance Architecture of Italy）

起源于意大利佛罗伦萨的文艺复兴建筑风格，是古罗马、古希腊建筑元素夹杂着拜占庭建筑元素在欧洲大陆的复兴，其在宗教建筑和世俗建筑上的展现略有不同。体现在宗教建筑上有3点，一是在天主教区域一直被禁用的穹顶开始作为建筑核心元素被大量使用，二是古罗马圆券替代了哥特尖券，三是教堂西立面用希腊神庙立面取代了哥特教堂“凹”字形钟楼夹门式样；体现在世俗建筑上的特征是追求建筑的雄伟和庄严感，建筑轮廓整齐，外立面用罗马券柱或罗马叠柱做装饰。古希腊的三角形山花作为建筑入口立面的屋檐和窗檐，被宗教和世俗两类建筑普遍采用。

意大利文艺复兴建筑开始的标志是佛罗伦萨大教堂(Florence Cathedral，建于1296—1462年)的穹顶建设。这座拉丁十字平面的教堂经历了170年的建设，始建于13世纪，15世纪初方开始营建穹顶，因此教堂依然使用哥特式尖券，而十字交叉处西欧天主教教堂使用了300年的哥特式采光塔则被穹顶取代。在教堂拉丁十字交叉处设穹顶，佛罗伦萨大教堂不是首创，最早者是罗马风建筑风格的意大利比萨大教堂(参见上文的图4-5-24)，时间在1054年基督教分裂为天主教和东正教之后不久，此后的300年间，天主教教堂再无穹顶形象。15世纪初，信奉东正教的拜占庭帝国被信奉伊斯兰教的奥斯曼帝国毁灭，从伊斯坦布尔逃回欧洲大陆的基督徒带回了拜占庭帝国保存下来的古希腊和古罗马史料、著作，间接地引发了文艺复兴运动。穹顶作为古罗马建筑的形象代表，也被普遍认可，并成为文艺复兴建筑开始的标志。

作为文艺复兴建筑开始标志的佛罗伦萨大教堂穹顶，用哥特建筑成熟的骨架券技术，将拜占庭高耸的穹顶做法做了进一步改进。先用哥特建筑惯用的骨架券结构做出穹顶造型，为减小穹顶水平推力，将穹顶外形由球形改为尖矢形；为减轻穹顶自重，将穹顶做成中间空的内外两层。首先在八边形上砌筑了一个12米高的鼓座，墙厚4.9米，然后在8个角上砌筑骨架券，8个边上又各有两个次券，每两个券之间由下而上水平砌筑9道平券，这样主券、次券和平券将屋顶连成一个框架，在顶上用一个八边形的环收束，环上压采光亭(图4-6-1的左图)。在这个骨架上，穹顶下部用石头砌筑，上部用砖砌筑，里层厚2.13米，外层下部厚78.6厘米，上部厚61厘米，两层之间的空隙为1.2~1.5米，在内外层之间设置两道水平走廊，各在穹顶高度的1/3处和2/3处，以加强两层穹顶之间的整体性(图4-6-1的右图)。穹顶直径42.2米，矢高33米，从地面至穹顶总高114米，成为教堂构图中心(图4-6-2)。

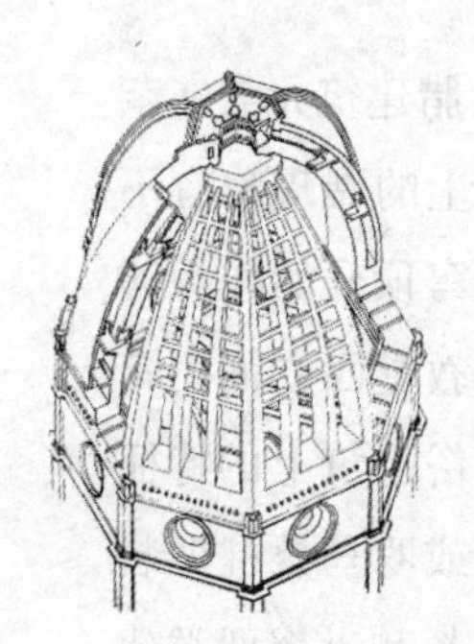

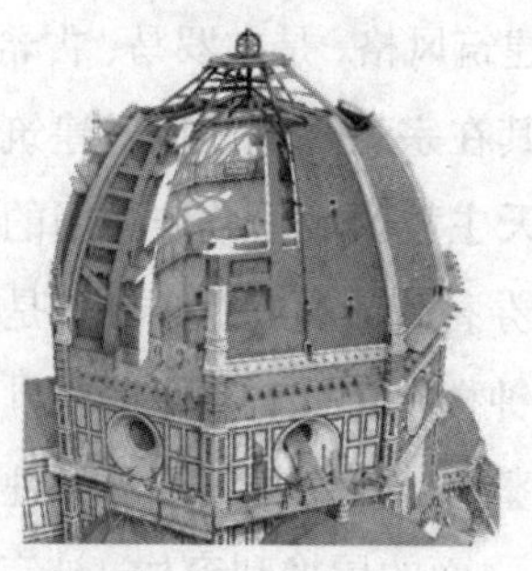

图4-6-1 佛罗伦萨大教堂穹顶的骨架及砌筑

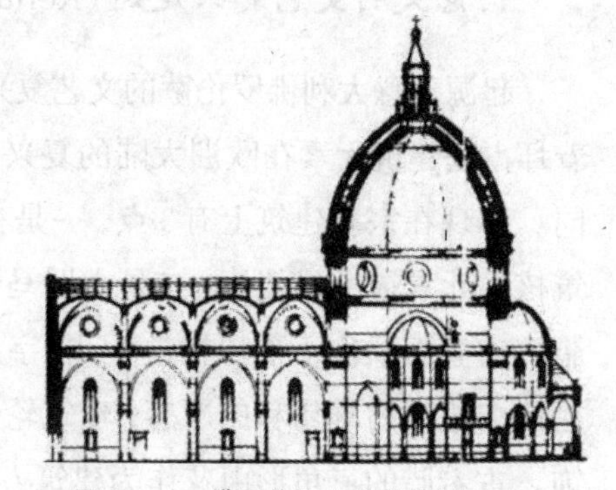

图4-6-2 佛罗伦萨大教堂的剖面图

文艺复兴时期教堂的另一个特点是开始采用集中式平面布局，以穹顶统帅整个建筑。西欧从公元4世纪罗马帝国分裂为东、西罗马帝国后，教堂建筑一直采用巴西利卡式或拉丁十字式，佛罗伦萨大教堂作为文艺复兴建筑开始的标志，因始建于13世纪，平面依然采用拉丁十字式，仅将屋顶采光塔改为穹顶。意大利佛罗伦萨巴齐礼拜堂（Pazzi Chaple，图4-6-3，建于1429—1446年）是文艺复兴时期首个摒弃拉丁十字平面，采用东正教集中式平面的教堂，方形平面，一个直径10.9米的帆拱式穹顶居中，穹顶上设采光亭，穹顶左右各有一个筒拱，与大穹顶一起覆盖在面阔18.2米、进深10.9米的长方形大厅上。大穹顶前后各有一个小穹顶，后面的小穹顶覆盖着进深和面宽各4.8米的正方形圣坛；前面的小穹顶覆盖着柱廊中间的一开间，进深与面宽均为5.3米，将6柱5间柱廊筒拱屋顶分为左右两部分。门廊立面中间用罗马券柱，半圆形券顶打破了廊柱柱顶平梁的延续性，强调了建筑入口。穹顶与帆拱之间是圆形鼓座，鼓座四周开一圈圆窗。回顾古罗马时期的穹顶，虽然将穹顶直径最大做到了43.3米，解决了对室内大空间的需求，但穹顶下连续的圆形平面承重墙使内部空间封闭。拜占庭建筑继承发扬古罗马穹顶形态，利用帆拱构造技术，以4根立柱取代圆形平面承重墙，使穹顶下的内部空间变得开敞并获得延展。这座教堂完全采用东正教集中式布局，构造方法也是拜占庭体系，帆拱完成了方形平面向圆形穹顶的过渡，鼓座将穹顶高高承托出屋面，唯穹顶表面依然采用古罗马的惯用手法以瓦覆盖，前后穹顶和左右筒拱也均用瓦顶覆盖。

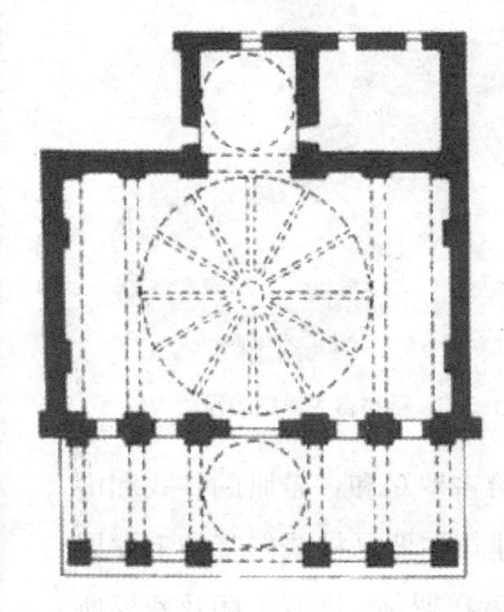

图4-6-3　巴齐礼拜堂的平面图与立面

意大利罗马坦比哀多礼拜堂（Tempietto of S. Pietro in Montorio，图4-6-4，建于1502—1510年），为纪念圣彼得殉教所建，传说是圣彼得被钉上十字架的地方。圆形平面，下设墓室，外墙直径6.1米，神堂外围一圈柱廊，高3.6米，穹顶高居于鼓座之上，鼓座墙壁上有一圈窗子，窗间装饰着罗马壁柱，连穹顶上的十字架在内，总高14.7米。环廊上的柱子、鼓座上的壁柱和穹顶的肋相互呼应，凸显穹顶的统帅作用，开西欧15—19世纪建筑穹顶统帅全局风格之先河。

图4-6-4　坦比哀多礼拜堂

意大利罗马圣彼得大教堂（St. Peter's Basilica Church，图4-6-5，建于1506—1626年），是文艺复兴建筑的代表作，整个建筑分东西两部分（图4-6-6），分两期建成。东部是一期，为米开朗琪罗设计的希腊十字形平面教堂，采用拜占庭帆拱鼓座穹顶，中间4根墩柱，支撑着高居鼓座之上的穹顶，穹顶的肋用石头砌筑，其余部分用砖，分内外两层，内层厚度3米左右，用球面穹顶，鼓座外立面为连续券柱；西部是二期，为米开朗琪罗去世后新加的一座3跨巴西利卡大厅，西立面9开间，中间3间采用希腊山墙立面，总高达51.7米，所以在教堂前面很长一段距离内看不到教堂完整的穹顶。

图4-6-5　圣彼得大教堂

图4-6-6　圣彼得大教堂俯视图

文艺复兴建筑风格在世俗建筑上的体现，是重拾古罗马和古希腊的柱式和山花，使建筑获得庄严和雄伟感，巨柱式是文艺复兴建筑在罗马柱式的基础上发展而成。早期代表作品是意大利佛罗伦萨育婴院，随后在罗马、佛罗伦萨及威尼斯建造的一批府邸、市政厅等世俗建筑均采用此风格。

意大利佛罗伦萨育婴院（Foundling Hospital，图4-6-7，建于1421—1445年），首层敞廊逐间用帆拱加穹顶覆盖，正面形成半圆形连续券，券脚以科林斯柱承接，即用拜占庭穹顶砌筑方法营造出古罗马连续券敞廊；二层的窗檐用希腊三角形山花装饰。

图4-6-7　佛罗伦萨育婴院

佛罗伦萨吕卡第府邸（Palazzo Riccardi，图4-6-8，建于1444—1460年）是一栋长方形3层建筑，内部留有数个内院，以使房间获取足够的采光，建筑临街采用上下三段法。下段首层模仿中世纪寨堡用粗糙的石块砌筑；中段二、三层用平整的石块砌筑，二层留有较宽、较深的缝，三层则严丝合缝；上段采用坡屋顶挑檐，高度为立面总高度的1/8，挑出2.5米，与整个建筑墙面成柱式的比例，以获得庄严感。这种三段法后来为法国古典主义建筑风格所吸收并大力发展。门窗的装饰采用罗马希腊元素，首层门窗的檐部采用希腊三角形山花，用石块砌筑罗马盲券，门洞则用真券砌筑，二、三层窗采用并列双券柱式。

图4-6-8　吕卡第府邸

意大利罗马法尔尼斯府邸（Palazzo Farnese，图4-6-9，建于1515年）是府邸建筑追求雄伟感最典型的代表，为一栋3层长方形平面的建筑，内嵌一个四合院，建筑按照纵轴线和横轴线对称布置。沿街立面每层之间砌出线脚，外墙用灰泥粉刷，每层石块砌筑手法不同，窗口两侧第1~3层分别用不同柱式的壁柱装饰；首层窗口用平檐，二层窗口用希腊三角形山花檐和半圆形山花檐间隔布置，三层用希腊三角形山花檐，

图4-6-9　法尔尼斯府邸

山花内布满华丽雕饰。屋顶采用坡屋顶，上以瓦覆盖。内院四周柱廊用古罗马叠柱式。

意大利威尼斯圣马可广场（Piazza San Marco，图4-6-10，建于14—16世纪）的图书馆（图4-6-11，建于1537—1588年）是文艺复兴建筑的经典。广场形成于14世纪，16世纪进行重新规划设计，18世纪广场西端的拿破仑翼建成后，形成广场现状。广场由大小两个广场组成L形平面，大广场东端是圣马可教堂（建于11世纪），北侧是旧市政大厅（建于1496—1515年），南侧是新市政大厅（建于1582—1640年），西端即拿破仑翼，原为一座教堂。小广场东侧是总督府，西侧就是图书馆，首层采用罗马券柱式柱廊，二层用券柱式立面，两层之间的额枋和屋檐平直，布满雕刻，二层栏杆和屋顶女儿墙均使用通透的柱栏杆，女儿墙上与立柱相对应的主墩上均设人像雕塑。

图4-6-10　圣马可广场

图4-6-11　圣马可广场的图书馆

意大利罗马卡比多市政广场（Piazza del Campidoglio，图4-6-12，建于1536—1655年）的周边建筑是文艺复兴时期的风格。广场位于罗马卡比多山上，中世纪荒废，16世纪经过统一设计及加建改建形成现状。广场由3栋建筑三面围合而成。位于广场东端的罗马市政厅原为古罗马元老院，16世纪立面经改造，新建一座钟塔，位于广场南侧的档案馆（Palazzo dei Conservatori，建于1564年）的立面也经过重新改造；1655年，在广场北侧与档案馆相对的位置，新建了一座博物馆（Palazzo Nuovo，图4-6-13），建筑式样与档案馆完全相同。三座建筑立面均采用巨柱式，一根立柱从上到下穿过所有楼层，每个柱间的门窗两侧再装饰小壁柱，窗楣是布满雕刻的椭圆形山花，檐口线条平直厚重，女儿墙上每个与立柱相对应的位置设置雕像，这些元素成为文艺复兴建筑的标志。

图4-6-12　卡比多市政广场

图4-6-13　卡比多市政广场的博物馆

意大利维琴察圆厅别墅（Villa Rotonda，图4-6-14，建于1552年）为文艺复兴晚期典型建筑，位于维琴察一小山丘上。采用对称手法，建筑采用正方形平面，上覆四坡顶；正中为圆形大厅，穹顶覆盖，穹顶略高出四周屋顶；前后左右四面设4个立面相同的凸形门廊，6根爱奥尼柱上承三角形山花墙，与希腊神庙立面神似。

图4-6-14　圆厅别墅

图4-6-15　维琴察的巴西利卡

意大利维琴察的巴西利卡（The Basilica in Vicenza，图4–6–15），原是一座建于1444年的哥特式风格的会堂，1549—1614年进行改建，在原建筑外围加了一圈两层高的券柱式柱廊。柱廊上下两层同高，每一间重复排列，立面的每一间接近于正方形，一层用塔司干壁柱划分，二层用爱奥尼壁柱划分；每间中间内嵌半圆形拱券，券脚由两个小柱承担，小柱与大柱间形成一个矩形空间，拱券两侧各有一个小圆洞布置在柱与拱券之间的墙上。这种构图方式被以该建筑师名字（Andrea Palladio）命名，即帕拉第奥母题（Palladian Motif）。

综上所述，15世纪文艺复兴建筑抛弃了中世纪哥特式建筑尖券、尖塔、束柱、飞扶壁等构件，穹顶成为教堂建筑的核心元素，在建筑立面上重拾古希腊、古罗马时期的柱式，辅以三角形山花、半圆形券、厚重的实墙、水平向的厚檐，使建筑轮廓整齐统一，与哥特式建筑参差不齐、高低错落的轮廓形成鲜明对比。

2.意大利巴洛克建筑（Baroque Architecture of Italy）

巴洛克建筑是16世纪末到17世纪继意大利文艺复兴建筑之后发展起来的一种建筑风格，诞生于罗马，后传至西班牙和德国。天主教堂是巴洛克风格的代表性建筑，当时罗马教廷从西班牙得到巨额贡赋，在各教区先后兴建教堂。为了展示教廷的实力，教堂大量装饰着壁画和雕刻，大理石、铜和黄金成为装饰的主要材料，建筑风格也一反文艺复兴建筑的严谨造型，建筑立面必用曲面或椭圆形构件来打破建筑的垂直和水平线条，将经典的希腊三角形山花折断或将两个山花甚至三个山花套叠，山花形式或半圆形或三角形或两种形式套叠，墙面常常装饰着双柱或三柱，早期的壁柱逐渐演变为倚柱，墙面常常装饰着壁龛，使建筑立面充满光影变换。巴洛克一词原意是畸形的珍珠，18世纪古典主义理论家将这种建筑风格称为巴洛克。巴洛克教堂早期依然采用拉丁十字，之后则不再拘泥于拉丁十字，圆形、椭圆形、梅花形、圆瓣十字形等集中式平面被普遍使用。罗马耶稣会教堂、圣苏珊娜教堂、圣卡罗教堂、圣玛利亚教堂以及西班牙圣地亚哥德孔波斯特拉大教堂、德国巴伐利亚的十四圣徒朝圣教堂都是这一时期的代表作品。

罗马耶稣会教堂（Church of the Gesu，图4-6-16，建于1568—1602年）是为耶稣会（Society of Jesus）所建的教堂。耶稣会创立于1534年，废除中世纪苦修、斋戒等宗教生活规矩，耶稣会会士主要从事传教、教育活动，16世纪末耶稣会会士几乎遍布世界各处，耶稣会教堂成为该时期营建教堂的蓝本。教堂平面放弃了文艺复兴时期普遍采用的集中式布局，又回归巴西利卡式，东端向外突出半圆形圣龛，上覆以半个穹球，手法与古罗马巴西利卡同，中厅两边的侧廊设置成多个小祈祷室，中厅1/3处升起一座穹顶，用柱子将长方形平面分隔成拉丁十字，拱顶和圣坛满布巴洛克式的雕像和装饰。教堂正立面代表了巴洛克建筑特征，山花突破了古希腊的经典式样，上层檐部山花内镶嵌着圣像，一层山花用圆弧形和三角形套叠而成，大门山花呈现圆弧形，额枋打破之前的一条直线呈现前后凹凸，大门两侧采用了倚柱和壁柱，墙上盲龛内为圣像浮雕，二层两肩对应侧廊的部分做了两对大涡卷，是巴洛克建筑曲面元素的首个呈现。

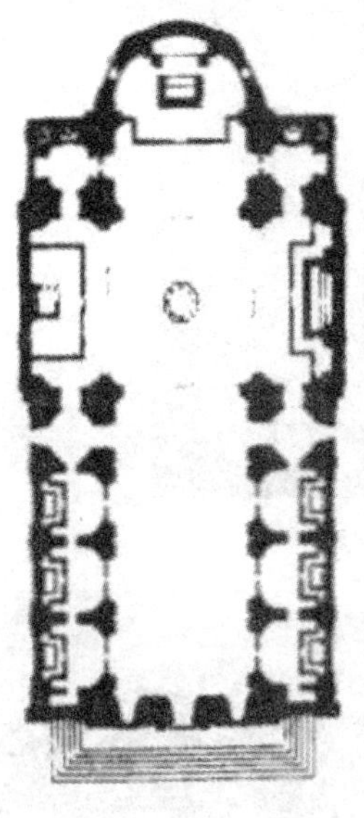

图4-6-16　罗马耶稣会教堂的平面图和正立面

罗马圣苏珊娜教堂（St. Susanna's Church，图4-6-17，建于1597—1603年）是以罗马耶稣会教堂为蓝本而建的教堂，立面由上下两层构成，下层5开间，上层3开间，两侧装饰着巴洛克典型元素——涡卷，屋顶三角形山花内嵌圣像，山花基本完整。入口门上用圆弧形山花，两侧盲窗上装饰着三角形山花。开间用壁柱分隔，壁柱由中间向两侧逐渐变薄，形成光影中间深两侧逐渐变浅之效果，盲窗内装饰着圣像浮雕。

图4-6-17　圣苏珊娜教堂

意大利罗马圣卡罗教堂（San Carlo alle Quattro Fontane，图4-6-18，建于1638—1641年），平面近似橄榄形，周围一些不规则的小祈祷室环绕殿堂。装饰强调曲线和变化，立面山花断开，檐部水平弯曲，中间隆起，基本构成方式是将文艺复兴风格的古典柱式即柱、檐壁和额墙在平面上和外轮廓上曲线化，同时添加一些经过变形的建筑元素，例如变形的窗、壁龛和椭圆形的圆盘等。

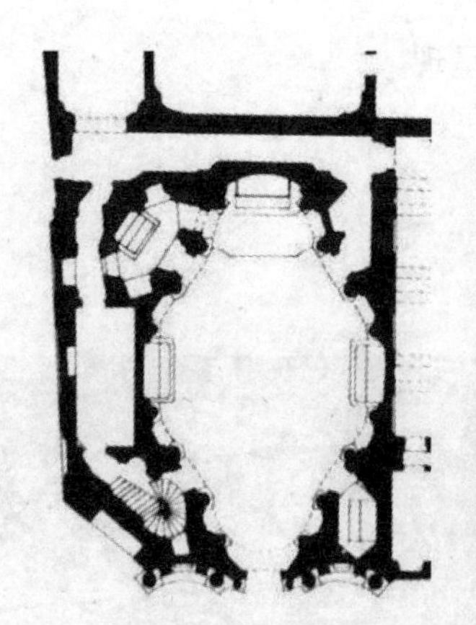

图4-6-18　圣卡罗教堂的平面图和装饰风格

位于罗马的圣玛利亚教堂（Chiesa di Santa Maria della Pace，图4-6-19，改建于1656—1659年），是对原教堂（建于1482年）立面进行改造而成，巴洛克风格主要表现在外立面上。立面处理为两层，底层是一个半圆形门廊，由多立克柱式构成；二层在起伏的墙面上，圆柱、方柱和倚柱3种光影不同的柱子支撑着上面曲折而又折断的檐口；檐口上的三角里套着圆弧形山花，山花底边被折断，内部镶嵌着徽章浮雕。

图4-6-19　圣玛利亚教堂的外立面

图4-6-20　圣地亚哥德孔波斯特拉大教堂

巴洛克建筑风格17世纪末传至西班牙。圣地亚哥德孔波斯特拉大教堂（Catedral de Santiago de Compostela，图4-6-20，改建于1660—1738年）是西班牙巴洛克建筑代表作，建筑立面依然是哥特式教堂典型形制，两侧尖塔夹着中间大门，细部处理如涡卷、断山花、断檐、曲线、曲面、过多的装饰及追求光影效果则完全是巴洛克手法。

巴洛克风格于18世纪初传到德国。德国德累斯顿茨温格宫（Zwinger Palace，图4-6-21，建成于1709年）的建筑立面彰显出巴洛克风格，大门三角形山花之底部水平线被浮雕打断，门窗的半圆形罗马券中间被浮雕装饰打破，檐部对应着壁柱上方做雕像，整个立面充满雕刻感和光影变换感。

图4-6-21　茨温格宫

德国巴伐利亚的十四圣徒朝圣教堂（Basilica of the Fourteen Holy Helpers，图4-6-22，建于1743—1772年）是巴洛克建筑风格在德国的体现，教堂大门山花是卵形曲面，屋顶山花内嵌繁复的浮雕。教堂室内地面、墙面和天花的形状全部为曲线和曲面，上下左右连绵不断，教堂平面布局也是由圆形和椭圆形平面组合而成（图4-6-23）。

图4-6-22　十四圣徒朝圣教堂

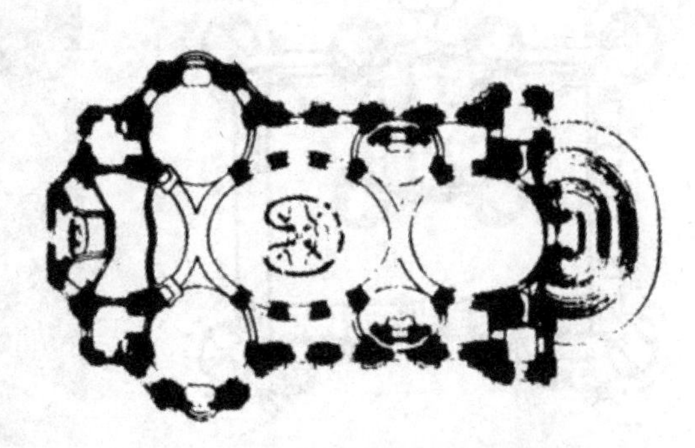

图4-6-23　十四圣徒朝圣教堂的平面图

巴洛克建筑因缺乏构造逻辑及为构图而构图的风格，在18世纪末逐渐衰退，但其影响尚存，在18—19世纪的一些欧洲和美洲建筑上还能看到巴洛克风格的痕迹。

3.法国古典主义建筑（Classicism Architecture of France）

法国古典主义建筑是16世纪中叶至18世纪受意大利文艺复兴建筑的影响而形成的建筑潮流，用古罗马建筑要素建造宫殿和府邸。建筑立面以古典柱式为构图基础，建筑平面与立面造型强调轴线对称、主从关系，提倡富于统一性和稳定感的横三段和竖三段、竖五段的立面构图形式，主要用于规模巨大的宫廷建筑和纪念性广场建筑群，影响传至英国、俄罗斯等国家。代表作品有巴黎卢浮宫东廊、凡尔赛宫、巴黎残废军人教堂以及英国牛津布莱尼姆宫、俄罗斯彼得堡冬宫等。

法国最早具有文艺复兴风格的建筑是尚堡府邸（Chateau de Chambord，图4-6-24，建于1526—1544年），为法国国王弗朗西斯一世的猎庄。采用对称布置，一圈建筑围合成一个长方形院子，主体建筑位于院子的北面，3层，其余3面为1层，四角设圆形塔楼；主体建筑正方形平面，四角同样设置圆形塔楼，每层四角布置着4个相同的大厅，中间形成一个十字形空间，十字形空间的正中间是一座大螺旋形楼梯，楼梯有两股踏步，各自从相对一面起步，互不干扰。尚堡府邸外立面（图4-6-25）用柱式装饰墙面，水平划分比较强烈，垂直划分则用左右两个圆形塔楼将建筑立面分为3部分，初具法国古典建筑的竖三段要素，但四角由碉堡退化而成的圆形塔楼、高高的四坡顶和塔楼上的圆锥形屋顶，正中间楼梯上的采光厅，以及数不清的老虎窗、烟囱、楼梯亭等复杂的屋顶轮廓，尚保有中世纪城堡风格。

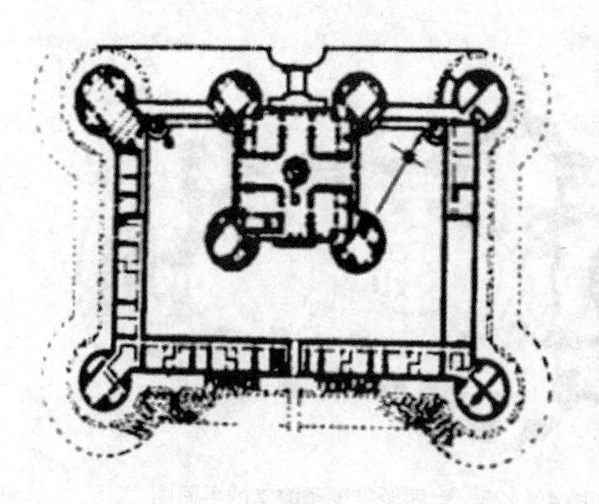

图4-6-24　尚堡府邸平面图与鸟瞰图

图4-6-25　尚堡府邸立面（北面）

位于巴黎郊外的维康府邸（Chateau de Vaux-le-Vicomte，图4-6-26，建于1656—1660年）是路易十四的财政大臣福克（Fouquet）的府邸，是早期法国古典建筑的典型。府邸与室外的花园依中轴线对称布局。府邸以一个椭圆形客厅为中心，两侧布置卧室和起居室。建筑立面（图4-6-27）的处理已成定式，水平划分为上、中、下3段，上段为屋顶，中段由建筑的第2层和第3层组成，用贯穿两层的柱子装饰着墙面，下段是建筑的首层，用不同的墙面材料与第2层区分开来；通过建筑平面的凹凸把建筑垂直划分为5段，再配以不同的屋顶加以强调，如中间一段屋顶是一座圆形穹顶，两端是法国独创的方形穹顶，方圆穹顶之间为坡屋顶。

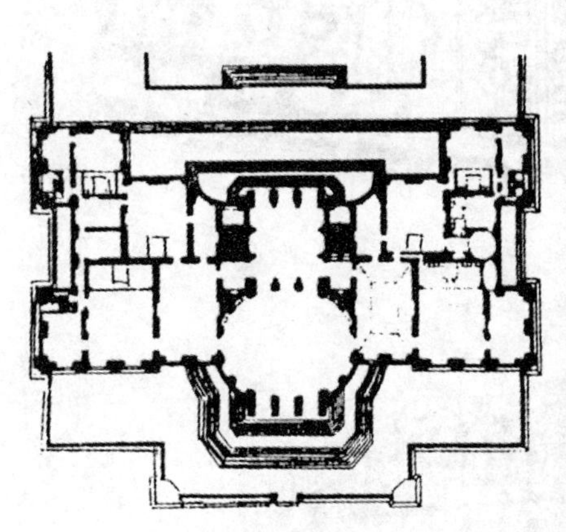

图4-6-26　维康府邸平面图与鸟瞰图

图4-6-27　维康府邸立面（北面）

法国巴黎的卢浮宫（Musée du Louvre，图4-6-28，建于1546—1878年）最早建于1204年，原是法国王宫，1546年法王弗朗索瓦一世在原城堡的基础上增建新宫，经过9位君主历时300余年的不断扩建，形成一座U字形平面的建筑群。卢浮宫东廊是古典主义建筑的经典，长约172米，高28米，立面上下分为3段，底层是基座，中段是两层高的巨柱式柱子，上段是檐部和女儿墙。主体是由双柱形成的空柱廊。中央和两端各有凸出部分，将立面左右分为5段。两端的凸出部分用壁柱装饰，中央部分用倚柱，顶做山花，主轴线明确。法国传统的高坡屋顶被平屋顶代替。

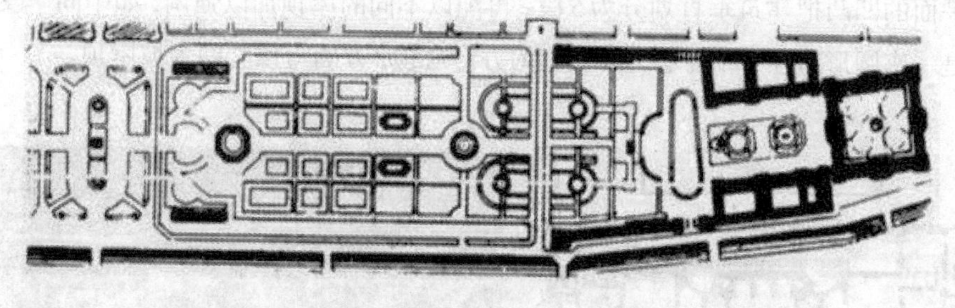

图4-6-28　卢浮宫平面图与东廊

法国巴黎凡尔赛宫(Chateau de Versailles, 图4-6-29, 建于1661—1756年), 法国古典主义建筑, 坐落在巴黎西南18千米的凡尔赛镇, 占地111万平方米, 其中建筑面积11万平方米, 园林面积100万平方米。中央部分是国王与王后工作起居的地方, 北翼为办公场所, 南翼为王子、亲王及王妃之用。用标准的古典主义三段式处理立面(图4-6-30), 即将立面水平划分为3段, 垂直划分为3段或5段, 严格按照左右对称布置。

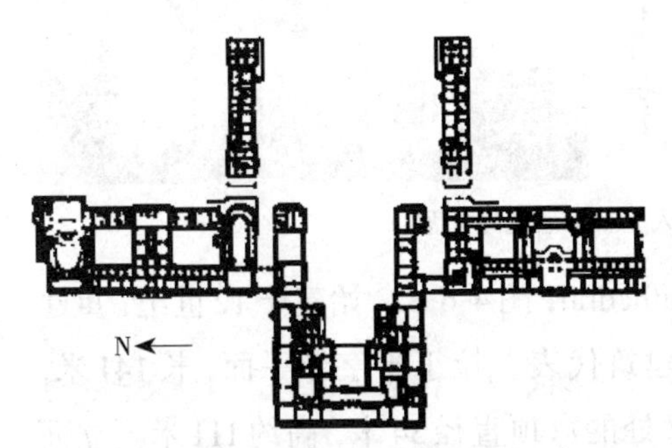

图4-6-29　凡尔赛宫平面图与鸟瞰图

图4-6-30　凡尔赛宫西面与中部南翼

巴黎残废军人教堂(Church of the Invalides, 图4-6-31, 建于1680—1691年)是法国古典主义建筑风格在宗教建筑上的体现。教堂正方形平面, 内部空间为希腊十字形, 四角各有一个圆形的祈祷室。立面分为上下两大段, 上段是穹顶, 由带有壁柱的双层鼓座、穹顶和采光亭组成, 模仿罗马城坦比哀多礼拜堂构图(参见上文的图4-6-4); 下段是教堂西立面, 用水平线脚划分, 入口处有两层向外凸出的柱廊, 中间3开间的柱廊上戴一个小山花, 将立面左右划分为3段。教堂主体与穹顶的比例接近1∶1, 使得教堂就像一个巨大的基座, 将穹顶高高托起, 塔尖最高点距地面106.5米。

图4-6-31　巴黎残废军人教堂平面图与立面

英国伦敦圣保罗大教堂（St. Paul’s Cathedral，图4-6-32，始建于12世纪，重建于1675—1710年）是英国古典主义宗教建筑代表。拉丁十字形平面，长141米，最宽处约74米，中厅宽30.4米，十字交叉处的穹顶直径34米，高约111米。立面处理为典型的古典主义风格，与巴黎残废军人教堂相似，唯有西立面的钟楼带有巴洛克风格。

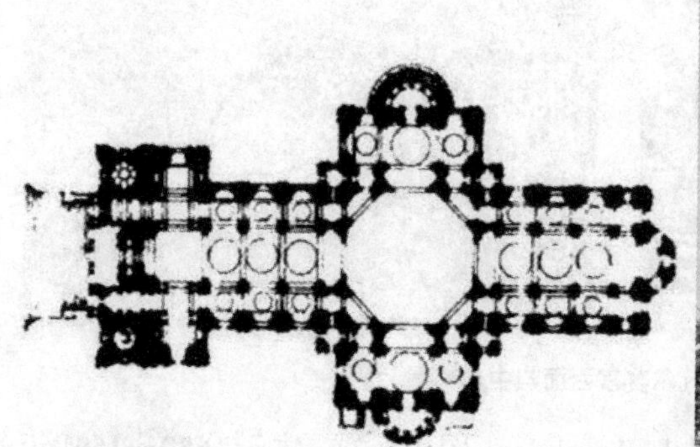

图4-6-32　圣保罗大教堂平面图与立面

巴黎旺多姆广场（Place de Vendome，图4-6-33，建于1699—1701年）由2座U字形平面建筑围合而成，建筑采用古典主义风格，立面分上、中、下3部分（图4-6-34），下部为罗马连续券柱廊，中部是2层高的壁柱，上部是法国陡峭的坡屋顶。广场长224米，宽213米，正中耸立着44米高的旺多姆青铜柱（建于1810年），柱身饰有战争场面浮雕，顶上是拿破仑的雕像，铜柱内部有楼梯可以登上柱顶平台。

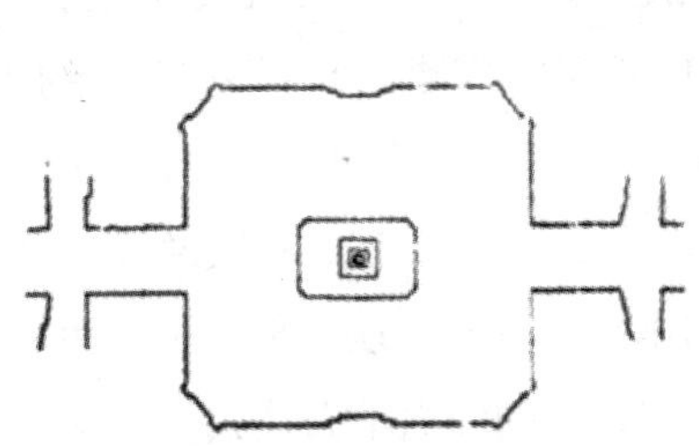

图4-6-33　旺多姆广场平面图与鸟瞰图

图4-6-34　旺多姆广场建筑立面

英国牛津布莱尼姆宫（Blenhein Palace，图4-6-35，建于1705—1722年）是英国古典主义府邸建筑代表，由3个院落组成，中间为主人用房，左面为附属用房，右边为马厩。府邸长261米，主楼长97.6米。

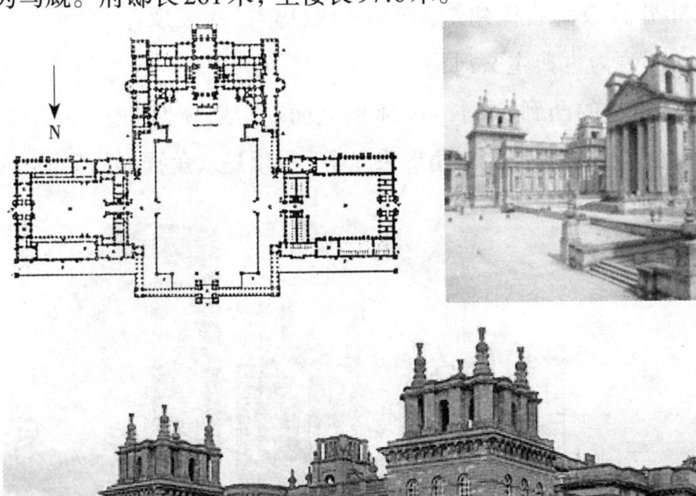

图4-6-35　布莱尼姆宫平面图、主房北面与西南面

彼得堡冬宫（Winter Palace，图4-6-36）是俄罗斯古典主义建筑代表，初建于1754—1762年间，1837年被大火焚毁，1838—1839年间重建。共有3层，长约230米，宽140米，高22米，呈封闭式长方形，占地9万平方米，建筑面积超过4.6万平方米。冬宫面向冬宫广场的立面采用古典主义手法，左右3段，每段通过倚柱排列的疏密再将建筑竖向划分为5段，中间是凸出的3个拱门，顶上戴一个三角形山花，两端用4根间距略小的倚柱装饰，中间和端部之间的墙面不做柱式。

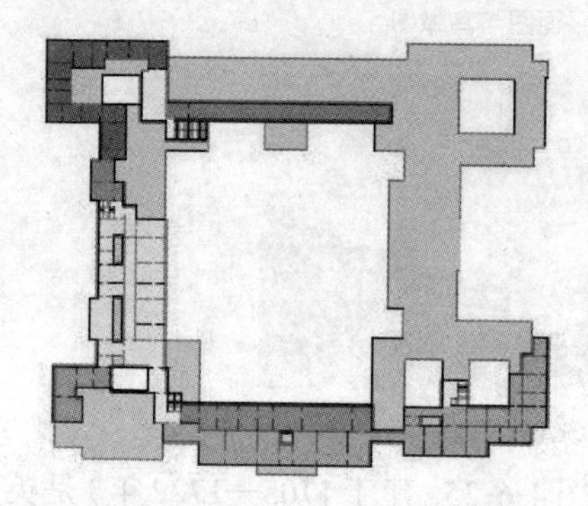

图4-6-36　冬宫平面图与立面

彼得堡海军总部大厦（Admiralty Building，图4-6-37），原建于1704年，木结构建筑，18世纪30年代改为石构建筑，1806—1823年扩建成现在的“凹”字形平面，面对广场的立面改为古典主义风格。中央塔楼下为中段，两端各增加了一个由12根柱式和山花组成的凸廊，将长408米的立面左右划分为5段。正中的塔楼高72米，正方形的爱奥尼柱廊上覆八角形采光亭，亭顶是八角锥形的尖塔。

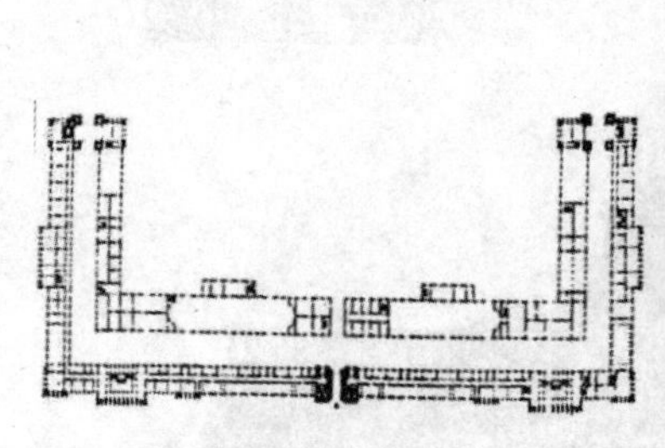

图4-6-37　彼得堡海军总部大厦平面图、立面及立面的一端

发源于法国的古典主义建筑风格主要用于体量巨大的建筑立面处理。为了打破大体量建筑立面的单调，采用三段、五段建筑立面构图法，将古罗马、古希腊的

建筑元素装饰在建筑立面上，形成庄重严谨的建筑造型，其影响远达英国、俄罗斯等国家。

如同意大利文艺复兴建筑之后巴洛克建筑盛行一样，法国古典主义风格之后，出现了洛可可装饰风格。洛可可风格主要表现在室内装饰上，在室内排除一切建筑母题（Motif），凹圆线脚和涡卷代替檐口和小山花；装饰题材趋于自然主义，千变万化纠缠着的草叶成为酷爱，此外还有蚌壳、蔷薇和棕榈，构成撑托、壁炉架、镜框和家具腿等；门窗的上槛、镜子、框边线脚等等上下用多变的曲线取代水平直线，并常常被装饰打断；尽量避免方角，在各种转角上总用涡卷、花草或者缨络等软化和装饰。因洛可可风格主要体现为室内，故本书不再详述。

4. 古典复兴建筑（Classical Revival Architecture）

18世纪中叶至19世纪末，古典复兴建筑在法国、德国和美国兴起，一反巴洛克和洛可可柔软和烦琐之特点，严格采用古希腊和古罗马建筑形式，用柱式和穹顶来构图建筑立面。实例以巴黎万神庙、巴黎星形广场凯旋门、柏林宫廷剧院、美国国会大厦、柏林老博物馆为著名。

建于1756—1792年的巴黎万神庙（The Pantheon，图4-6-38）又称先贤祠，严格采用古罗马建筑比例。巴黎万神庙本是圣日内维芙（巴黎守护神）神庙，后成为安葬法国名人卢梭、居里夫人、雨果及该建筑的建筑师等重要人物的公墓。平面采用希腊十字形，十字相交的顶上覆盖着置于两重鼓座上、内径20米的穹顶，穹顶中央设采光亭，穹顶造型与16世纪意大利坦比哀多礼拜堂（参见上文的图4-6-4）相似，第一层鼓座四周为一圈古罗马券廊，第二层鼓座墙壁开一圈窗子，似乎将坦

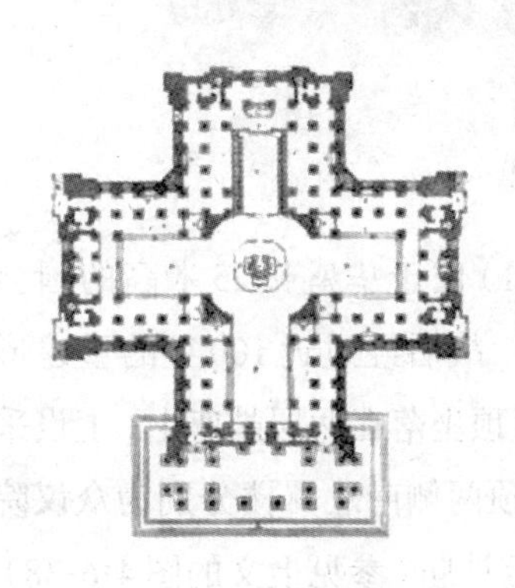

图4-6-38 巴黎万神庙（先贤祠）平面图及立面、穹顶

比哀多礼拜堂整体置于教堂屋顶，从地面至采光亭总高85米。万神庙主入口的门廊，立面与罗马万神庙（参见上文的图4-3-12）神似，19米高的科林斯柱支撑着三角形山花。希腊十字形平面、罗马万神庙的主立面和坦比哀多礼拜堂合成巴黎万神庙的精髓。

建于1806—1836年的巴黎雄狮凯旋门（Triumphal Arch, 图4-6-39）坐落在巴黎市中心的戴高乐广场（原名星形广场），模仿古罗马凯旋门而建，筒拱结构，高约50米，宽约45米，厚约22米，四面各有一门，中心拱门宽14.6米。凯旋门内设电梯和螺旋石梯可达拱门顶部，拱门上是历史博物馆和电影放映室。

图4-6-39　巴黎雄狮凯旋门

建于1818—1821年的柏林宫廷剧院（Royal Theater, 图4-6-40）为希腊建筑复兴之作，入口柱廊复制希腊神庙前廊，由6根爱奥尼柱式和山花组成。

图4-6-40　柏林宫廷剧院

美国国会大厦（United States Capitol, 图4-6-41）位于华盛顿25米高的国会山上，初建于1793—1800年，毁于1814年英美战争，战后经过近100年的重建形成今日格局。长233米，3层，以中央穹顶为中心，穹顶坐落在两层鼓座上，上设采光亭，亭上立有一尊6米高的青铜“自由雕像”。圆顶两侧南北翼楼分别为众议院和参议院办公地。美国国会大厦的修建仿照了巴黎万神庙（参见上文的图4-6-38）。

图4-6-41 美国国会大厦

柏林老博物馆（Altes Museum，图4-6-42，建于1828—1830年）为长方形平面，长87米，宽55米，展室围绕2个内院和利用天井采光的穹顶而布置。中央圆形大厅以罗马万神庙（参见上文的图4-3-12）为蓝本，穹顶高23米，一如罗马万神庙天花采用方格收分内壁，穹顶隐藏在女儿墙内。建筑正立面设置18根爱奥尼柱的柱廊，屋顶对应每根圆柱的位置设一尊雄鹰雕塑。

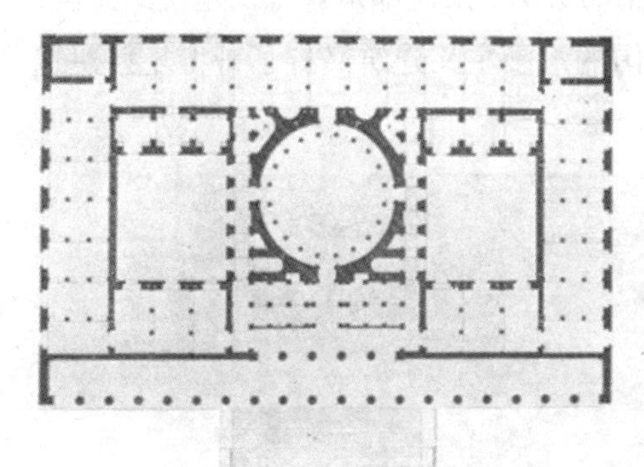

图4-6-42 柏林老博物馆平面图与前廊

5. 浪漫主义建筑（Romanticism Architecture）

浪漫主义建筑是18世纪下半叶在英国兴起的建筑风潮，以中世纪的城堡堞墙和哥特式尖券为特征，略晚于古典复兴建筑并随后与之一起流行于欧美。浪漫主义建筑根据其特征分为两个阶段：18世纪60年代至19世纪30年代是浪漫主义建筑发展的第一阶段，又称先浪漫主义建筑，汲取中世纪城堡建筑元素作为风格特征；19世纪30—70年代是浪漫主义建筑的第二阶段，以中世纪哥特式建筑元素为主要特征，又称为哥特复兴建筑。

英国是浪漫主义建筑发源地，城堡式建筑的代表作是克尔辛府邸（参见本书下篇的图9-2-1），哥特复兴建筑的代表作是英国议会大厦，曼彻斯特市政厅则兼有两种建筑元素。

英国议会大厦（Houses of Parliament，图4-6-43，建于1836—1868年）又称威斯敏斯特宫（Palace of Westminster），是英国议会（包括上议院和下议院）的所在地。始建于公元1045—1050年，烧毁于公元1834年，唯威斯敏斯特厅在大火中幸免，现存的威斯敏斯特宫是在威斯敏斯特厅的基础上扩建而成的。议会大厦正面朝西，东临泰晤士河，每个开间的柱子都采用束柱且呈尖塔状穿出屋面，细长的尖券窗将建筑立面竖向分隔，力图给这座高3层而长度达266米的扁平建筑带来高耸感。分布在建筑北端、西南端及东立面两端的塔，特别是大本钟塔、维多利亚塔和圣斯蒂芬塔，为建筑构成参差的天际线。例如，位于建筑北端的大本钟塔，其高96米的尖顶成为伦敦的标志；位于西南角的维多利亚塔高达102米，塔顶四角有4个尖塔，中央为旗杆。英国议会大厦所使用的尖塔、束柱都是哥特式建筑的元素，正是英国议会大厦正统的哥特风格，使英国的浪漫主义建筑又有了哥特复兴建筑的别称。

图4-6-43　英国议会大厦

建于1853—1870年的曼彻斯特市政厅（Manchester Town Hall，图4-6-44），其坡屋顶颇具中世纪古堡特征，圆形角楼也是中世纪庄园常用的，尖塔则是哥特式建筑元素，正门、四面钟、采光塔四面窗的透视券上装饰着哥特式尖券。

图4-6-44　曼彻斯特市政厅

6. 折中主义建筑（Eclecticism Architecture）

折中主义建筑是19世纪上半叶至20世纪初在欧美一些国家流行的建筑风格。折中主义建筑师任意模仿历史上各种建筑风格，或自由组合各种建筑形式，不讲求固定的法式，只讲求比例均衡，注重纯形式美。折中主义建筑在19世纪中叶以法国建筑最为典型，巴黎歌剧院、巴黎圣心教堂为代表作；在19世纪末和20世纪初期以美国建筑最为突出，美国华盛顿特区林肯纪念堂为代表作。

法国巴黎歌剧院（Paris Opera House，图4-6-45，建于1861—1874年）把古典建筑的立面分段、爱奥尼柱式和巴洛克风格的雕饰揉在一起，长173米，宽125米，建筑总面积11 237平方米，2 200个座位。

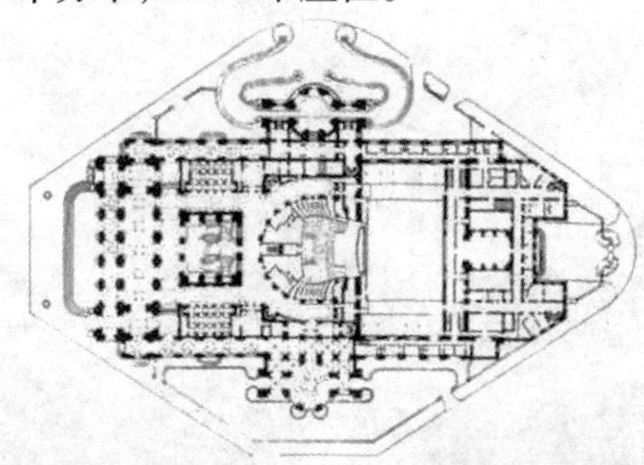

图4-6-45　巴黎歌剧院平面图、正立面和室内

法国巴黎圣心大教堂(Basilique du Sacré Coeur, 图4-6-46, 建于1875—1919年)将高耸的穹顶(高55米, 直径16米)、罗马券柱廊和古希腊山花、哥特式玫瑰花窗等诸多建筑元素融为一体。

图4-6-46　巴黎圣心大教堂

建于1914—1922年的美国华盛顿特区林肯纪念堂(Lincoln Memorial, 图4-6-47)以古希腊帕提农神庙(参见上文的图4-2-18)为蓝本。长方形平面, 四周设柱廊, 共计36根多立克柱, 象征林肯任总统时美国的36个州, 通体用白色花岗岩砌筑。与帕提农神庙不同的是, 屋顶用平顶取代了希腊山花。

图4-6-47　林肯纪念堂

为纪念1870年意大利重新统一而建的意大利罗马伊曼纽尔二世纪念堂(Victor Emmanuel Ⅱ Memorial Hall, 图4-6-48, 建于1885—1911年), 用白色大理石建造, 采用罗马科林斯柱廊和希腊化时期的祭坛形制。凹形平面, 下为台基, 上为长135米的柱廊, 16根科林斯柱形成弧形柱廊, 柱子高15米, 上设女儿墙。柱廊两端各用4根石柱上设三角形山花收头。两边的山花之上，各设一个雕像——带翅膀的胜利之神站在四骑马车之上。回看一下建于希腊化时期的帕加马宙斯神坛（参见上文的图4-2-25），两者如此形似，唯一不同的是伊曼纽尔二世纪念堂用罗马科林斯柱式，而宙斯神坛用古希腊爱奥尼柱式。

图4-6-48 伊曼纽尔二世纪念堂

总之，15—19世纪的欧洲建筑继续使用中世纪发展成熟的骨架拱覆盖屋顶，同时将中世纪发展成熟的肋骨拱技术与拜占庭穹顶结构体系结合，使穹顶突破了半球形限制，形成更饱满的外形。在建筑造型上可以看到柱式、山花、穹顶、尖券等古希腊、古罗马、拜占庭、哥特等建筑元素的各种组合，形成欧洲古建筑之特征。19世纪初，随着以人工合成材料为主材的钢筋混凝土结构和钢结构的出现，欧洲古建筑风格逐渐退出主流。

五、古东亚建筑（公元前8000年—公元19世纪）

在两河流域用日晒砖建造穹顶结构体系、地中海沿岸用石材构筑梁柱结构体系、南美洲玛雅文明用石块叠涩搭建房屋时，在黄河和长江流域则发展出了木构建筑体系，是为中国古代建筑体系，又称古东亚建筑体系。该建筑体系的特点是以木柱木梁构成房屋桁架，桁架之间用木檩和木枋连接成框架结构，檩承接屋顶负荷，下传到梁，梁传给立柱，立柱通过柱础传递到基础，或直接插入土壤中，墙体不承重，仅起围护作用。因气候原因该体系形成南北两种类型：一是东北亚寒冷地区类型，起源于黄河流域，房屋以冬季保温、夏季隔热为主，特点是外墙用夯土墙或土坯砌筑以达到保温隔热之目的，主要分布在中国大部、朝鲜、日本等东北亚地区；二是东南亚炎热地区类型，发源于长江流域，房屋以夏季通风为主，特点是建筑底部架空，墙体用木、苇等材料搭建以达到通风散热之目的，即干栏式建筑，主要分布在中国西南部、柬埔寨、泰国、越南、菲律宾、马来西亚等东南亚地区。

5.1　东北亚建筑

东北亚建筑类型发源于5 000年前的黄河流域中下游。当时该区域有茂盛的树林为木结构梁柱提供富源材料，冬寒夏热、气温年差较大的温带大陆性气候和丰富的泥土资源为砌筑厚厚的外墙达到保温隔热目的提出了需求和解决途径；为保护土墙免受雨水侵蚀，与古西亚建筑体系采用琉璃砖贴面保护的方法不同，东北亚建筑体系将屋檐向外向下远远挑出，形成独特的大屋顶。营建高耸建筑用两种方法，一是借助夯土台营建的高台建筑，至迟公元前7世纪的战国时代已经成熟，公元7世纪初基本绝迹，仅剩高台基被用于宫殿建筑，五代十国之后唯宫殿、城门、阙门还保留使用高台基，其它建筑不再使用；二是至迟出现于公元元年左右的木楼阁逐渐成为主流，并一直延续到近代。在获取室内大空间方面，则采用抬梁式屋架和减柱法的构造技术争取尽可能大的空间。

发源于黄河流域的东北亚建筑类型不断向南、向东扩展。向南的传播是随着黄河流域文明向四周辐射，加上5 000年前地球进入逐渐变冷的周期，从先秦开始东北亚建筑类型不断向南扩展，到明清时代基本取代了长江流域的干栏式建筑，南抵越南；向东的传播发生在公元6世纪左右，随着汉传佛教从中国向朝鲜半岛和日本的传播而达朝鲜半岛和日本。

1.墙倒屋不塌的木架结构

东北亚木构建筑体系的基本特征是墙倒屋不塌的木框架结构，经历了由土木混合结构向纯木结构演变两个阶段。公元前45世纪左右，土木混合结构出现，具体做法是用树干捆绑出一栋房屋的框架，再依附框架制作木骨泥墙和木骨泥顶，建筑平面未形成整齐的柱网，需要木骨泥墙作为承重墙；公元前11世纪左右，木框架结构出现，具体做法是用柱子和梁搭建成一榀屋架，再将平行的两榀屋架用檩（承重的横向梁）和枋（不承重的横向连接构件）连接成一个“间”，若干间连成一栋房屋，平面形成整齐的柱网，虽然围护墙从技术上已经不必承重，但为保温隔热而做得很厚的外墙（夯土或土坯）依然兼作承重，从9世纪起，外墙不再兼承重墙，在墙体内柱网的相应位置有立柱，一直到被现代建筑取代。

(1)土木混合结构

至迟在公元前4500年，黄河流域中游已经出现土木混合结构的地面建筑。居住在黄河流域的人类，居住方式经历了从穴居向半穴居再向地面建筑的演变，地面建筑的诞生源于穴居可移动顶盖的营建。竖穴是人类离开天然洞穴在平地上营建的居住建筑，黄河流域在公元前6000年出现穴居，做法是在地面向下挖出底大口小的袋穴，顶部用树枝茅草覆盖，进而扎结成斗笠状可移动的顶盖，平时搁置在穴口近旁，夜晚和雨雪天则覆盖在穴口之上。随着顶盖制作技术的提高，固定的穴居顶棚（图5-1-1）出现，其构造方法是在穴中立木柱，木柱长度高出穴口，柱顶扎结若干以木柱为中心扇形排列的斜木杆，斜木杆的另一端放置在地面，形成斗笠状圆顶，斜木杆之间再捆扎小树枝，然后在棚顶两面涂草拌筋泥面。

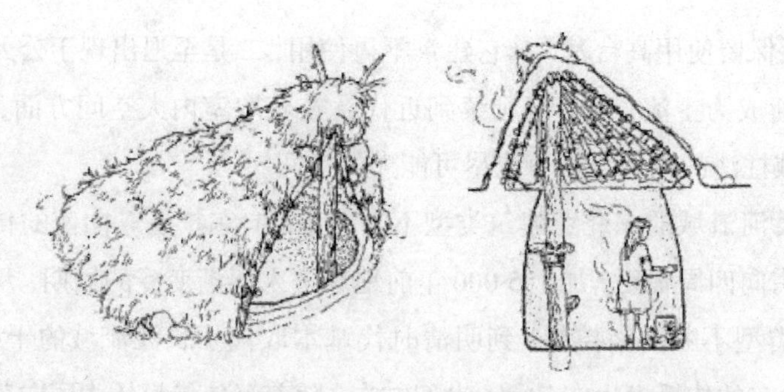

图5-1-1　河南偃师汤泉沟遗址H6复原研究展示的固定穴居顶棚

图5-1-2　陕西西安半坡遗址F1复原图

鉴于斗笠状顶棚下部空间已能予人站立空间，加之泥面屋顶具有御寒功能，为进出方便，穴居深度逐渐变浅成为半穴居。古建筑专家对陕西西安半坡仰韶文化遗址F1的复原（图5-1-2），展示了半穴居木骨泥顶制作技术：先将室内4根立柱与4根梁绑扎成框架，四角各放置1根支撑屋顶的斜木，斜木下部置于矮墙上，中间与梁架捆绑，上端在顶部交汇处被茅草束扎在一起（参见本书下文的图5-1-44），再按照上述固定穴居顶棚的做法做成屋顶，时间在公元前4700—前4000年之间。

半穴居又进化为地面建筑：将制作顶棚的方法推广到制作墙体上，以树干为立柱，再用枝木横向扎结成架，其间填以苇束等轻质材料，然后两面涂泥制成木骨墙体，其稳定性依靠立柱的埋深解决，为御寒墙体厚度在50厘米左右。实例为半坡晚期F24（图5-1-3），用每排3行、每行4根共12根木柱与梁和檩捆绑成屋架，再里外涂泥；为保护泥质外墙，屋檐向外延展超过墙壁；为解决室内炊烟排放和通风问题，在山墙顶部留出通风口；为防止雨水流入通风口，做成悬山顶。

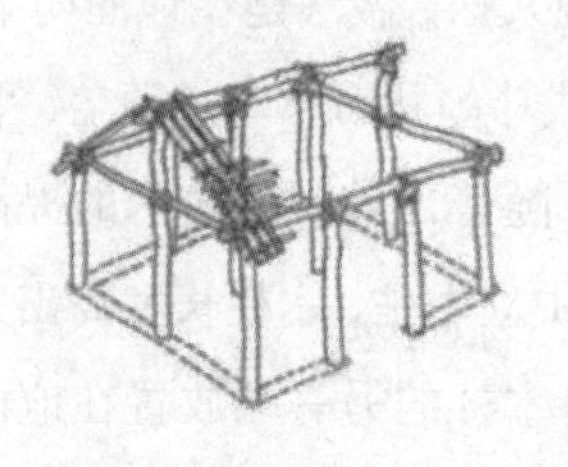

图5-1-3　陕西西安半坡仰韶文化晚期遗址F24（公元前4500年左右）复原研究展示的木构建筑

为了更大限度地保护泥质墙体，至迟在公元前4000—前3300年开始在房屋四周设一圈柱廊以保障屋顶有足够的外伸长度来保护泥墙。推测是黄帝合宫的河南灵宝西坡遗址（公元前4000—前3300年）的F105（图5-1-4）是一座外有围廊的大型房址，占地面积516平方米，方形平面，室内面积204平方米，用厚度50厘米左右的木骨泥墙围合，室内4根立柱（与半坡F1一样），墙外立柱环绕，柱子距离外墙1～2米，柱子支撑的屋顶有效保护了木骨泥墙。

图5-1-4　河南灵宝西坡遗址F105复原图

到公元前1800—前1600年，在房屋四周设一圈围廊已成定式，河南偃师二里头文化建筑遗址、偃师商城建筑遗存都证明了这点。

河南洛阳偃师二里头文化F1遗址（公元前1800—前1600年）坐落在长约36米、宽约25米的夯土台基上，台基顶面留有一圈柱洞，南北两面各9个，东西两侧各4个，直径40厘米，相距3.8米，南北两排檐柱间距11.4米，因台基表面损坏严重，再无其它遗迹。根据保存较好的二里头三期文化F2遗址的遗迹，推断F1大殿的平面应该与F2大殿相同，亦为四周带围廊之建筑。

F1四周廊庑环绕，形成一个大大的庭院（图5-1-5），东、南、北三面廊庑为内外复廊，两侧对应的檐柱在一条线上，两廊柱之间距离6.5米，中间设墙，西面为单面廊，进深6米。据古建筑专家推测，廊庑应是大叉手（人字木）上撑脊檩（图5-1-6的左图），复廊用中间的隔墙承托脊檩（图5-1-6的右图）。F1大殿前后檐柱相距11米，布置在一条线上，扣除前后2米围廊，前后房子的进深在7米左右，比廊庑进深略大，故推测F1大殿应是檐柱与木骨泥墙共同承托大叉手屋架。根据汉·张衡《东京赋》的记载“慕唐虞之茅茨”，古建筑专家将大殿屋顶复原为一个高大的用人字架做成的茅草屋顶。

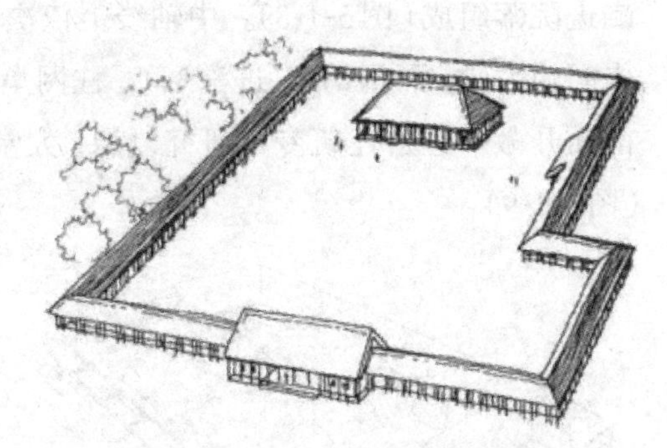
图5-1-5　F1院落及大殿复原鸟瞰图

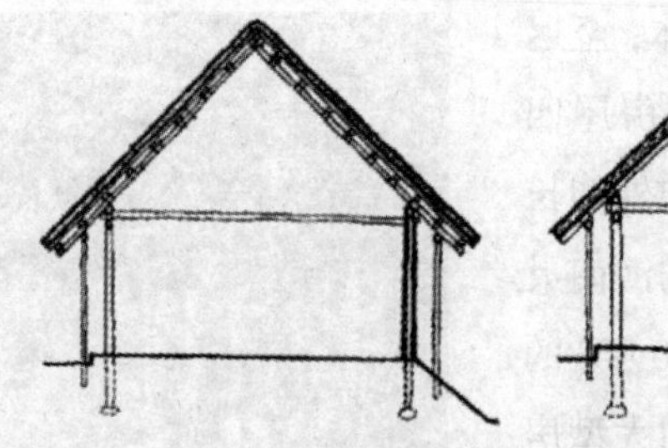
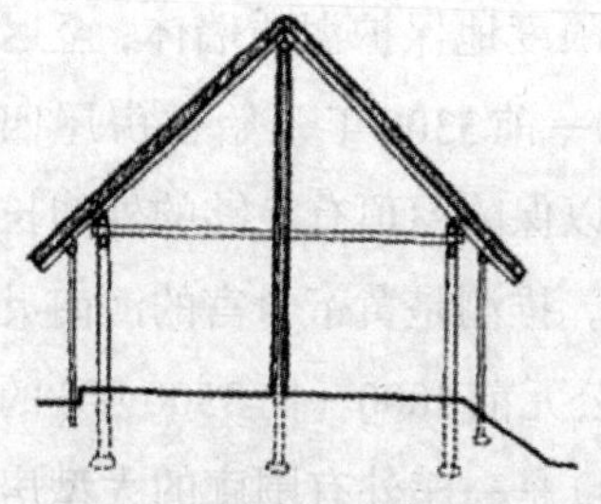

图5-1-6　无中间隔墙的庑（左）和有中间隔墙的庑（右）

河南洛阳偃师商城4号宫殿（公元前1600—前1400年），坐落在东西长36.5米，南北宽11.8米的夯土台基上；台基残留高25～40厘米，地面以下1.7米左右，总高约2米。根据台基上四周留有16处直径65～110厘米、厚5厘米的圆形或椭圆形黑褐色夯实土（檐柱础石下的垫层），将宫殿复原为正面15根柱、侧面5根柱的带围廊建筑（图5-1-7）。

图5-1-7　河南洛阳偃师商城4号宫殿复原图

(2) 木框架结构

公元前11世纪，纯木结构体系出现，陕西岐山凤雏村出土的早周（公元前1046年西周建立之前）的建筑遗址可以为证。这是一座严整的四合院式建筑，由二进院落组成（图5-1-8）。中轴线上依次为影壁、大门、前堂、后室。位于院落中间的大堂，面阔6间，进深3间，柱网呈现整齐排列，左右及后墙U字形围合，前面开敞。经古建筑专家研究复原，大堂结构为7槅穿斗式屋架上承屋檩而成（图5-1-9）。

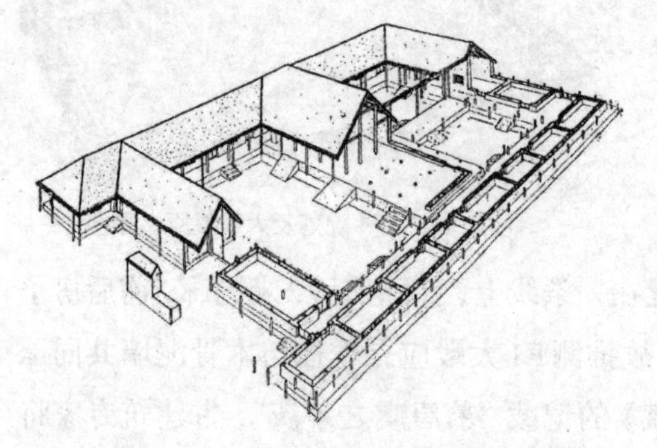

图5-1-8　陕西凤雏四合院复原轴测图

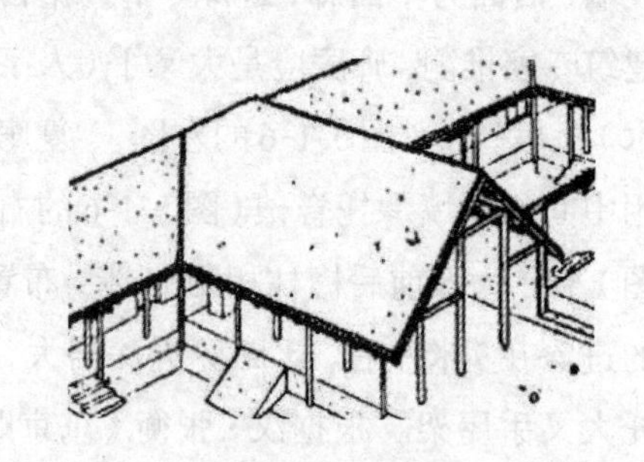

图5-1-9　陕西凤雏四合院复原屋架示意图

公元1—2世纪，抬梁式屋架出现。所谓抬梁式，是将部分立柱放置在梁上，通过减少落地柱子的数量来获取较大空间。抬梁式屋架出现之前，采用大叉手屋架和穿斗式屋架没有获得满意的室内空间：大叉手屋架搭建房屋最大的进深是7米左右，例如上述的河南偃师二里头遗址中的F1、F2和偃师商城4号宫殿遗址均为7米多点，这显然是受限于木材长度；陕西岐山凤雏四合院大堂，采用穿斗式构架可以增加进深间数，但室内空间被进深2米多、面阔3米多的柱子分隔。抬梁式屋架最早的形象是四川成都出土的一块东汉画像砖（公元1—2世纪）上的抬梁式屋架雕刻图案（图5-1-10），前后檐柱架梁，梁上架柱，柱上再架梁，承托多个屋檩。

图5–1–10　东汉画像砖上的抬梁式屋架雕刻图案

陕西麟游隋代建筑仁寿殿（建于公元593年），面阔7间，进深4间，中间5间采用抬梁式，室内局部获得了深7米、宽17.5米的空间（图5-1-11）。

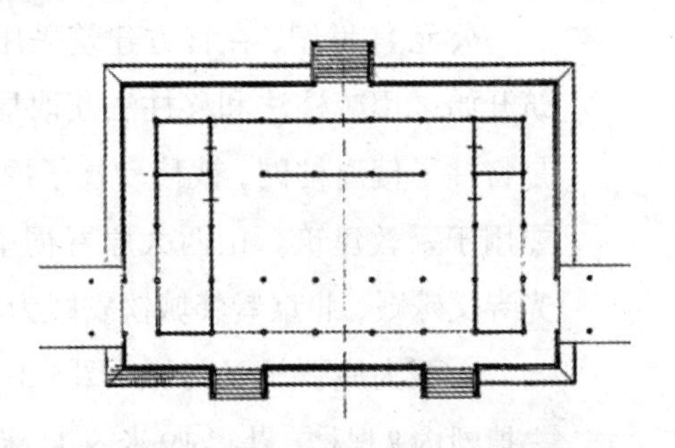
图5-1-11　陕西麟游仁寿殿平面复原图

抬梁式屋架实物以建于公元857年的五台山佛光寺大殿为最早，面阔7间，进深4间，中间5间采用抬梁式屋架（图5-1-12），获得了局部深近25米的放置佛坛的空间。

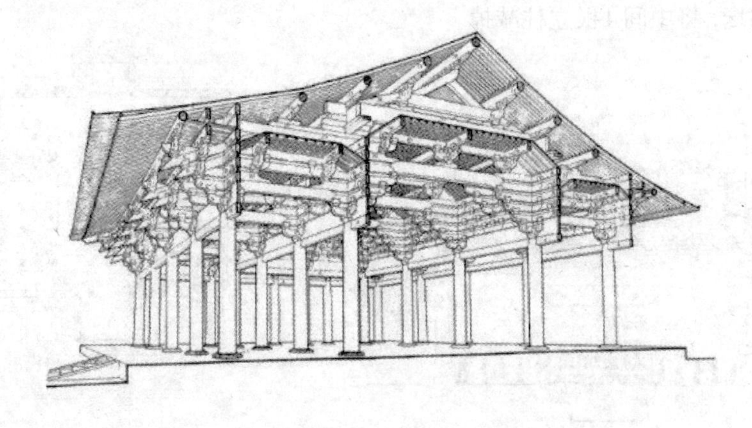
图5-1-12　佛光寺大殿当心间构架透视图

唐代之后，抬梁式屋架趋于程式化，按照建筑不同用途分为殿堂式（图5-1-13的左图）和厅堂式（图5-1-13的右图）。

图5-1-13　宋代《营造法式》（1103年刊行）记载的殿堂式构架（左）与厅堂式构架（右）示意图

采用殿堂式构架的北京明清紫禁城太和殿（重建于1695年）当心间的进深达11米。

公元11世纪，在官方建筑采用殿堂式或厅堂式获取内部空间的同时，民间建筑开始采用减柱法和移柱法获取局部较大空间。减柱法是减少部分内柱；移柱法是将柱子偏离柱网，被移动柱子原支撑的梁的跨度相应增加。减柱法和移柱法主要用于宗教建筑。山西太原晋祠圣母殿、河北正定隆兴寺摩尼殿、山西五台山佛光寺文殊殿、北京紫禁城钦安殿为典型实例。

山西太原晋祠圣母殿（图5-1-14，建于1023—1032年），进深6间，面阔7间，去掉殿内8根柱，获得19米×11米的室内空间。

河北正定隆兴寺摩尼殿（图5-1-15，参见本书下文的图5-1-51，建于1052年），为放置佛坛，将中间4根立柱减掉。

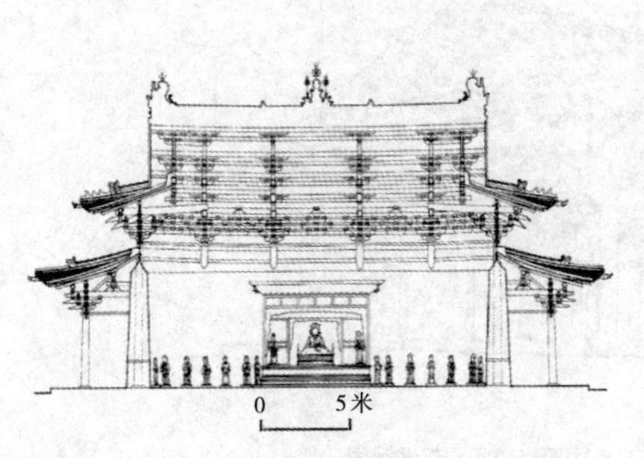

图5-1-14　山西太原晋祠圣母殿当心间纵剖面图

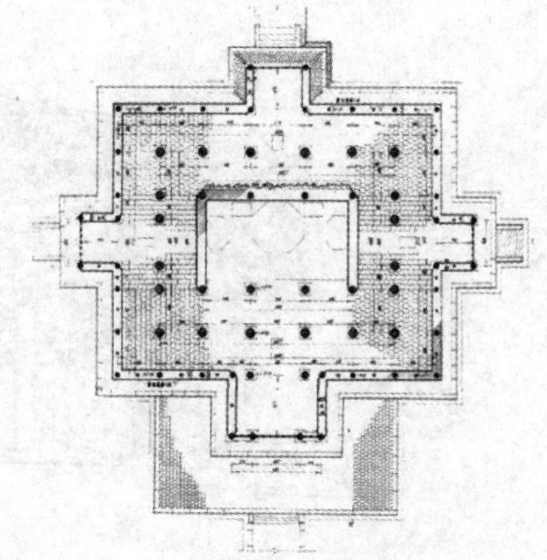

图5-1-15　河北正定隆兴寺摩尼殿平面图

始建于金天会十五年（1137年）、重修于元至正十一年（1351年）的山西五台山佛光寺文殊殿（图5-1-16），室内仅留立4根柱子，其余全部减掉。

北京紫禁城钦安殿（图5-1-17，建于1403—1424年），面阔5间，进深4间，室内只用4根立柱。

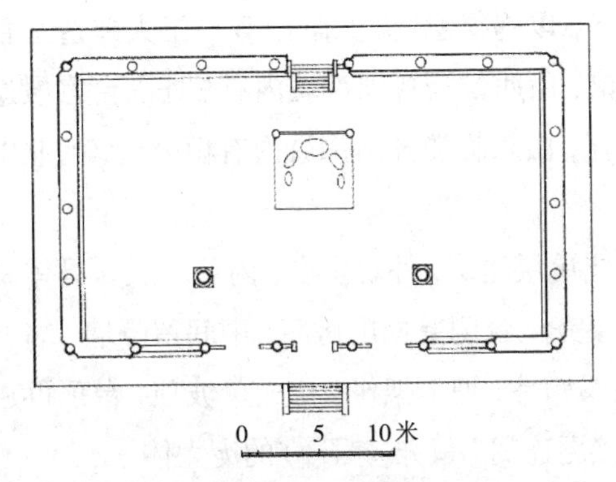

图5-1-16 山西五台山佛光寺文殊殿平面图

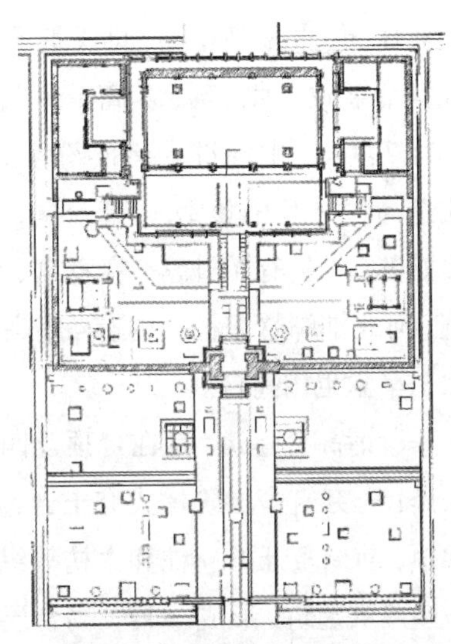

图5-1-17 钦安殿总平面图

中国木构体系在公元前11世纪西周时已经可以摆脱承重墙的束缚，但没有发展为主流做法，特别是春秋战国时期高台建筑的兴起打断了纯木构建筑的发展；盛唐时期高台建筑逐渐销声匿迹之时，大型建筑依然使用土木混合结构，如陕西西安唐代大明宫含元殿（建于663年），面阔11间，进深4间，围廊环绕（专业名“副阶周匝”），东、西和北三面墙依然兼承重作用。从公元9世纪中叶开始，围护墙不再起承重作用，在墙体内柱网相应的地方有直径相同的柱子，表明墙体不再承重，这种做法一直保留到近代，直到被现代建筑取代。

2. 巧妙构筑的高耸建筑

世界各个古代文明都用各种方式砌筑高耸建筑。古埃及用石块砌筑的金字塔高达146米，欧洲用穹顶建造的教堂最高点达114米，古西亚用夯土台外包砖砌筑的塔庙高91米，玛雅人用石块砌筑的塔庙高70米，古印度用砖石砌筑的塔高60米。中国古代用两种方式构建高耸建筑，即土木混合结构的高台建筑和纯木结构的楼阁，前者始于公元前7世纪（最高者达147米），后者始于公元元年左右（最高者达67.31米），两者并存发展，到公元7世纪高台建筑基本销声匿迹，楼阁建筑则一直沿用到新建筑诞生。

（1）高台建筑

高台起源于对居住面干燥的需求，从原始社会晚期人类开始填土分层夯筑室内居住面，并逐渐增高，即《墨子·辞过》所说："室高足以辟润湿。"《竹书纪年》载夏帝桀做"琼宫瑶台，高千尺"；《诗经·大雅·灵台》记载西周文王作灵台。公元前7世纪，中国进入诸侯纷争的春秋战国时期，为了防御安全，各诸侯国纷纷建造高台并互相攀比，"高台榭，美宫室，以鸣得意"。文献记载吴王夫差造三百丈姑苏台，上有馆娃宫、春宵宫、海灵馆，山西侯马晋国都城内有7处高台宫殿遗迹，河北邯郸赵国都城内有4座高台遗存，山东临淄齐国都城内有桓公台，河北中山王享堂也用高台。

所谓高台建筑，是在台顶及四壁搭建单层建筑，外观多层，内部一层。具体做法是：先夯筑多层阶梯式夯土台，在每层夯土台侧壁挖出房间，中间留隔墙，墙上架檩，前檐敞开处立柱和木枋等纵向联系构件，檩上架椽，构成单坡顶，台顶再建一座单层建筑，形成 一座"高台层榭，接屋连阁"（《淮南子》）的庞大体。

晋灵公（公元前620年—前607年在位）建造九层台（图5-1-18，位于今山西侯马），3年还没有完工。

章华台（图5-1-19，建于公元前535年，位于今湖北潜江）建成后，楚灵王邀请宾客上台，休息三次才到达台顶，故又称三休台。

图5-1-18　晋灵公九层台设想透视图

图5-1-19　章华台外观复原图

秦咸阳宫1号宫殿遗址（图5-1-20，建于公元前350年左右，位于今陕西咸阳）为两层高台建筑，夯土台呈曲尺形平面，底层沿台四周建回廊，南北两侧局部建有背靠台壁、上为平顶露台的建筑；第二层台顶的中间是一座方形建筑，室内中心有

1棵直径1.4米的望柱，四周为夯土或土坯墙，墙身内外用壁柱加固，其西侧有通往上层之坡道，据此推测该建筑为2层木构建筑；二层台上西边有一栋单层建筑，东面有曲阁，北面是曲廊，形成层层叠叠之外观。

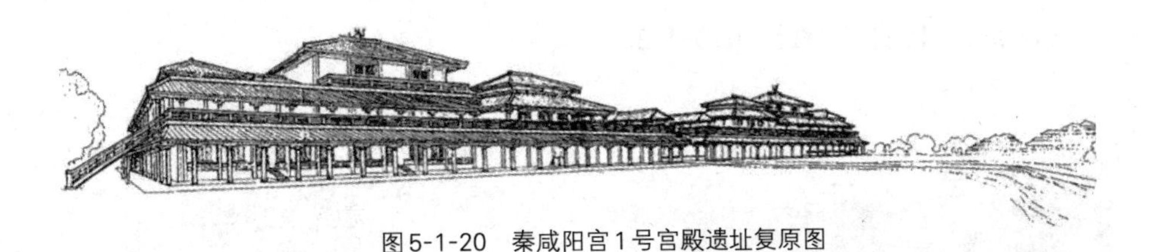

图5-1-20　秦咸阳宫1号宫殿遗址复原图

中山王陵（建于公元前4世纪，位于今河北省平山县）的享堂也采用高台建筑。古建筑专家依据中山王陵出土的“兆域图”，以及陵上封土第一层台阶内侧有砾石铺砌的散水、第二层台阶上有回廊遗迹等考古发现，研究复原出中山王陵立面图和剖面图（图5-1-21）。

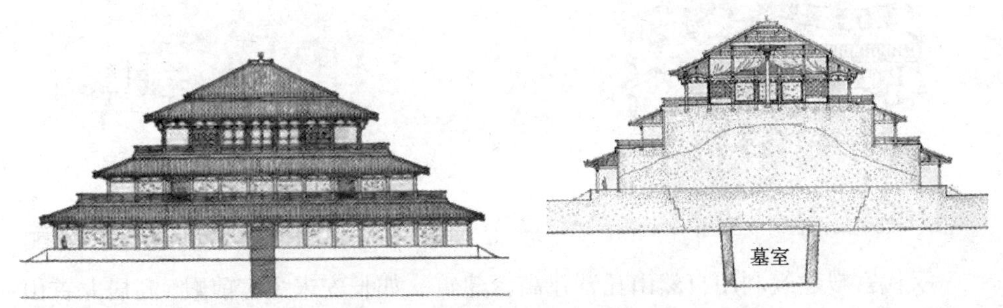

图5-1-21　中山王陵复原立面图（左）和复原剖面图（右）

阿房宫（图5-1-22）始建于公元前212年。杜牧《阿房宫赋》：“六王毕，四海一；蜀山兀，阿房出。覆压三百余里……五步一楼，十步一阁；廊腰缦回，檐牙高啄。”《史记·秦始皇本纪》记载，阿房宫前殿“东西五百步，南北五十丈，上可以坐万人，下可以建五丈旗。”遗址残存高大夯土台。

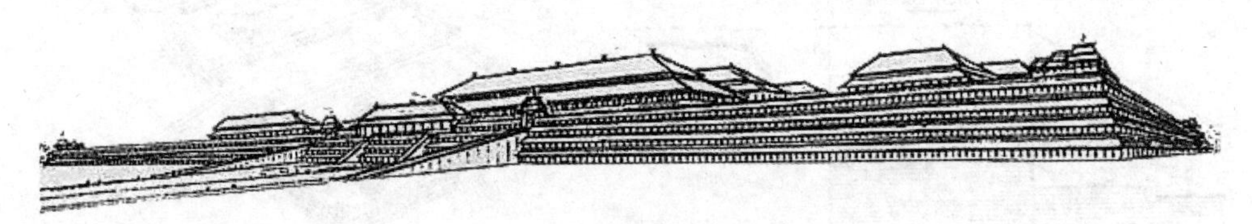

图5-1-22　阿房宫前殿设想图

秦始皇陵（建于公元前247—前208年）位于今陕西咸阳，遗存高大封土台。考古研究复原享堂（图5-1-23）为三层阶梯内又各包含三层阶梯共计九层台的高台建筑。

考古发掘所得铜器上的建筑形象，证实公元前7世纪至公元前2世纪存在高台建筑（图5-1-24、图5-1-25、图5-1-26）。

图5-1-23　秦始皇陵上享堂复原图

图5-1-24　故宫博物院藏战国铜器残片上的高台建筑

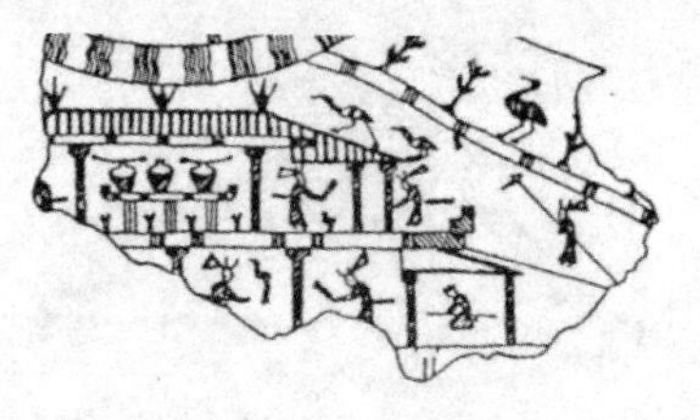

图5-1-25　山西长治战国铜匜上的高台建筑

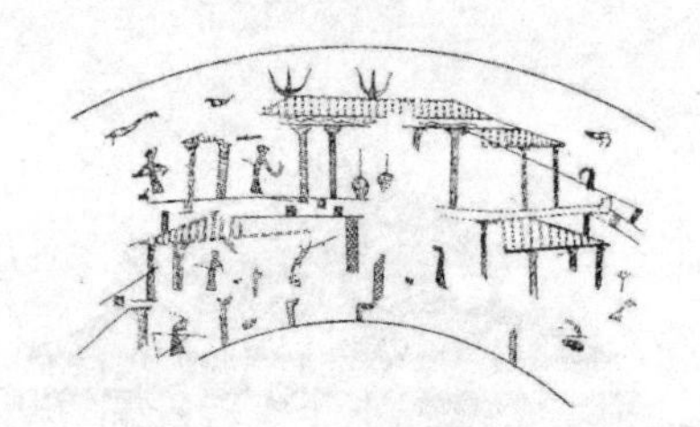

图5-1-26　河南辉县战国铜鉴上的高台建筑

汉代宫殿建筑利用自然山丘营建高台建筑。如长安未央宫前殿，高居龙首山山丘上，利用山丘边坡四周营建出前端2层、后端4层的台陛建筑，台顶上的建筑利用山丘的不同高度跌落布置，构成体积庞大、外观多层的建筑群（图5-1-27、图5-1-28）。

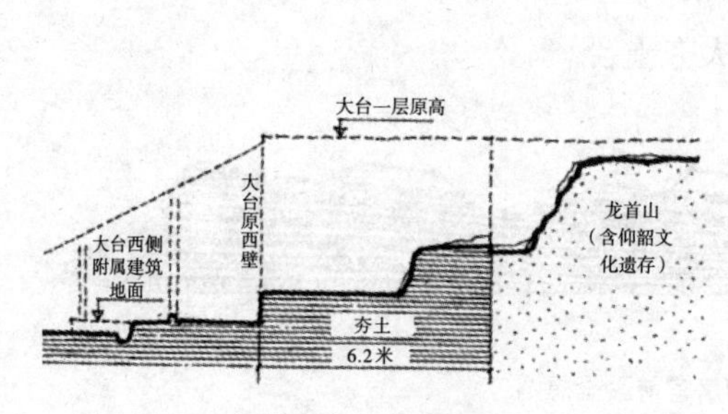

图5-1-27　汉长安未央宫前殿大台西南角剖面图

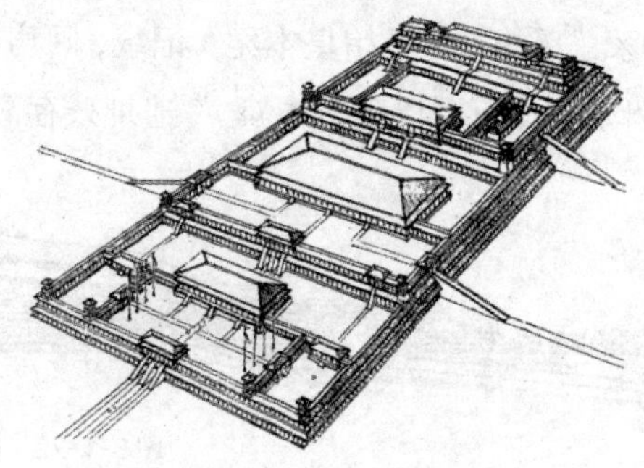

图5-1-28　汉长安未央宫前殿复原鸟瞰图

长安南郊明堂辟雍（建于公元4年）是西汉皇帝宣明政教和祭祀的场所，考古发掘出方形夯土台，边长17米。古建筑专家研究复原为外观3层的高台建筑（图5-1-29）：台顶是太室；二层台四壁外侧建堂，堂左右两侧为小室，堂的外侧附有敞厅；首层是夯土台基，台基四壁附廊庑。明堂辟雍四周用方形围墙环绕，边长235米，四面设门，四角有曲廊。

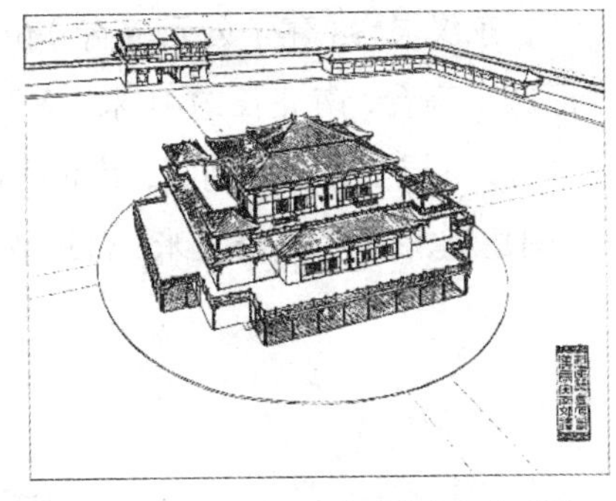

图5-1-29　西汉明堂辟雍复原鸟瞰图

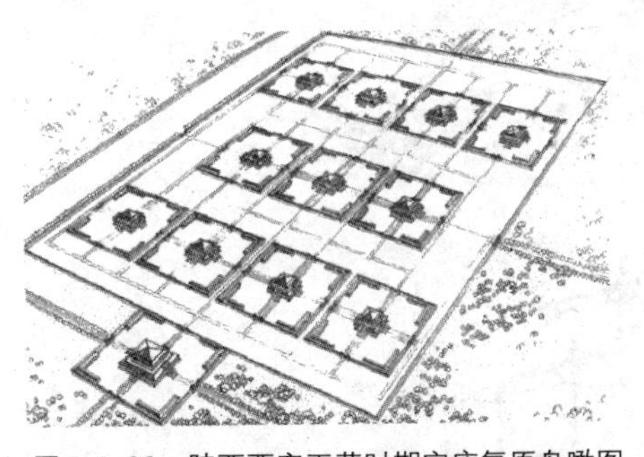

图5-1-30　陕西西安王莽时期宗庙复原鸟瞰图

建于公元20年王莽时期的宗庙（图5-1-30）由12座高台建筑组成，11座位于边长1 400米的围墙内，1座位于围墙南墙外正中。每座高台建筑由中心建筑、围墙、四门和围墙四隅曲廊组成，中心建筑形制同明堂辟雍。以北排西数第二座宗庙为例，“亞”形夯土高台，边长55米，位于台顶的太室边长27.5米；二层台四面设堂，太室下的夯土台即为4个堂的后壁，堂前檐有28个柱洞，深1.3米，宽2.3米，内置大石基础，边长1.1米，高0.74米；首层为高2.7米的夯土台基。每座高台建筑的围墙边长270米，基宽4.5米，墙宽1.8米；每面围墙正中各有一门，正对中心建筑；配房在围墙四隅，作曲尺形。

东汉明堂（建于公元56年）位于今河南洛阳，20世纪70年代发掘时为比地面略高的圆形夯土台，石块包砌，现已夷为平地。土台直径63.5米，土台周边等距离分布28个2～4米方圆的础坑。研究复原为两层方形夯土台，首层圆形廊庑环绕，二层方形廊庑环绕，顶为3开间方形圆顶建筑（图5-1-31）。

图5-1-31　东汉明堂复原透视图（左）和复原剖面图（右）

东汉灵台（建于公元56年）位于今河南洛阳，为东汉国家天文观测台，现存方形夯土高台，南北长约41米，东西宽约31米，高约8米，土台四周各有上下两层平台，下层平台筑有回廊，其北面正中有坡道上通二层平台，上层平台四方原各有5间建筑，每间面阔5.5米，台顶放置仪器，张衡地动仪放置此处（图5-1-32）。

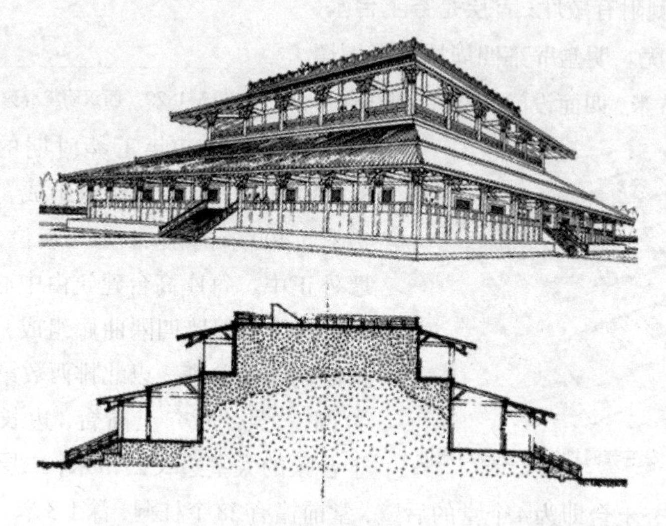

图5-1-32　东汉灵台复原透视图（上）和复原剖面图（下）

曹魏邺都铜雀台（建于公元210年）位于今河北省邯郸临漳，是建于城墙之上的高台建筑，与冰井台、金虎台合称三台，现遗存土台一角，东西50米，南北43米，残高4～6米。《水经注》记载“台高10丈，有屋百余间”，曹植《登台赋》感叹：“建高殿之嵯峨兮，浮双阙乎太清；立冲天之华观兮，连飞阁乎西城。”三台主体是铜雀台，冰井台和金虎台似双阙位居两侧，三者之间以阁道连接（图5-1-33）。

图5-1-33　铜雀台设想图

河南洛阳永宁寺塔始建于北魏孝明帝熙平元年（公元516年），公元534年被大火焚毁，遗址存有高大的土台。史料记载塔为木结构，九层，高四十九丈，合今约136.71米，加上塔刹总高约147米。据考古专家研究，该塔为印度传入砖砌佛塔外形，以夯土台为芯，是环台而建的高台建筑（图5-1-34）。

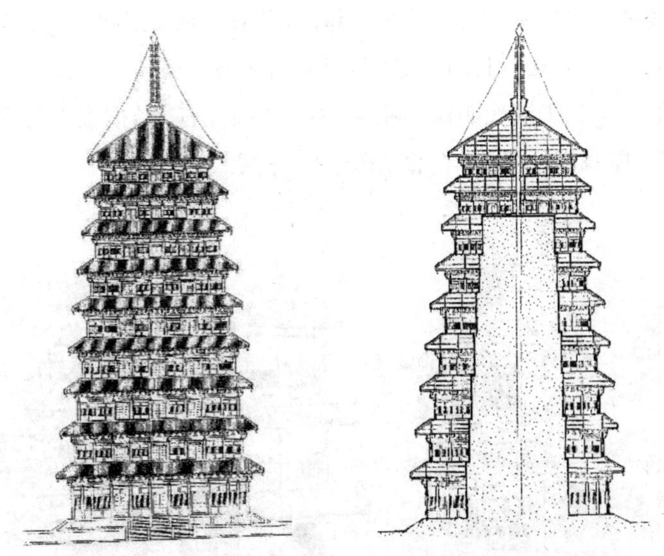

图5-1-34　河南洛阳永宁寺塔复原立面图（左）与复原剖面图（右）

公元7世纪开始，高台建筑基本销声匿迹，仅高台保留下来用于宫殿、阙门和城门的台基。

陕西西安唐代大明宫的含元殿利用龙首山作为殿基，现残存台基10多米，三清殿建在南北长73米、东西宽47米、高14米的夯土墩台上，麟德殿的郁仪、结邻二楼建在高7米以上的夯土台上。陕西乾县唐懿德太子墓壁画中的三重阙，其下面的高台基是建筑高度的数倍。北京紫禁城午门城楼（1647年重修）坐落在12米的高台上（图5-1-35）。

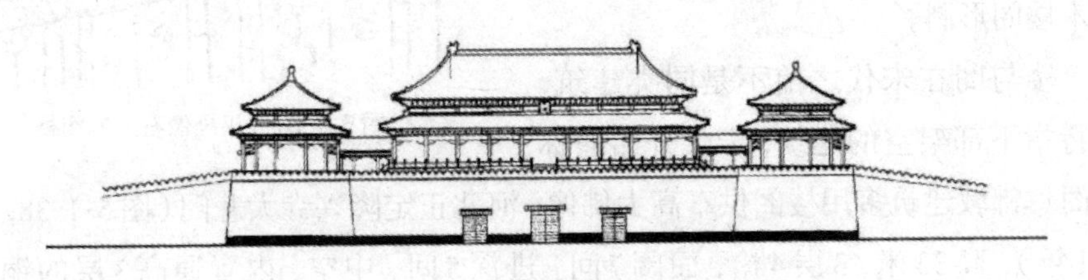

图5-1-35　北京紫禁城午门城楼

总之，从公元前7世纪到公元7世纪一千多年间，中国人利用夯土台营建了外观多层、内部一层的高耸建筑。

(2) 木楼阁

公元元年至公元2世纪的东汉时期，构建高耸建筑的第二个方法出现，那就是构建木楼。楼是多层房屋上下相叠在一起，据《春秋纬》记载，相传黄帝曾建五城十二楼，黄帝坐在"扈楼"上，得到凤鸟衔来的文书。

楼的形象最早见于汉代明器（图5-1-36）和画像石，首层以上每层由平座、屋身、屋檐组成，屋身部位梁柱、门窗齐全，3 ~ 5层。

图5-1-36 湖北、河南等地汉墓出土的东汉陶楼

现藏于美国波士顿博物馆的一块汉墓出土的画像石，上面刻有两座3层阙楼，楼间联以通檐，下置关门2座，每座关门各有2扇门扉，图上镌有"嘉峪关东门"字样（图5-1-37）。敦煌第323窟盛唐时期（8—9世纪）的壁画也记录了唐代木楼阁形制。

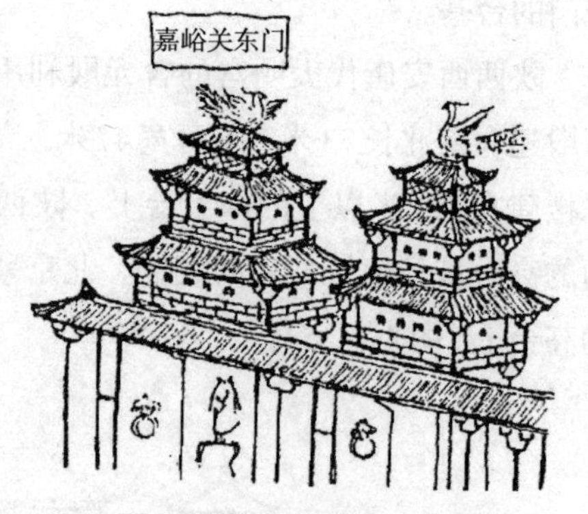

图5-1-37 汉画像石上的阙楼

楼与阁在宋代之前不是同类建筑，阁特指下部架空的建筑，宋代开始通称楼阁。佛教建筑多用楼阁供奉高大佛像，河北正定隆兴寺大悲阁（图5-1-38，建于971年），高33米，3层4檐，面阔7间，进深5间，中空，内置通高3层的铜铸菩萨像。

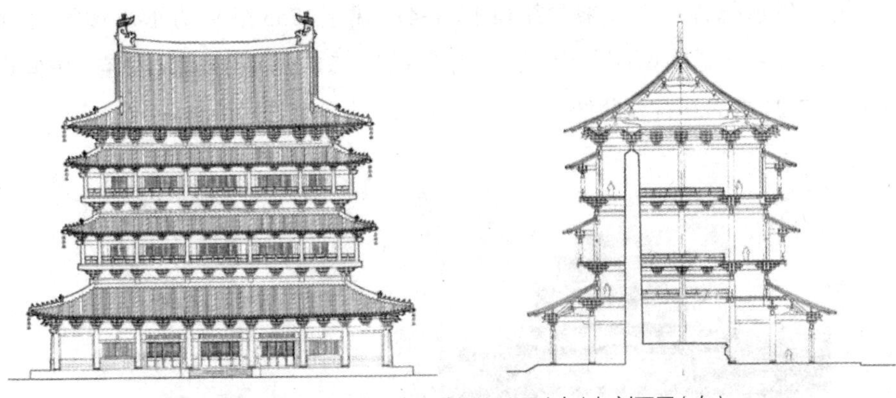
图5-1-38　河北正定隆兴寺大悲阁立面图（左）与剖面图（右）

独乐寺观音阁（图5-1-39，建于984年）位于今天津蓟州，面阔5间（20.23米），进深4间8椽（14.26米）。外观2层，内设3层（中间有一夹层），中空，中间供奉通高2层、高16米的观音像。

图5-1-39　天津蓟州独乐寺观音阁

山西应县释迦塔（图5-1-40，建于1056年），八角形木楼阁，外观5层，每层由平座、塔身、屋檐组成，内为9层，平座内有暗层，其余各层在塔心供奉佛像，塔高67.3米，底层塔径30.27米。

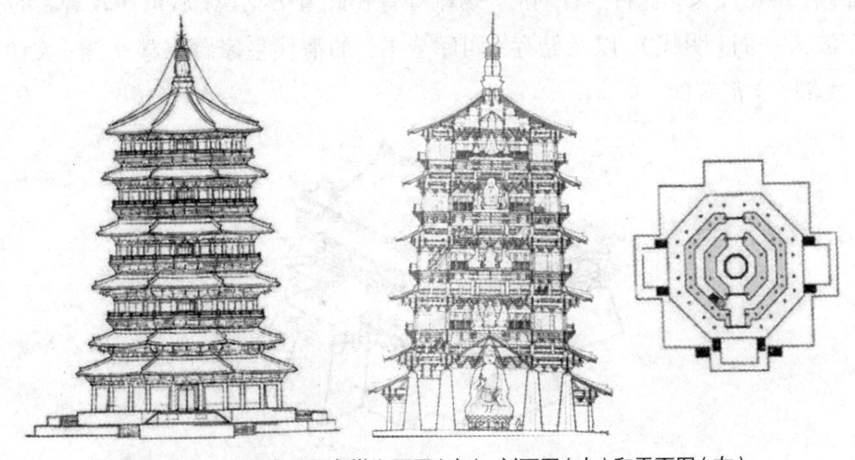
图5-1-40　山西应县释迦塔立面图（左）、剖面图（中）和平面图（右）

河北省承德普宁寺大乘之阁（图5-1-41，建于1755年），方形木楼阁，前面6层，后面4层，左、右两侧各为5层。内部3层，二、三层为回廊，中空，中间供奉一座高27.21米的观音菩萨像。

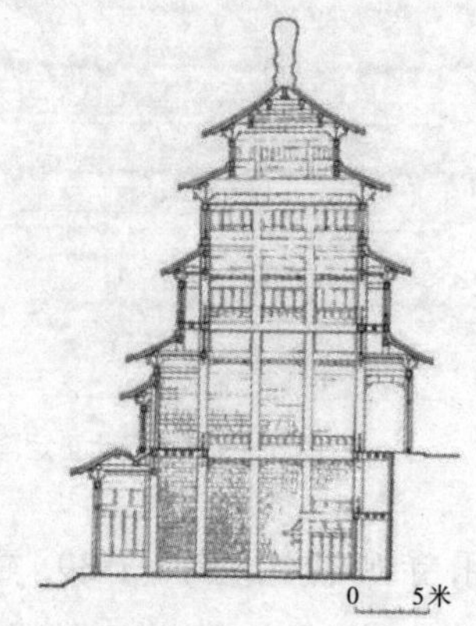

图5-1-41　河北承德普宁寺大乘之阁及其剖面图

宋代之后，木楼阁常被用作游赏性场所，既可登临远眺，又可独成一景。游赏性楼阁平面轮廓较为复杂，在正方、长方、多边形的基础上，每面又可向前凸出，屋顶随体形高低错落、互相穿插，典型实例有江南三大名楼岳阳楼、滕王阁（图5-1-42）、黄鹤楼等。

此外，木楼阁常常被用作军事性建筑，如耸立在高高城墙上的城门楼、角楼，也用作城市中心的钟鼓楼等。木楼阁还常用来储藏图书、经卷，最早者为汉未央宫石渠阁和天禄阁，收藏从秦朝收缴的各种图书典籍，汉代五经博士在此校订儒家经典，辩论经义，著名学者刘向、扬雄等曾在此著书立说；后世比较著名的有浙江宁波天一阁（明代），以及储存《四库全书》的清代皇家藏书楼文渊、文津、文澜、文溯、文汇等阁。

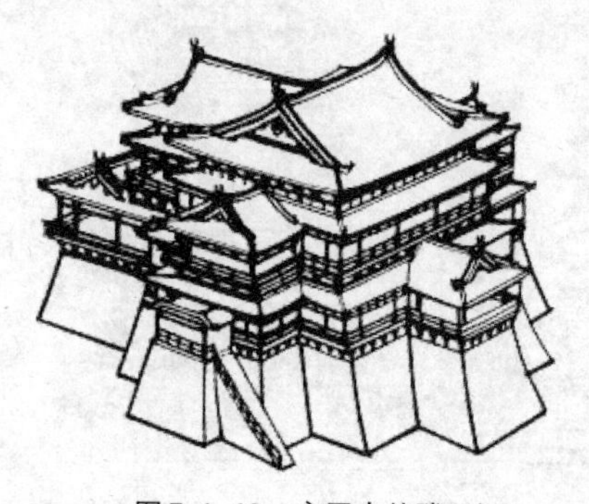

图5-1-42　宋画中的滕王阁

3.独特的坡屋顶

形式各异的屋顶及各种屋顶的组合是中国古建筑体系的又一特征。按照屋顶发生的顺序分别是攒尖顶、悬山顶、庑殿顶、歇山顶、硬山顶和盝顶。

(1)攒尖顶

最早的屋顶推测是攒尖顶，起源于穴居的活动屋顶，有方形和圆形两种。新石器时代的陶屋模型(图5-1-43)，与考古发掘出的新石器晚期圆形和方形平面的建筑遗迹相吻合，其檐部已经开始向外挑出。

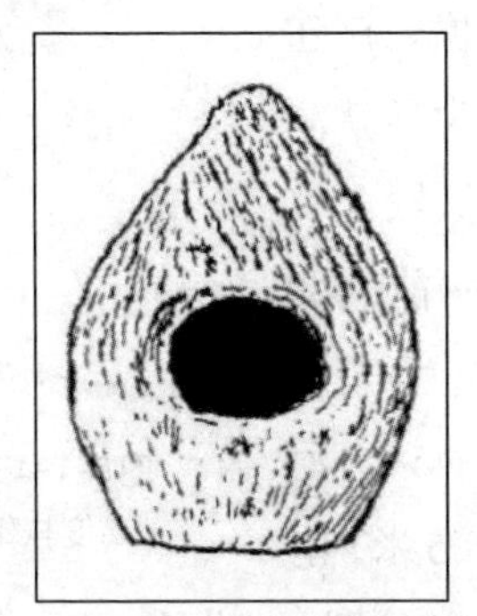
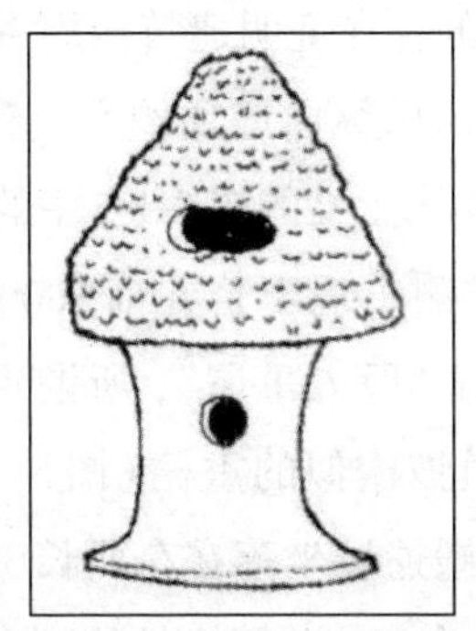

图5-1-43　陕西武功游凤出土的新石器时代陶屋模型(左)和甘肃武山石岭下出土的新石器时代陶屋模型(右)

图5-1-44　最早的攒尖顶

陕西西安半坡仰韶文化遗址F1的复原研究(参见本书上文的图5-1-2)，逻辑性地推导出攒尖顶的构造方法：在方形平面的建筑上，支撑四面坡顶的斜木在顶部交汇处被茅草束扎在一起，形成最早的攒尖顶(图5-1-44)；斜木与4根立柱(从室内遗留的柱洞可以看出)及其支撑的4根梁绑扎在一起，形成木构架的雏形，时间在公元前4700—前4000年之间。

(2)悬山顶

推测悬山顶于公元前4500年左右出现。半坡晚期遗址F24的一座长方形平面的建筑，用木骨泥墙做围护墙，为保护泥质外墙，屋檐向外延展超过墙壁；为解决室内炊烟排放和通风问题，在山墙顶部留出通风口；为防止雨水流入通风口，做成悬山顶（参见本书上文的图5-1-3中的右图）。

（3）庑殿顶

推测庑殿顶出现于公元前1600年左右。河南洛阳偃师二里头文化遗址F1（公元前1800—前1600年）的大殿为面阔8间、进深3间、四周围廊的建筑，夯土台基，为保护夯土台和栽立在土台上的檐柱不受雨淋，出檐很大，檐柱外侧再用擎檐柱支撑，而转角擎檐柱的存在证明建筑四周有檐。该建筑为矩形平面，沿房屋纵向增加檩木，攒尖顶就演变为庑殿顶（参见本书上文的图5-1-5中的大殿）。

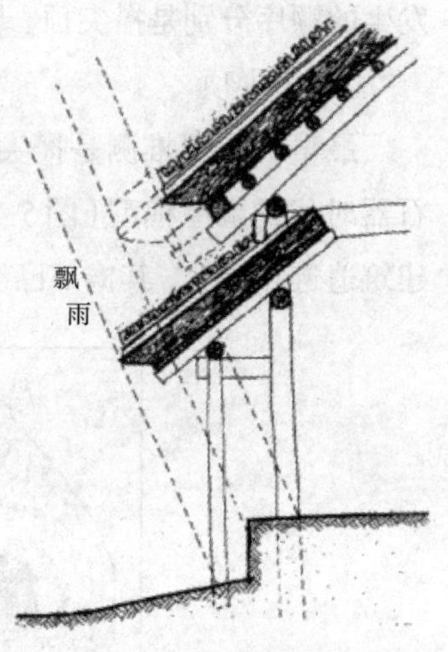

图5-1-45　出檐深度、檐口高度与保护面关系示意图

重檐庑殿顶推测出现于公元前1600—前1400年。《考工记》记载“殷人重屋”，所谓重屋，是在屋檐下再增加一道披檐似的重檐（图5-1-45）。河南偃师商城4号宫殿遗址坐落在东西长36.5米，南北宽11.8米的夯土台基上，擎檐柱移到台基外侧2.2米处，为保护夯土台基而设，复原为面阔14间、四周回廊的重檐庑殿顶建筑（参见本书上文的图5-1-7）。

甲骨文和金文的重屋图形（图5-1-46）佐证了重屋的存在。

图5-1-46　甲骨文、金文的重屋图形

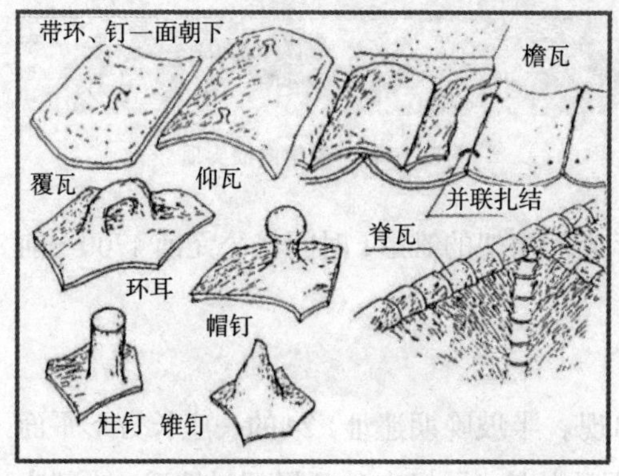

图5-1-47　陕西岐山县凤雏村早周屋瓦构造示意图

总之，公元前700年，攒尖顶、悬山顶、庑殿顶和最高级的重檐庑殿顶均已诞生；屋顶由夏朝的茅茨覆盖进化为商、早周的部分瓦顶（图5-1-47，图中用于扎结的环耳、帽钉早于用于黏结的柱钉、锥钉）进化为西周末年的全瓦顶，并根据屋顶不同部位分别覆盖板瓦、筒瓦、脊瓦、檐瓦。

(4)歇山顶

歇山顶推测是为解决炊烟排放而产生的屋顶形式。歇山顶是仅次于庑殿顶的屋顶形式，屋顶上半部为两面坡，下半部为四面坡，是悬山顶与庑殿顶上下相交而成。因屋顶有一条正脊、四条垂脊、四条戗脊，故宋朝称九脊殿，清朝称歇山顶。歇山顶也有可能出现于公元前4000年前，图5-1-48是陕西半坡遗址F1半穴居屋顶的另一种猜想。为解决室内炊烟排放问题，没有墙体的半穴居建筑只能在屋顶设排放口，如果直接开在屋顶，无法解决雨水灌入的难题，歇山顶可以很好地解决该难题。歇山顶最早见于四川牧马山出土的东汉明器（图5-1-49)，最早实物是山西五台山南禅寺大殿（图5-1-50，建于782年）。

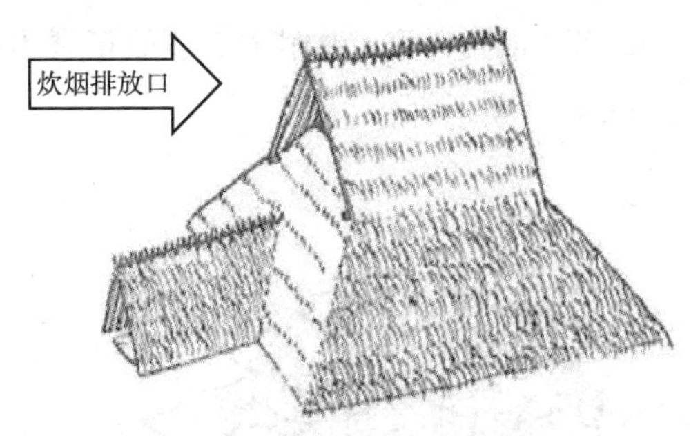

图5-1-48　陕西半坡遗址F1半穴居屋顶的另一种猜想

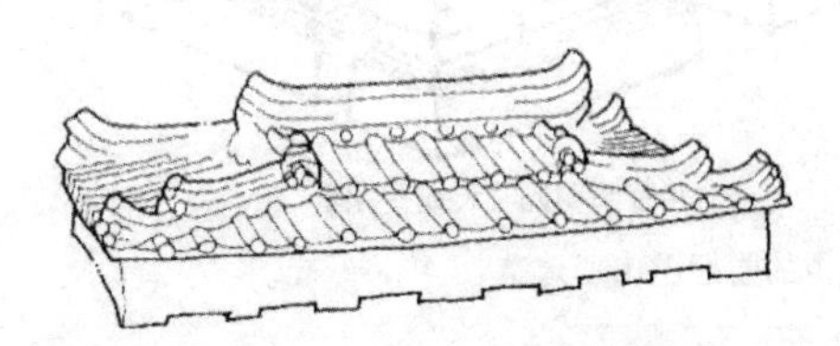

图5-1-49　四川牧马山出土的东汉明器的歇山顶

图5-1-50　山西五台山南禅寺大殿

重檐歇山顶见于宋代，如河北隆兴寺摩尼殿（图5-1-51，参见本书上文的图5-1-15，建于1052年)，山西晋祠圣母殿（参见本书上文的图5-1-14，1102年重修）等。

歇山顶有十字歇山顶、卷棚歇山顶等变体。十字歇山顶是由两个歇山顶用十字脊的方式相交所构成的屋顶，最早

图5-1-51　河北隆兴寺摩尼殿

见于宋画中的黄鹤楼（图5-1-52），实例以北京明代紫禁城角楼（图5-1-53，建于1420年）最为典型；卷棚歇山顶的正脊为卷棚式，常用于非正式的皇室离宫（图5-1-54）。

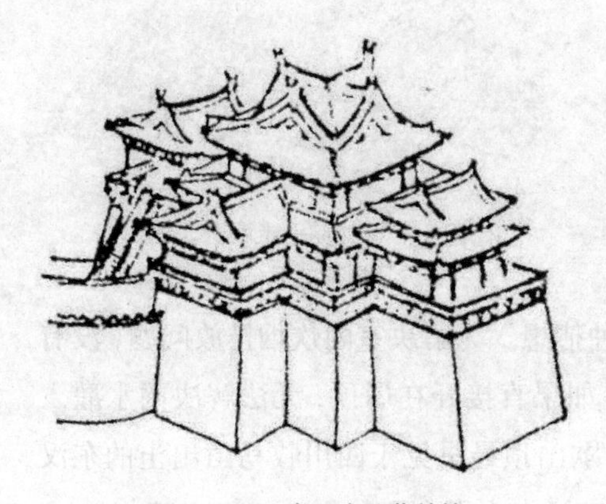

图5-1-52　宋画中的黄鹤楼

图5-1-53　北京明代紫禁城角楼

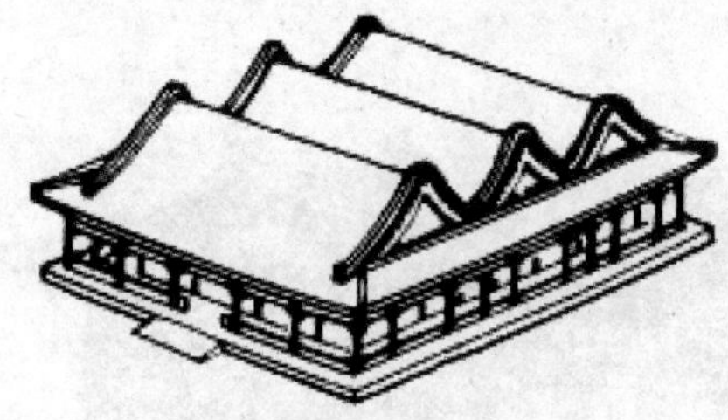

北京圆明园"万方安和"

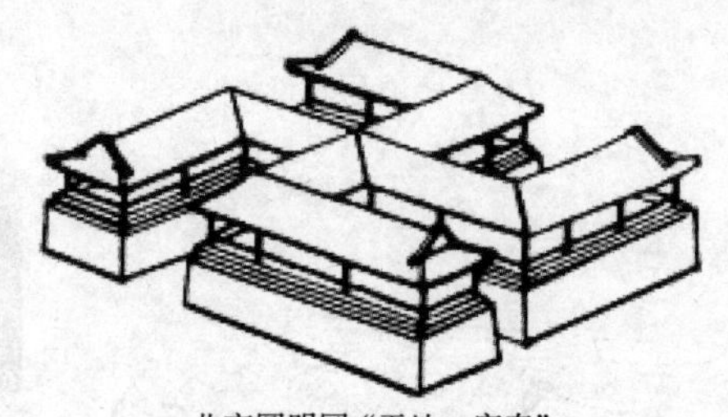

北京圆明园"天地一家春"

图5-1-54　北京圆明园中的卷棚歇山顶建筑

（5）盔顶

盔顶最迟诞生于南宋，平面方形，四条垂脊相交于顶正中，上覆宝瓶，屋顶四面斜坡和四条垂脊上半部分向上凸弧，下半部分向下凹弧，颇似头盔，故名，多用于碑、亭等礼仪性建筑。最早的盔顶形象见于南宋人所作的《宫苑图》，最大的盔顶建筑是湖南岳阳楼（图5-1-55，建于1867年）。

图5-1-55　湖南岳阳楼

(6) 硬山顶

硬山顶出现在北宋，用于山墙用烧制砖砌筑的建筑，山墙不再需要屋檐保护。硬山顶又分出卷棚顶，常用于园林建筑。

屋顶形式从唐代开始被用来区分主次建筑。明清之际，重檐歇山顶的等级高于单檐庑殿顶而低于重檐庑殿顶，单檐歇山顶低于单檐庑殿顶。

4. 奇妙的斗拱

集装饰与悬挑功能于一身的斗拱（又写作枓拱、枓栱），是东亚古建筑体系中最具特征的构件。在立柱和横梁交接处，柱顶上一层层探出成弓形的承重结构叫拱，拱与拱之间垫的方形木块叫斗，合称斗拱。斗拱起悬挑作用，是一组由小木材组合成的可大可小的构件，极具装饰性。

(1) 斗拱的起源

推测擎檐柱经斜撑演变为从柱身出挑的插拱（图 5-1-56），再演变出位于柱头的斗拱。为保护土坯墙面免受雨水侵蚀，古西亚建筑体系采用贴琉璃砖的方法保护墙面，古东亚建筑体系则将屋顶向外长长延伸，将墙面保护在檐翼下以避免雨水侵蚀，为支撑向外伸展的屋檐，早期在土坯墙外用一圈擎檐柱承托屋檩，但木质的擎檐柱脚常年风吹雨淋极易腐朽，于是柱脚向内收进成斜撑状，进而脱离地面从柱身上直接挑出成插拱。

现存最早的斗拱实物是公元前 4 世纪的（图 5-1-57）。

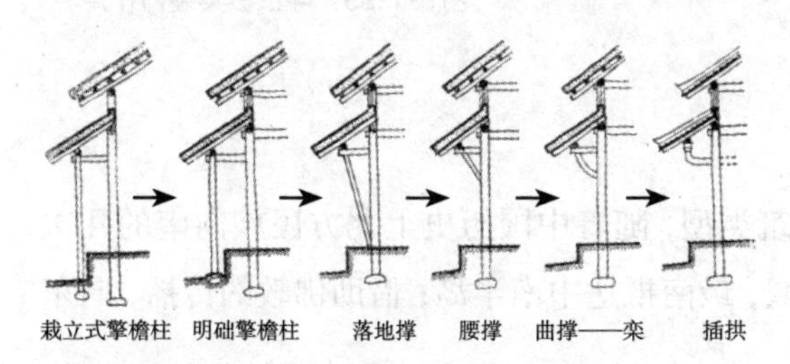

图 5-1-56　由擎檐柱到插拱的发展示意图

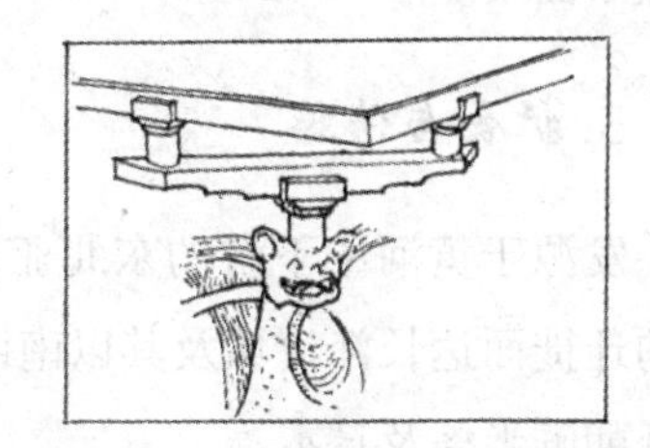

图 5-1-57　战国中山王陵出土的铜案转角斗拱

(2) 斗拱的形态变化

推测斗拱出现于公元前 7 世纪，到公元 19 世纪的两千多年间，斗拱的形态从简单到复杂（图 5-1-58），从小体量到硕大又变小。

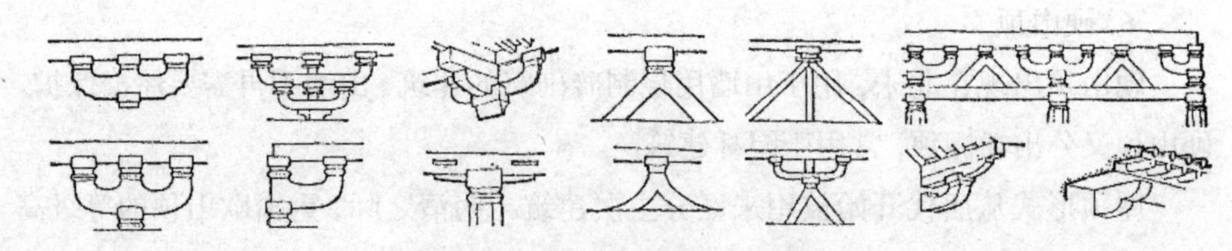
图5-1-58　两汉时期各种形态的斗拱

汉画像石上的斗拱有一斗二升（拱上有两个小斗）、一斗三升、一斗四升的，有单层拱、多层拱，拱头有直线、折线、曲线及龙首翼身的。唐代斗拱出跳增多，最多达7跳（每挑出一层称为一跳），屋顶出檐深远。宋代转角斗拱（宋代称斗拱为“铺作”）和补间斗拱（补间即“柱间”）发展完善，与柱头斗拱尺度相同，形成网架式斗拱层来承担屋檐负荷。辽代补间大量使用45°和60°斜拱，将斗拱的装饰性发挥到极致。从元代开始，伴随着砖墙在重要建筑外墙上的使用，屋檐保护墙体的功能日渐减弱，到明清两代烧制砖砌筑外墙普及，房屋出檐逐渐缩短，再加上网架式斗拱层的使用，使单朵斗拱的尺度逐渐减小。

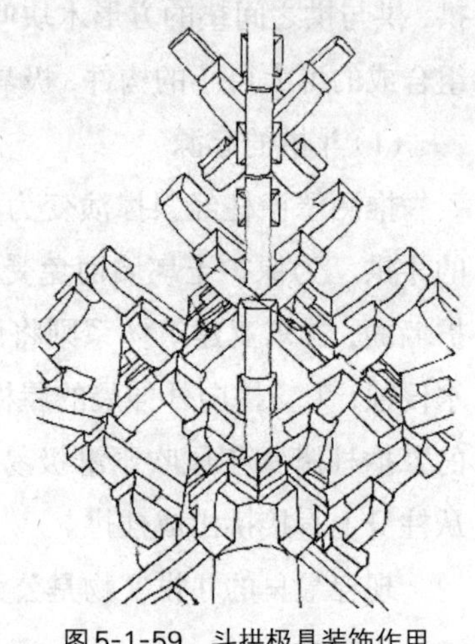
图5-1-59　斗拱极具装饰作用

总之，古东亚建筑体系独有的斗拱，用尺度较小的木材组建出悬挑构件，极具装饰作用（图5-1-59），它尺度随意，大小自如，大幅度减少了梁檩断面尺度。

5.扩展与传播

发源于黄河中下游的东北亚建筑类型，随着中国历史上北方民族向南的几次大的迁徙而达长江流域及其以南区域，最南抵达中南半岛；借助佛教的传播，向东传抵朝鲜半岛及日本。

(1)向南扩展

夏商二朝的建筑形象主要见于黄河流域的河南，河南洛阳偃师二里头夏文化遗址、河南偃师商城、郑州商城、安阳洹北商城及殷墟遗址，揭示了东北亚建筑体系的形成；湖北武汉黄陂区盘龙城商代古城中的建筑遗址考古成果，说明东北亚建筑扩展到了长江流域。建都于陕西黄土高原上的西周王朝，建筑形态一致；战国时期各个诸侯国的高台建筑遗存、战国时期铜器上雕刻的建筑形象，展现出东北亚建筑的分布范围。公元前3世纪秦一统中国，长江上游的成都也开始采用东北亚建筑；公元前2世纪的西汉，疆土南至越南，东南达福建，西至川西，北达黑龙江，东北亚建筑也扩展到相应区域。公元3世纪三国时期，北人向南迁徙，东北亚建筑随之南传。4世纪两晋时期，北方少数民族政权轮番入主中原，再次推动北人南移，将北方民居建筑带往南方，南北朝时的南朝四国都建都于南京。公元7、8世纪的隋唐时期，现今中国版图范围内除了云南，基本都采用东北亚建筑体系，直到元明清三代。

东北亚建筑体系向中南半岛的扩展借助两个途径，一是疆土拓展，二是居民迁徙。前者是随着国家疆土的拓展而扩展，公元前111年，疆土包含越南中北部的南越国被汉武帝所灭，越南被纳入中国版图；公元939年，越南脱离中国独立，但与中国仍维持藩属关系，典型建筑有河内文庙、紫禁城。后者是随着华商在东南亚地区的定居而扩展，建筑材料和建筑工人均从家乡带到定居地，典型建筑有越南会安福建会馆、马来西亚马六甲青云亭。

始建于1070年的越南河内文庙，整个建筑群由5组院落组成。进入文庙大门穿过大忠门，就是建于1805年的奎文阁，再往前是碑院，由此向北是大成门，大成门的对面是大拜堂，再往北是供奉孔子的大成殿（图5-1-60）。

图5-1-60　越南河内文庙大成殿

越南会安福建会馆又名金山寺（图5-1-61），由会安当地的福建华侨始建于清康熙年间。会安是越南最早的华埠，17世纪时已有不少从商的华人到此落地生根，几百年来华人在此繁衍生息，形成一个繁荣昌盛的华人社区。

图5-1-61　越南会安金山寺

模仿北京故宫，始建于17世纪

上半叶的越南顺化紫禁城，1805年大规模扩建，1821年完成，以明朝北京紫禁城为蓝本，由京城、皇城与紫禁城3部分组成，外以护城河环绕。建于1833年的皇城正门——午门（图5-1-62的左图），与明朝紫禁城午门相仿，5门洞，正中的门为皇帝专用，以花岗岩砌成，午门上建有“五凤楼”，共有100根木柱支撑；举行大典的太和殿（图5-1-62的右图）初建于1805年，由前后两幢建筑用勾连搭方式构成，前殿有7厅2厢，正殿有5厅2厢，长43.3米，宽30.3米，殿基高2.3米，模仿北京太和殿，两层重檐庑殿顶。

图5-1-62　越南顺化紫禁城的午门与太和殿

马来西亚马六甲青云亭（图5-1-63）为首任华人甲必丹（华侨首领）郑启基（又名郑芳扬）于1673年所建，是马来西亚最古老的华人寺庙，所有建筑材料和工匠都从中国运来。大殿正座供奉观音大士，左右为关帝和天后圣母神座。

图5-1-63　马来西亚马六甲青云亭

（2）向东传播

公元6世纪中叶，北传佛教从犍陀罗经丝绸之路传至长安后备受皇家重视，迅速向中国整个版图扩展。除了佛塔外，佛寺建筑基本使用中国木结构建筑，因而中国木结构建筑随着佛教的东传抵达朝鲜半岛和日本诸岛。

东北亚建筑体系至迟在6世纪中叶传到朝鲜半岛。考古发掘出的6世纪朝鲜南浦龙冈郡双楹冢石构墓室（图5-1-64），采用仿木结构，柱、梁、斗拱甚至天花板的造型都是东北亚建筑形态。高句丽政权建立于公元前37年，亡于公元668年，高句丽墓葬群发掘了63个，主要分布在平壤与南浦地区。公元5—7世纪时期，高句丽的领土基本上覆盖了今朝鲜的北部以及中国东北部。高句丽的建筑近乎与中国同步发展：乐浪墓葬的建筑结构和装饰与中国汉代建筑风格十分相近；公元6世纪的朝鲜平壤天王地神冢，仿木石造，硕大的斗拱和叉手与中国魏晋南北朝时期的建筑风格相似。公元7世纪新罗时期的佛国寺，遗存的山门（图5-1-65）和钟楼（图5-1-66）大尺度的斗拱、敦厚硕壮的柱子、出檐深远的屋顶，甚至柱子的细部构造方法，都与中国唐宋建筑类似。10世纪高丽时代及以后的宫殿、寺庙等建筑（图5-1-67、图5-1-68），在风格上与中国两宋建筑相同。

图5-1-64　朝鲜南浦双楹冢墓室

图5-1-65　韩国庆州佛国寺山门——紫霞门

图5-1-66　韩国庆州佛国寺钟楼——涵影楼

图5-1-67　韩国开城南大门——普通门（建于1473年）

图5-1-68　韩国首尔景福宫勤政殿（建于1394年，重建于1870年）

从6世纪飞鸟时代起，日本大量引进中国佛教建筑，初由朝鲜中转，后从中国东南沿海地区直接输入。重建于7世纪末的奈良法隆寺（图5-1-69）和初建于同期的旧药师寺，都是仿唐宋中国和朝鲜佛寺建筑风格；同时期位于奈良的唐招提寺（图5-1-70），由中国高僧鉴真亲自主持修建，是唐代佛教建筑的翻版。典型建筑还有日本京都平等院凤凰堂（图5-1-71）、京都鹿苑寺金阁（图5-1-72）、姬路城天守阁（图5-1-73）、京都桂离宫松琴亭（图5-1-74）。

图5-1-69　日本奈良法隆寺金堂及五重塔（原建于680年，重建于8世纪初）

图5-1-70　日本奈良唐招提寺金堂（建于8世纪中期）

图5-1-71　日本京都平等院凤凰堂（建于1053年）

图5-1-72　日本京都鹿苑寺金阁（建于1397年）

图5-1-73　日本姬路城天守阁（建于17世纪）

图5-1-74　日本京都桂离宫松琴亭（建于17世纪）

总之，发源于树木资源和黄土资源丰富的黄河流域的木结构建筑体系，以墙倒屋不塌的木框架为结构形式，用出檐深远的屋顶保护夯土外墙，用小木材组合的斗拱作为悬挑构件，利用高台搭建高耸建筑，用各种不同造型的屋顶构建重叠错落的建筑轮廓，影响抵达朝鲜半岛和日本，故被称为东北亚建筑。

5.2 东南亚建筑

东南亚建筑是用竹木材料搭建的干栏式建筑，通风防潮为其首要功能，发源于长江中下游右岸支流地区，这些地区竹木茂盛，气候湿热，河流湖泊遍布。为应对湿热气候，建筑以通风为主，墙体用竹片编制，墙壁与地面留有许多空隙以利通风，房屋地面架空以防潮及蛇虫猛兽，屋面材料用富源的木板、树皮、树叶、茅草或稻草。干栏式建筑8 000年前出现在长江中下游地区，公元前1600年长江上游成都地区出现，公元前7世纪扩展到云贵高原，公元前3世纪已抵越南东山，随着百越、蛮夷、氐羌、百濮等族南迁，东南亚大陆和各岛屿均采用了干栏式建筑，18世纪抵琉球群岛。干栏式建筑向寒冷的东北亚区域亦有扩展，多用于仓储，公元前1世纪扩展到高句丽。

1. 干栏式建筑的起源

干栏式建筑起源于巢居，经历了从独木巢居、多木巢居、桩式干栏、柱式干栏的发展过程，其发展过程是缓慢演变的，有时重叠交错，同时并存两种或三种形式，有时在某些地区因地理环境的改变和民族的迁徙没有延续发展，但从纵向的发展趋势来看，是沿着这个规律演变的。

巢居是人类建造的最早的建筑之一，是人类模仿鸟巢用树干、树枝、树叶及杂草搭在树冠上的一种居住建筑。新石器时期，人类或居住在天然岩洞中，或在森林茂密处搭建巢居。巢居一般存在于热带、亚热带的森林内陆，这些地方瘴气弥漫、猛兽横行，并且潮湿多虫，人类为了避免各类伤害，采取高架而居的方式。世界各个地方几乎都存在着巢居，诸如大洋洲、南美洲、日本、东南亚等地。在中国，长江流域及其以南地区是巢居的主要分布地带。5 000年前的黄河流域，气候比现在温和，有着丰美的草原与繁茂的森林，据古籍记载也存在巢居。古籍中也有描述巢居式样的记载，《韩非子·五蠹篇》说："上古之世，人民少而禽兽众，人民不胜禽兽蛇虫，有圣人作，构木而巢，以避众害，而民悦之，使王天下，号曰‘有巢氏’。”这段记载将巢居的形式、功能及产生的原因概括得比较清晰。独木巢居是建于一棵树的树冠上，以木为骨架搭扎成棚子，棚上遮以树叶、藤草等（图5-2-1）。

多木巢居是将巢居搭在相邻的数棵树上，这种方法增加了巢居面积与巢居的整体稳定性。同独木巢居一样，多木巢居也未能遗留至今，但四川出土的一件青铜“錞于”（古代的一种乐器）上的象形文字“[illegible]”展示了依树构屋的形象。河南洛阳郊区现存近代的一座“看青棚子”，在相邻的4棵树上搭建一个平面矩形的三角棚子，以树枝、木条作为骨架，上覆茅草，可以窥见多木巢居的形象（图5-2-2）。南北朝时期在一些偏僻的少数民族地区存在多木巢居，《魏书·僚传》《周书异域传·僚传》《通典·边防典》都有类似的记载，说僚人住宅“依树积木以居其上，名曰‘干栏’，干栏大小，随其家口而定”。虽然记载中将僚人住宅称为干栏，但从其结构形式来看，“依树积木”并非立桩悬空构筑，是为巢居无疑。从“干栏大小，随其家口”一语判断亦是多木巢居，因在一棵树上建巢，其面积无法自由选择，选择多棵树木方能随其家口选定面积。

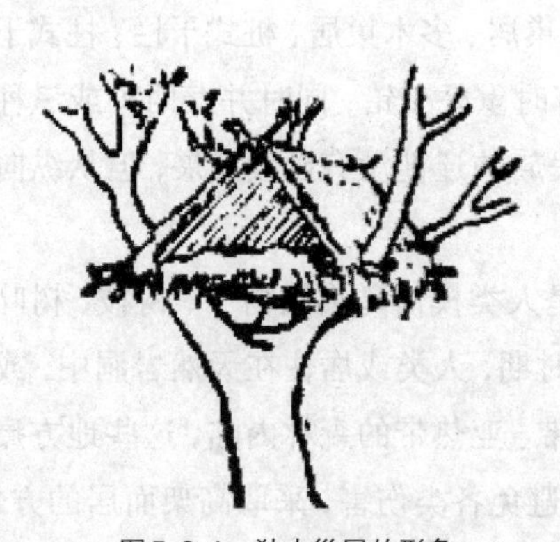

图5-2-1　独木巢居的形象

图5-2-2　多木巢居的形象

干栏式建筑较多地见于浙江河姆渡第四文化层（公元前5000年），遗址出土了几百件木桩、地板、柱、梁、枋等建筑构件（图5-2-3）。根据木桩排列和走向推测、推算，至少有6幢建筑，其中一幢建筑长23米以上，进深6.4米，檐下还有1.3米宽的走廊，这种长屋里面可能分隔成若干小房间，供一个大家庭使用。

图5-2-3 河姆渡遗址出土的建筑构件

河姆渡遗址的建筑是以木桩为基础，其上架设大小梁（龙骨），铺上地板，做成高于地面的基座，然后立柱架梁，构建人字坡屋顶，完成屋架部分的建设，最后用苇席或树皮做成围护设施（图5-2-4）。河姆渡干栏式建筑使用榫卯连接梁柱，用企口连接地板（图5-2-5）。

图5-2-4 河姆渡文化干栏式建筑复原模型

图5-2-5 河姆渡文化干栏式建筑的榫卯构件和企口板

公元前1500年左右，长江上游的成都地区和黄河中游的郑州地区出现干栏式建筑。如成都十二桥遗址，是十二桥文化的中心聚落，该文化从商代延续至西周，分布面积逾5万平方米，其中的商代建筑群由形制不一的大中小型房屋组合而成，主体建筑为一座1 248平方米的大型干栏式建筑（图5-2-6）。

河南偃师商城的社、稷、坛（图5-2-7）遗存，柱径0.3米，柱间距1 ~ 2米，无台基，位于主要宫殿左右，东西向建筑，推测由粮仓演变而来。

图5-2-6　成都十二桥遗址的商代大型干栏式建筑复原模型

图5-2-7　河南偃师商城的社、稷、坛建筑复原图

湖北蕲春毛家嘴干栏式建筑遗址（公元前10世纪）出土了109根木桩，直径20厘米左右，以及排列整齐的木板墙，根据木桩排列，可分辨出3栋建筑，1号建筑面阔8.3米，5间，进深4.7米，18根木桩，2号建筑面阔4间，进深4.7米，15根木桩，3号建筑仅存7根柱，无台基，是西周早期的干栏式建筑。

总之，考古学家在整个长江流域以及黄河流域的中游均发现早期的干栏式建筑遗址，其中长江流域为居住建筑，黄河流域为祭祀建筑。

2. 干栏式建筑的发展

干栏式建筑在春秋战国之际已经由长江流域扩展到云南和越南。云南大理祥云出土的公元前5—前4世纪的小铜屋（图5-2-8），是下部为镂刻透空台基、上部为马鞍形悬山顶的干栏式建筑。

图5-2-8　云南大理祥云出土的小铜屋（立面示意图）

越南黄下出土的东山文化铜鼓（公元前3世纪），铜鼓上的纹饰为干栏式建筑（图5-2-9），透空台基，短檐长脊倒梯形悬山顶，正脊呈马鞍形，正脊两端呈鸟头，正脊中间有1只大鸟，屋身内坐2人呈舞蹈状，与云南文山开化铜鼓纹饰中的干栏式建筑（图5-2-10，公元前4世纪）几乎一模一样。

图5-2-9　越南黄下出土的铜鼓上的纹饰

图5-2-10　云南文山开化出土的铜鼓上的纹饰

云南晋宁石寨山6号墓出土的公元前3世纪（战国至西汉初）小铜屋（图5-2-11），仿长脊短檐木构建筑，铜屋置于8根立柱支撑的干栏式平台之上。

出土于广州东郊龙山岗的干栏式陶屋（图5-2-12），制作于东汉前期，房屋呈曲尺形平面，前为横长方形的通堂，门口在前墙偏左边，墙壁做镂空直棂式窗，基座镂空，作为饲养家畜的圈栏。广州地区东汉墓出土了大量这样的陶屋。

图5-2-11　云南晋宁出土的小铜屋的放大复制品

图5-2-12　广州龙山岗出土的干栏式陶屋

干栏式建筑在东北亚等寒冷地区非常少，多作为粮仓使用（图5-2-13、图5-2-14、图5-2-15）。

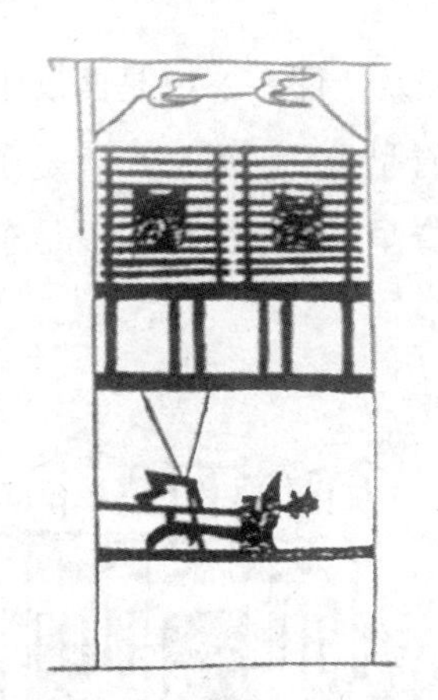

图5-2-13　吉林辑安麻线沟高句丽时代墓壁展示的干栏式建筑

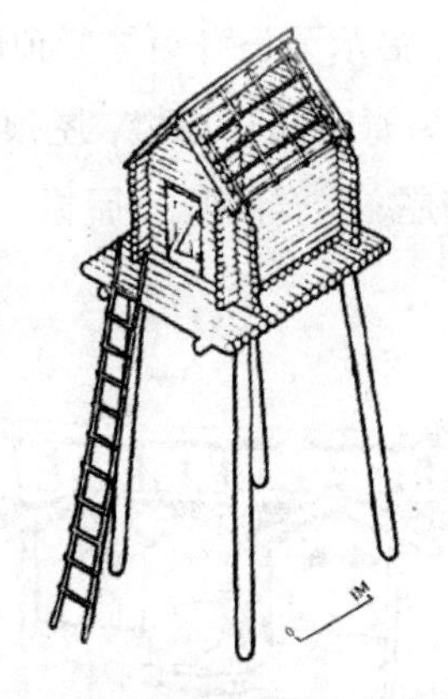

图5-2-14　阿拉斯加的高仓

图5-2-15　黑龙江下游高里特人的仓房

3. 干栏式建筑婀娜多姿的屋顶

东南亚建筑体系的屋顶以悬山顶为主要形式，并因地域不同和民族差异呈现不同式样。屋脊有平直形和马鞍形之别，平直者正脊水平呈一直线，马鞍者正脊两端向上翘起；除屋檐与正脊同宽的悬山顶外，尚有长脊短檐倒梯形和长檐短脊正梯形两种，前者正脊向山面长长伸展为位于山面的入口提供避雨檐廊，后者常在悬山顶的山面加披檐呈歇山顶式样；常常用跌落的方式将屋顶分成几个不同水平的屋顶，或用折板的方式将一层屋顶竖向分成貌似两层的屋顶。

(1)长脊短檐屋顶

长脊短檐屋顶的最早形象出现在中国东南地区，时间在春秋战国时期（公元前8—前3世纪），随后随着百越民族的迁徙传播到中南半岛和东南亚岛屿。

考古发掘的江西贵溪古越族崖墓（春秋战国时期）木棺（图5-2-16），仿照生前住房制成，底部悬空四足支撑，棺盖挑檐出外，盖面呈两坡式，棺底向内收缩，具备干栏式建筑的基本特点，是最早的长脊短檐屋顶形式。

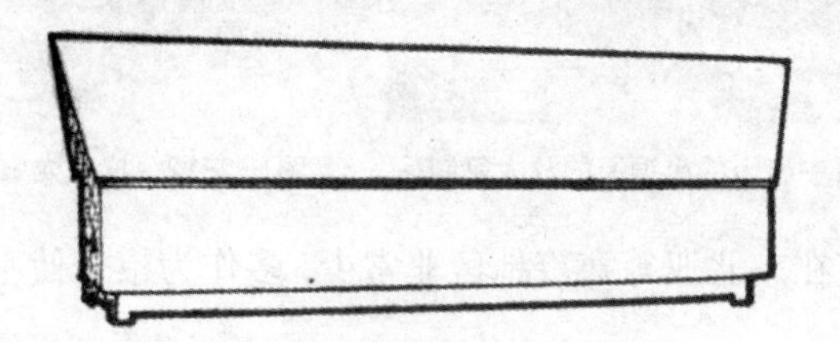

图5-2-16　江西贵溪古越族崖墓木棺

广州出土的两汉陶制明器，揭示了长脊短檐屋顶的普及。图5-2-17是西汉中期（公元前100年左右）陶仓，屋脊略长于屋檐，屋顶正脊呈上弓；图5-2-18是东汉前期（公元元年—100年）陶屋，屋脊略长于屋檐，正脊呈凹形；图5-2-19是东汉晚期长脊短檐陶屋。

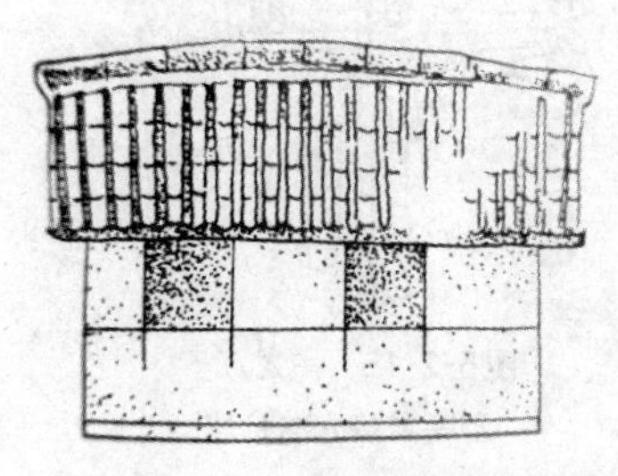

图5-2-17　西汉中期陶仓

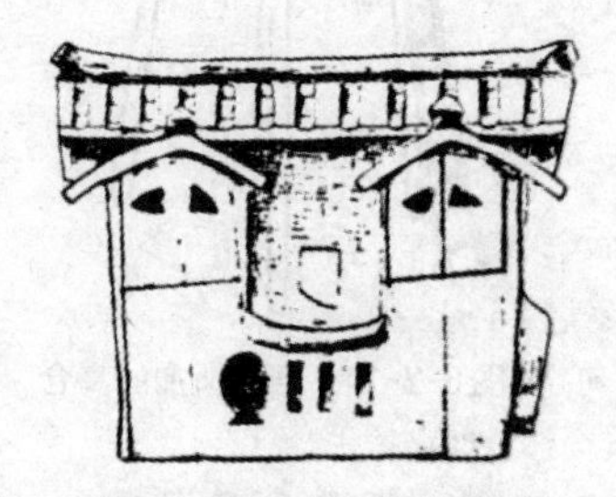

图5-2-18　东汉前期陶屋

图5-2-19　东汉晚期陶屋

在云南现存的民居中，仍能看到这种长脊短檐干栏式建筑（图5-2-20）。

图5-2-20　云南景颇族长脊短檐民居

（2）马鞍形屋顶

长脊短檐倒梯形屋顶的正脊两端向上高高翘起，名马鞍形屋顶，又名船形屋顶或牛角形屋顶，均在建筑的山面入口形成造型优美的入口廊檐。由于南方建筑多用木和竹搭建，实物遗留最早者均为明清时期所建。最早形象见于出土的春秋战国时期的文物（参见上文的图5-2-8、图5-2-9、图5-2-10），云南、贵州及越南出土的两汉时期文物中有大量马鞍形干栏式建筑形象（图5-2-21）。

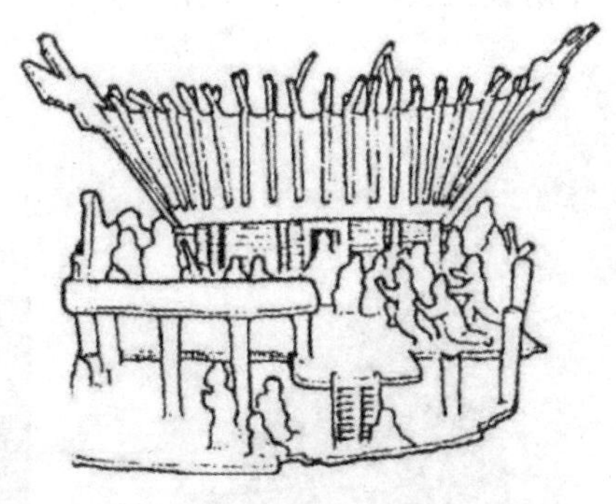

图5-2-21　云南晋宁石寨山出土的汉代青铜器上雕刻的马鞍形屋顶

至迟在公元16世纪，马鞍形屋顶的干栏式建筑传到印度尼西亚的苏拉威西岛。相传居住在岛上的托拉查族群在16世纪来自中国南方，他们建造的干栏式木屋仍维持16世纪的原样。这些建筑排列整齐，朝着北方或者东方，朝北象征着通往家乡，朝东象征着朝向神明。这些干栏式建筑的造型像一艘艘木船在海上乘风破浪（图5-2-22），亦有人认为两端翘起的造型代表象征财富的水牛角。

图5-2-22　印度尼西亚苏拉威西岛上的干栏式建筑

印度尼西亚苏门答腊岛巴塔克人的船屋和米南加宝人的牛角屋也是马鞍形顶的干栏式建筑，尽管二者名称不同。

分布在苏门答腊岛中部和北部多巴湖周围山地的巴塔克人住宅（图5-2-33），下层用硬木搭建骨架，用作家畜栏；中层是竹木拼接的生活区，屋脊为下凹的马鞍形。屋顶用竹木搭建出骨架，上面覆盖棕榈叶等纤维编织而成的草席。

印度尼西亚苏门答腊岛中央高地西部的米南加宝人的牛角屋（图5-2-24），长方形平面，朝向没有严格规定。该族是母系社会制度，一个母系大家庭的各种活动都在一栋建筑里进行，挂在房顶牛角的数量代表屋里住着几代人，每增加一代人，房顶就会增加一对牛角。

图5-2-23　印度尼西亚苏门答腊岛巴塔克人的船屋

图5-2-24　印度尼西亚苏门答腊岛米南加宝人的牛角屋

（3）跌落式与折板式屋顶

跌落式与折板式屋顶是处理屋顶的两种手法，即通过水平与竖向的处理，将一个屋顶建成跌落起伏、层次丰富的轮廓，是东南亚建筑体系的特征之一。

折板式屋顶最早见于成都地区出土的东汉画像砖（图5-2-25）。

跌落式屋顶见于云南晋宁出土的战国至东汉时期的铜器（图5-2-26），江苏睢宁出土的东汉画像石上有跌落式长廊屋顶（图5-2-27）。至今广西壮族和云南景颇族依然采用跌落式屋顶（图5-2-28、图5-2-29）。

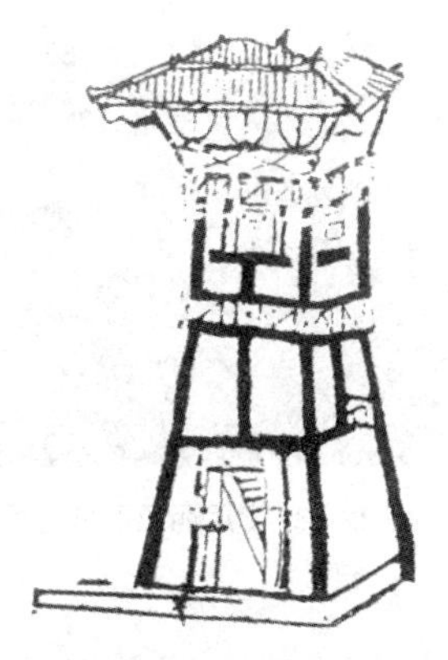

图5-2-25 成都郊区出土的东汉画像砖展示的折板式屋顶

图5-2-26 云南晋宁石寨山3号墓出土的跌落式屋顶铜器（战国至西汉初年）

图5-2-27 江苏睢宁双沟出土的东汉画像石上的跌落式屋顶形象

图5-2-28 广西龙胜壮族干栏式民居的跌落式屋顶

图5-2-29 云南景洪曼春满佛寺的跌落式屋顶

（4）平直悬山顶

图5-2-30 广西合浦出土的大波那铜棺

悬山顶是干栏式建筑比较常用的屋顶形式，广西合浦西汉晚期墓出土的大波那铜棺（图5-2-30），采用干栏式悬山顶，屋脊平直。9世纪的日本伊势神宫（图5-2-31，根据9世纪奈良时代文献记载复建于1954年）为平直悬山顶干栏式建筑。至今东南亚岛国建筑采用平直悬山顶者甚多，如印度尼西亚西爪哇民居（图5-2-32）均采用。

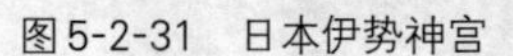
图5-2-31　日本伊势神宫

图5-2-32　印度尼西亚西爪哇民居

（5）歇山顶

歇山顶是东南亚建筑体系颇具特色的屋顶形式，是悬山顶山面增建披檐而形成的式样，披檐上部的山墙通常呈透空状，以保证室内的通风换气。亦有用丁字歇山顶式样，即在建筑正中增设一个山面朝前的短歇山顶，与主屋长歇山顶丁字相交，短歇山顶比长歇山顶略低，入口在这个半歇山顶山面。

在本书上文的5.1节中描述了歇山式屋顶的产生，推测是为了满足室内炊烟排放，同时兼顾防止雨水漏入室内之需求（参见本书上文的图5-1-48）。歇山顶的形象最早见于成都东汉画像砖雕刻，南北朝时期的石窟寺壁画也有反映，实物以唐代南禅寺大殿为最早。丁字形歇山顶最早见于宋代河北正定摩尼殿（图5-2-33），宋元明清的建筑画（图5-2-34）都有反映，明清紫禁城角楼、云南一些少数民族民居（图5-2-35）也采用丁字形歇山顶。

图5-2-33　河北正定摩尼殿（建于1052年）北抱厦的丁字形歇山顶

图5-2-34　宋·李嵩《朝回环佩图》展示的丁字形歇山顶

图5-2-35　云南西双版纳景洪傣族民居的丁字形歇山顶

越南、柬埔寨建筑的歇山顶坡度较小（图 5-2-36、图 5-2-37）。

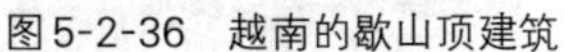

图 5-2-36　越南的歇山顶建筑　　图 5-2-37　柬埔寨的歇山顶建筑

老挝的歇山顶屋顶正脊平直，屋顶坡度陡峭（图 5-2-38）。缅甸式歇山顶是在悬山顶建筑的山面屋顶下增加单坡建筑而成（图 5-2-39）。

图 5-2-38　老挝的歇山顶建筑

图 5-2-39　缅甸的歇山顶建筑

泰国除东北地区使用悬山式屋顶外，北部其它地区以及中部、南部的民居均采用歇山顶（图 5-2-40），其中泰国中部的屋顶坡度比较陡峭，南部的屋顶坡度比较平缓。

图 5-2-40　泰国北部民居（左）、中部民居（中）、南部民居（右）

图5-2-41是印度尼西亚望加锡式歇山顶，图5-2-42是印度尼西亚苏门答腊巴搭族马鞍形歇山顶。马来西亚歇山顶坡度陡峭，山面出檐较小（图5-2-43）。菲律宾歇山顶在悬山顶的山面加披檐，歇山顶山墙全部透空（图5-2-44）。

图5-2-41 印度尼西亚望加锡式歇山顶

图5-2-42 印度尼西亚苏门答腊巴搭族马鞍形歇山顶

图5-2-43 马来西亚歇山顶

图5-2-44 菲律宾歇山顶

综上所述，东南亚建筑体系以歇山顶和马鞍形屋顶为主要特征，利用正脊与屋檐的相对长短、正脊的平直与翘起、屋面的跌落与折板，形成东南亚建筑独具特色的标志。

4. 干栏式建筑的复兴

18—19世纪的东南亚中南半岛和各岛屿国，除泰国外都先后成为欧洲各国的殖民地，与欧洲从古典建筑汲取元素的风潮同步，该阶段的建筑风格汲取了许多干栏式建筑元素，如组合使用悬山顶、丁字歇山顶、跌落式屋顶，吸收马鞍形屋顶的神韵将正脊两端高高起翘。著名的建筑有缅甸曼德勒皇宫、泰国曼谷大皇宫、柬埔寨金边皇宫、老挝万象西萨格寺和玉佛寺、马来西亚马六甲苏丹皇宫等。

缅甸曼德勒皇宫（图5-2-45，建于1857—1859年）位于今缅甸曼德勒市正中，是缅甸最后一个王朝贡榜王朝的皇宫。皇宫呈正方形，边长3.2千米，有4座主门，8座边门，宫内有104座大小殿宇，屋脊高高翘起，屋顶层层相叠，屋顶和墙体均为红色，黄色剪边。原建筑二战中被毁，现存者为1989年依原样重建。

泰国曼谷大皇宫始建于1737年，经不断扩建而成现今规模。由节基宫、律实宫、阿玛林宫和玉佛寺4组建筑组成。宫殿建筑（图5-2-46）采用白色墙体为主，红绿色瓦顶、金色剪边，悬山跌落屋檐，高翘檐角，在十字交叉悬山屋顶正中坐落着多层密檐式塔。

图5-2-45　缅甸曼德勒皇宫的建筑

图5-2-46　泰国曼谷大皇宫的宫殿建筑

泰国曼谷大皇宫的玉佛寺（图5-2-47，建于1784年）采用金色柱子，同宫殿一样采用悬山跌落式屋顶，不同之处是用红瓦顶、绿剪边，正脊与垂脊为金色。

图5-2-47　泰国曼谷大皇宫的玉佛寺

泰国曼谷云石寺（图5-2-48）始建于大成王朝（1350—1767年），重修于19世纪初，白墙白柱，红瓦顶、金剪边，跌落悬山屋顶。

图5-2-48 泰国曼谷云石寺

泰国曼谷卧佛寺（图5-2-49，建于1814年），由大雄宝殿、方位殿、讲经楼、卧佛殿及佛塔组成。白墙、红顶、跌落式屋顶，正脊平直，两端起翘，悬山顶十字相交，垂脊上装饰着飞龙焰火纹饰。

图5-2-49 泰国曼谷卧佛寺

柬埔寨金边皇宫（图5-2-50，建于1866—1870年）由法国工程师和柬埔寨建筑师共同设计，屋顶中央设置高高的尖塔，屋脊两端尖尖翘起，屋顶跌落。整组建筑采用黄、白两色，黄色代表佛教，白色代表婆罗门教。

图5-2-50 柬埔寨金边皇宫曾查雅殿

老挝万象西萨格寺始建于1818年，1924年翻修，由讲经殿（图5-2-51）、佛廊、佛塔、藏经阁组成。讲经殿重檐悬山顶，上层檐板做成折板，故整栋建筑呈现三重顶，再将每层屋顶两侧做跌落，形成丰富的屋顶轮廓；棕色瓦顶、黄色剪边，与黄色石柱相呼应；主入口在正面。

图5-2-51　老挝万象西萨格寺讲经殿

老挝万象玉佛寺原建于1565年，1936年重建，位于万象市塞塔提拉大街，跌落歇山式屋顶（图5-2-52）。

马来西亚马六甲苏丹皇宫（图5-2-53）建于1986年，根据15世纪《马来纪年》所描述的传统形式而建。采用干栏式透空台基，两层楼阁，屋脊平直，正中设置一个突出屋顶的十字相交悬山顶，屋面上下折板跌落，悬山下的山墙采用坡形；腰檐前面连接3个山面朝前的悬山顶建筑，屋面同样折板跌落，与主体建筑组成跌落起伏的一组建筑。

图5-2-52　老挝万象玉佛寺

图5-2-53　马来西亚马六甲苏丹皇宫

总之，东南亚建筑体系是干栏式建筑，屋顶形式因地域不同和民族差异呈现不同特色，屋脊有平直形和马鞍形之别，有长脊短檐的倒梯形，有四面设披檐的歇山顶。19世纪东南亚殖民化时期的建筑虽然不再采用干栏式建筑而以砖瓦取代竹木材料，但建筑造型汲取了许多干栏式建筑元素。

六、古代美洲印第安建筑（公元前1200年—公元16世纪）

古印第安建筑是石构建筑体系，公元前1200年左右诞生在中美洲，逐渐扩展到南美，16世纪因西班牙人入侵而终止。印第安人的宗教是多神崇拜，太阳神、月神、雨神、玉米神等涉及农耕事物者是其主要祭祀对象，纪念性建筑多是祭祀这些神灵的神庙，少数为王者陵墓，因其外形神似埃及金字塔而获名"金字塔庙"。金字塔庙由上下两部分组成，下部是一个高大的阶梯状基座，上部是一栋单层建筑即神庙，基座早期用泥土堆砌，公元前3世纪开始在泥土外部用石板包砌，神庙多数采用石砌墙体和叠涩折板拱顶，少量采用梁柱式，台基石壁及神庙墙壁上雕刻着代表本庙神祇的图案。世俗建筑多为四合院建筑，墙体用毛石或卵石砌筑，石板或木板覆盖其上，再覆泥土，形成平屋顶，墙体凸出屋顶呈女儿墙状或做成雉堞状。

印第安文明形成于公元前1200年，相当于中国殷商晚期。有学者认为是殷人东渡产生的奥尔梅克（Olmec）文化创建了印第安建筑体系的雏形；奥尔梅克文化灭亡后其建筑形态被其后诞生的特奥蒂瓦坎（Teotihuacan）文化以及与奥尔梅克文化平行发展的玛雅（Maya）文明、托尔特克（Toltec）文化吸收发展，进而被阿兹特克（Aztec）文明所继承；与玛雅文明、托尔特克文化和阿兹特克文明并行发展但持续时间较短的其它印第安人部落如埃尔塔辛文化和米兹特克文化，也采用印第安建筑体系；公元12世纪左右，印加（Inca）人在南美洲西部创立的印加文明同样继承了印第安建筑体系。

6.1 奥尔梅克建筑
——圆锥土台基金字塔庙（公元前1200—前600年）

图6-1-1 拉文塔出土的石像

公元前1200年左右，奥尔梅克文化产生于中美洲圣洛伦索高地的热带丛林中，繁盛了大约300年后，于公元前900年左右被毁灭；其后奥尔梅克文化的中心迁移到靠近墨西哥湾的拉文塔（La Venta），在公元前600年左右消失；公元前500—前100年，奥尔梅克文化在特雷斯·萨波特斯（Tres Zapotes）延续。因在拉文塔奥尔梅克文化遗址太阳神庙祭祀中心出土了被认为是用殷商文字铭刻殷人远祖、高祖、始祖、先公先王名号谱系的6块玉圭，及出土的石像（图6-1-1）神似华夏人，所以奥尔梅克文化被认为是殷人东渡产生的文化。

奥尔梅克人创建了金字塔庙。高台基先被用于居住建筑，然后被用于神庙。奥尔梅克人因居住的热带丛林洪涝灾害多发，为防水淹，以土筑墩，建房于墩上。考古已发现大量奥尔梅克人建造的土墩，一种土墩呈圆形或方形，面积不大，数座土墩聚集在一处，推测为民居遗址；另一种土墩为长堤状，长达30米，推测为工棚遗址，土墩上的建筑物均以泥土垒砌而成。在公元前900—前600年期间，高台基始被用于神庙。位于今洪都拉斯拉文塔的太阳神金字塔庙（图6-1-2），采用圆锥形基座，泥土垒砌，底直径128米，高30米，台上神庙已毁，是金字塔庙的最早形态。

图6-1-2 拉文塔的太阳神金字塔庙遗址

6.2 特奥蒂瓦坎建筑
——方形阶梯状金字塔庙与平顶世俗建筑（公元1—7世纪）

公元1—7世纪，特奥蒂瓦坎人陆续营建了位于今墨西哥城东北约40千米处的特奥蒂瓦坎城，将印第安建筑体系推向成熟。神庙均采用方形阶梯状金字塔庙，金字塔基座内部以泥土砌筑，外部用石板包砌，石板上雕刻着祭祀对象图案，塔上神庙已毁无法考证。世俗建筑采用四合院的平顶建筑，墙体用石块砌筑，外廊及少数建筑内部用石柱代替实墙以扩大室内空间，柱和墙上部搭建木板，木板上再覆盖泥土。

特奥蒂瓦坎城（图6-2-1）由神庙和世俗建筑组成，现存月亮金字塔庙、太阳金字塔庙、羽毛蛇金字塔庙、蝴蝶宫等建筑。古城以一条长约3千米、宽40米的大道纵贯南北，道路正北对着的是月亮金字塔庙，道路东侧南端布置着羽毛蛇金字塔庙，东侧中间是太阳金字塔庙，道路西侧北端是蝴蝶宫。

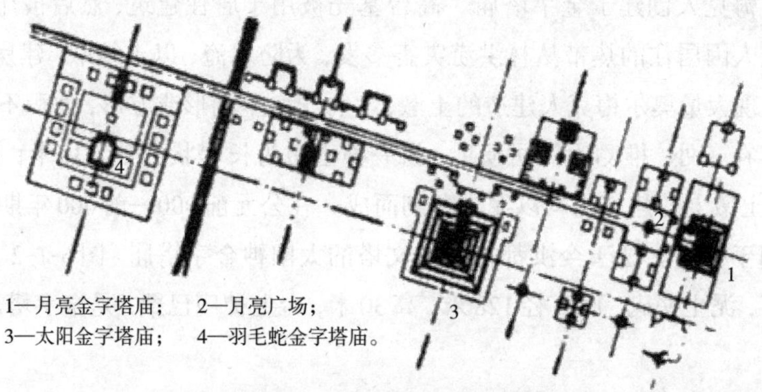

图6-2-1　特奥蒂瓦坎城平面图

太阳金字塔庙（Pyramid of the Sun，图6-2-2，建于公元1世纪）坐落在道路东侧，坐东朝西，塔基长225米，宽222米，高66米，5层，每层呈方锥形并逐层向内收缩，西面正中设置数百级台阶直达塔顶，内部用泥土和沙石堆建，外表镶嵌石板，塔顶太阳神庙已毁，太阳金字塔的体积与埃

图6-2-2　特奥蒂瓦坎城的太阳金字塔庙遗址

及胡夫金字塔相当。

大道北端的月亮金字塔庙（Pyramid of the Moon，图6-2-3，建于公元3世纪），建造方法同太阳金字塔庙，晚于太阳金字塔150年建，高46米，塔南面正中有数百级台阶达塔顶，塔顶神殿已毁；塔脚下是月亮广场，南北204.5米长，东西137米宽，广场中央设立一座四方形的祭台，是特奥蒂瓦坎人举行重要的宗教仪式的地方。

图6-2-3　特奥蒂瓦坎城的月亮金字塔庙遗址（左）和月亮广场鸟瞰图（右）

羽毛蛇金字塔庙（Pyramid of Quetzacoatle，建于3世纪）坐落在道路东侧，由一组建筑群组成，占地400米见方，中间是一低于地面的广场，广场中间是羽毛蛇金字塔庙，建成时间晚于月亮金字塔庙，高21米，6层，用石板层层拼砌而成，每层装饰着羽毛项圈的蛇头石雕像（特奥蒂瓦坎人认为羽毛蛇是掌管风和水的丰收之神，同时也是死亡之神），与采用玉米芯贴饰的雨神石面头像间隔排列（图6-2-4），浅浮雕的蛇身蜿蜒在石壁板上。广场周围是一圈高台，台上分布着15座金字塔庙，南、北、西三面分别是4座，东面是3座。

图6-2-4　特奥蒂瓦坎城羽毛蛇金字塔塔身上的蛇头与雨神雕刻

蝴蝶宫（图6-2-5）位于月亮广场西侧，是祭师的住所，每幢房子都是四方形，房子中间设一个四方形的天井，形成四合院建筑。房子采用石墙、石柱和木梁的石木混合结构，石柱上承木梁，与石墙共同承托屋顶木板，板上覆碎石和石灰土，屋顶四周设女儿墙；室内局部用石柱取代实墙，以扩大室内空间（图6-2-6）。

图6-2-5　特奥蒂瓦坎城蝴蝶宫遗址

图6-2-6　特奥蒂瓦坎城蝴蝶宫房子的结构（左）和室内石柱（右）

公元650—700年间，特奥蒂瓦坎城遭外族入侵而毁。

6.3　玛雅人建筑——叠涩折拱与盝顶（公元前1—公元10世纪）

玛雅人在公元前1—公元12世纪千余年间，营建了帕伦克（Palenque）城（建于公元前1—公元8世纪）、提卡尔（Tikal）城（建于公元300—900年）、乌斯马尔（Uxmal）城（建于7—10世纪）和奇钦·伊察（Chichen Itza）城（建于7—12世纪，7—10世纪为玛雅人所建，10—12世纪为托尔特克人所建）。其建筑体系与特奥蒂瓦坎建筑同源，受奥尔梅克建筑风格影响，纪念性建筑采用金字塔庙形制，包括神庙和帝陵，塔上神殿和世俗建筑均为石墙上承托叠涩折拱的石结构体系，屋顶轮廓在不同时期呈现出不同的形状。

1. 帕伦克城

玛雅人营建的帕伦克城位于墨西哥恰帕斯州北部，现存主要建筑有4座金字塔庙和1组宫殿建筑，分别称为碑铭神庙、太阳神庙、玉米神庙、十字圣树神庙和帕伦克宫，始建于公元前1世纪，营建高峰为公元600—700年，9世纪废弃。金字塔庙基座的建造方法与特奥蒂瓦坎金字塔同，内部堆砌泥土，外包石块，有方形和长方形两种平面形式；建筑技术上采用了叠涩折板拱（图6-3-1），即以石叠涩层层向内收进，上覆石板，屋顶轮廓类似中国古建筑的盝顶。世俗建筑只做盝顶，神堂则在盝顶上再加砌装饰格架。首创石楼阁建筑（图6-3-2），石砌墙体，门窗洞口用石过梁，屋顶用叠涩折板拱，各层楼板用木板。

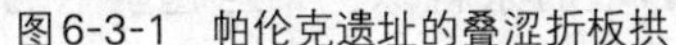

图6-3-1　帕伦克遗址的叠涩折板拱

图6-3-2　帕伦克石楼阁

碑铭神庙（图6-3-3，建于公元675—683年）是巴卡尔王墓，是目前为止发现的玛雅文化中唯一采用金字塔庙形制的王陵，长方形平面，底边长65米，宽40米，塔基8层，加上祭殿的台基，共计9层，高25米，正面设置69步台阶直达祭殿，代表巴卡尔执政69年；顶部的祭殿为长方形平面，5门，在门间墙上雕刻着国王家族的浮雕像，殿内3块石碑，刻有617个玛雅象形文字，故得名碑铭神庙。在碑铭石左边的石板地面板上设有一个楼梯口，下面架设着一个陡峭的阶梯，直通金字塔深处墓室，石棺位于墓室中央，墓室采用叠涩折板拱；祭殿也采用叠涩折板拱，屋顶外形为盝顶。

图6-3-3　帕伦克碑铭神庙（左）及其墓室（右）

太阳神庙（图6-3-4）为长方形平面，4层台基，盝顶，是祭司观测天象的场所，盝顶上装饰着格架，庙内壁刻有146个玛雅象形文字。

图6-3-4　帕伦克太阳神庙

玉米神庙（图6-3-5）因为供奉玉米神而得名，并用来举行神圣的放血仪式，门窗采用叠涩折板拱结构；十字圣树神庙（图6-3-6）因殿内刻有十字形玛雅圣树而得名，玛雅祭司在观测星象时，认为天上的银河系就像一个跨越星空的十字，于是就用玛雅圣树代表银河系。

图6-3-5　帕伦克玉米神庙

图6-3-6　帕伦克十字圣树神庙

帕伦克宫（图6-3-7）建造在长100米、宽80米、高10米的梯形土台上，由4个院落组成，有众多回廊、房屋及一座高15米的3层石塔。

图6-3-7　帕伦克宫

由于帕伦克玛雅建筑采用了叠涩折板拱结构，所以营建出比叠涩拱顶略大的室内空间，形成盝顶造型。

2. 提卡尔城

位于危地马拉东北部热带丛林中的提卡尔城，是玛雅人于公元300—900年间营造的，是平原玛雅帝国的政治中心，已发掘出3 000余座建筑，典型代表是一组以广场为中心布置的金字塔庙、宫殿和卫城建筑群（图6-3-8），占地长1 200米、宽800米，宫殿群坐落在前部，后部是卫城，两者中间为广场，广场两侧对称布置着2座金字塔庙。

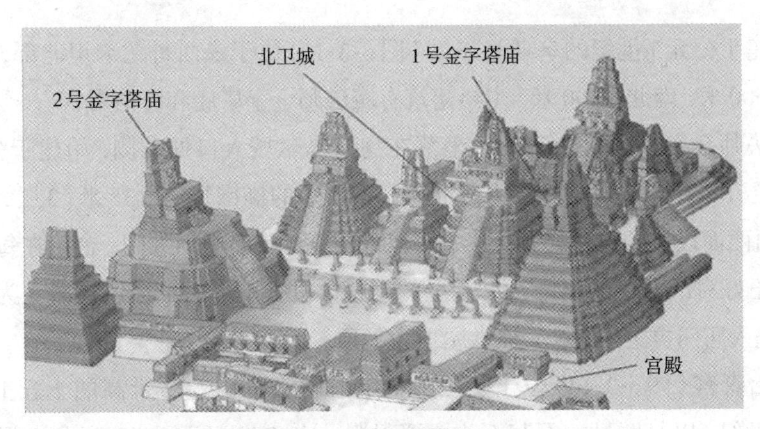

图6-3-8　提卡尔建筑群复原图

建筑群中的金字塔庙采用石灰石砌筑而成，两座金字塔庙均在面对中心广场侧设置台阶，通向顶部的神殿，塔基收分较大，达到70°。1号金字塔庙（图6-3-9，建于公元695年）有9层塔基；2号金字塔庙（图6-3-10，建于公元500年）有塔基3层，高45米，加神庙总高70米，神庙内部为“王”字形平面，庙顶用叠涩拱结构，空间狭小，顶上用石块砌筑成向内缩进的4层锥台。

图6-3-9　提卡尔1号金字塔庙

图6-3-10　提卡尔2号金字塔庙

提卡尔建筑采用石砌筑和叠涩技术，金字塔台基收分较陡，神殿屋顶采用阶梯式多层台做装饰。

3.乌斯马尔城

始建于公元7世纪的乌斯马尔城（图6-3-11）位于墨西哥尤卡坦北部，遗址占地东西600米，南北1 000米，主要建筑有魔法师金字塔庙和统治者宫。

魔法师金字塔庙（图6-3-12）坐落在乌斯马尔城入口处东侧，始建于公元800年，历经300多年完成。塔基为南北长、东西短的椭圆形，高38米，3层，逐层递减，东西两面设置台阶达塔顶，其中西面台阶直达神庙中间大门，台阶在每年夏至这一天正好对准西落的夕阳。塔基上的神殿由过去单一的单层建筑演变为一组建筑，先进入庙门再进入神堂，神堂屋顶为平顶。

统治者宫（图6-3-13）位于魔法师金字塔庙北面一座15米高的土丘上，建于10—11世纪，以打磨过的石灰石为主要材料，长98米，宽12米，高台中间设台阶直抵二层宫内。周边用石块砌筑出高高的檐口，檐口板上遍雕羽毛蛇神面像和雨神面像。一层的外廊用方形石柱承托石过梁，方柱雕有柱础与柱头。

图6-3-11 乌斯马尔城遗址

图6-3-12 乌斯马尔魔法师金字塔庙

图6-3-13 乌斯马尔统治者宫及其外墙雕刻

4. 奇钦·伊察城的天文台

伊察天文台（图6-3-14）是玛雅人于公元906年建造的，坐落在2层的方形平台上，圆形平面，高约12.5米，塔身为圆柱体，内设螺旋状石阶梯通往顶部圆塔，顶部圆塔塔身上开有3个狭窄的、不规则布置的窗口，以观察金星在其北面和南面的极端情况以及秋分日的日落，塔顶用叠涩砌筑穹顶。

图6-3-14 伊察天文台

通过以上4组建筑遗存，可以看到玛雅人主要采用叠涩技术营建房屋，首创多层楼阁和叠涩穹顶。

6.4 瓦斯特克建筑——壁龛金字塔庙(公元800—1200年)

埃尔塔欣(El Tajin)城是曾与玛雅人并存的瓦斯特克人在公元800—1200年间建造的,位于今墨西哥韦拉克鲁斯州,公元13世纪初遭到破坏后被遗弃,主要建筑是壁龛金字塔庙。

壁龛金字塔庙是祭祀风雨诸神的神庙,塔基呈方形,每边长约27米,高约18米,6层,东面一条阶梯通至塔顶,塔上神殿已经毁损(图6-4-1)。每层塔身设置檐口和神龛(图6-4-2),檐口用叠涩出挑,壁龛顶用石板承托,外观类似一座楼阁;全塔神龛共计365个,与阳历一年天数吻合。在壁龛金字塔庙上尚有残留的红、蓝、黑颜色痕迹。

图6-4-1　壁龛金字塔庙

图6-4-2　壁龛金字塔庙的檐口和神龛

6.5 托尔特克人建筑——梁柱结构(公元856年—12世纪)

托尔特克人营建的建筑的特征是大量使用梁柱结构。纪念性建筑继续使用金字塔庙形制,但主体神庙采用能获取较大室内空间的梁柱结构,无论是公元9世纪在吸收特奥蒂瓦坎文化和后特奥蒂瓦坎文化的基础上营建图拉(Tula)城,还是公元10世纪占领玛雅人的奇钦·伊察城之后的营建活动。

1. 图拉城

图拉城位于墨西哥伊达尔哥州,托尔特克人于公元856年开始营建,公元1156年被阿兹特克人占领。图拉城面积约13平方千米,人口最多时达6万,主要遗址分布在边长约120米的四方形广场周围,广场北面是祭祀金星的晨星金字塔庙,周围分布着太阳神庙、宫殿、球场、祭坛和居住建筑(图6-5-1)。纪念性建筑依然采用金字塔庙，顶部的神殿演变为梁柱结构，柱子雕像化，金字塔基座比较低矮。

图6-5-1　图拉城遗址

晨星庙(图6-5-2，建于公元1100年)采用金字塔庙形制，塔基4层，南面正中阶梯通往金字塔顶部的神殿。神殿已毁，仅剩8根立柱(图6-5-3)，推测神殿为梁柱结构，其中4根为象征着羽毛蛇神的男性人像木柱，头戴羽毛装饰，双手顺着身体放置，胸前有蝴蝶状盔甲，背部有象征太阳的圆盘，右手执长矛，左手拿着箭和其它物品；另外4根立柱为方形石柱。在金字塔下部，有部分保存完好的0.5米见方的日晒砖，金字塔塔基四壁原贴满这样的砖。

图6-5-2　图拉城晨星庙遗迹

图6-5-3　图拉城晨星庙神殿的立柱

晨星金字塔庙的正面(南面)脚下布置着一个门厅，是举行盛大国事和宗教活动时国王、大臣、祭司们观礼的场所，采用梁柱结构，遗址遗存排列整齐的方柱，柱表面粉刷白色类似石灰的涂料。

位于晨星庙西侧的宫殿，室内采用排列整齐的圆柱(图6-5-4)，屋顶已毁。

图6-5-4　图拉城晨星庙西侧宫殿的室内柱列遗迹

图拉城建筑最大的成就是纪念性建筑出现梁柱框架式结构，创造了较大的室内空间，可惜未能保留下来。

2. 奇钦·伊察城

位于墨西哥尤卡坦州南部的奇钦·伊察城，原是玛雅人于公元7—10世纪营建的文化中心（参见本书上文的6.3节），托尔特克人于公元967年征服该城并继续营建，使之成为自己的圣地。奇钦·伊察城南北长3千米，东西宽2千米，城南侧为玛雅人所建，北侧为托尔特克人所建。托尔特克人所建的北侧新城以武士庙为中心，周围环绕着羽毛蛇神庙、捷豹庙、胡须男人庙、金星祭台、尸骨祭台、千柱广场（市场）、球场等，建筑装饰以线条和羽毛蛇神灰泥雕刻为主。

武士庙（Temple of the Warriors，图6-5-5，建于约1100年）采用金字塔庙形制，3层阶梯状塔基，塔顶神殿采用梁柱结构，外墙以石砌筑，塔顶神庙入口处有2根羽毛蛇像柱，蛇头在地上，蛇身翘起至梁下，塔基前布置着列柱式门厅。

羽毛蛇神庙（图6-5-6，建于12世纪），高23米，四边各设91级台阶直至塔顶的神殿，加起来一共364级台阶，再加上塔顶神殿的台基，共有365阶，象征一年中的365天。在春季和秋季的昼夜平分点，日出日落时，建筑的拐角在金字塔北面的阶梯上投下羽毛蛇状的阴影，并随着太阳的位置变化在北面滑行下降。神庙屋顶采用叠涩拱顶搭建，形成狭窄的室内空间。

图6-5-5　奇钦·伊察城的武士庙

图6-5-6　奇钦·伊察城的羽毛蛇神庙

托尔特克人采用的梁柱结构，其梁用木材或石材，由于木梁较差的抗腐性和石梁较差的抗剪性，与世界其它采用木梁和石梁的建筑体系一样，屋顶已经毁坏，而用叠涩技术砌筑的石拱顶反倒保存至今。

6.6 阿兹特克人建筑——方锥盝顶（公元11—16世纪）

阿兹特克人于公元11—16世纪在今墨西哥首都墨西哥城营建了阿兹特克帝国首都特诺奇兰城（Tenochtitlan）。纪念性建筑采用金字塔庙，金字塔台基平面近似正方形，外壁以石块砌筑，壁上雕刻着代表祭祀对象的装饰母题；神庙屋顶为盝顶叠加方锥形塔台，与玛雅人营造的提卡尔城（参见本书上文的6.3节）神庙的盝顶叠加多层台屋顶相似，神庙屋顶方锥形塔台的坡度与下部台基坡度一致，使整座金字塔庙上下两个部分形成一体。世俗建筑采用平顶内井式四合院，墙体以毛石和卵石砌成，用灰浆垫缝，房屋四周墙体凸出屋顶呈雉堞状。

特诺奇兰城是一座岛城，面积20平方千米，位于盐湖中央，正方形平面，有3条宽达10米的石堤与湖外陆地相通，石堤每隔一定距离就留一横渠，渠上架设吊桥，可随时收放，城内建有宫殿、神庙、官邸、学校，市内河道纵横。

特诺奇兰城的中央广场（图6-6-1）在今墨西哥城宪法广场，长320米，宽275米，四周分布着4座宫殿和5座以白石砌成的金字塔庙。

图6-6-1　墨西哥城特诺奇兰城中央广场复原鸟瞰图

太阳神与雨神庙是广场主庙，塔基长100米，宽90米，高36米，面向广场设置双阶梯直达塔顶，塔顶并列红白和蓝白两个神殿，分别供奉太阳神兼战神威济洛波特利和雨神特拉洛克，神殿顶为方锥盝顶。塔基四壁以蛇头和怪兽头做装饰母题。塔基每过一段时间在原有建筑的基础上扩建一层（图6-6-2）。

位于中央广场中间的是风神庙（图6-6-3），约建于公元1486—1502年之间，椭圆形塔座，4层，神殿圆形平面，直径14米，屋顶为穹顶。

图6-6-2　特诺奇兰城中央广场太阳神与雨神庙塔基扩建示意模型（墨西哥博物馆展示）

图6-6-3　特诺奇兰城中央广场风神庙复原模型

6.7　印加人建筑——精湛的石榫卯技术（公元10—16世纪）

公元10—16世纪，印加人在南美洲创建了古印加文明。印加人的建筑依旧以石材作为主要材料，纪念性建筑采用金字塔庙形制，世俗类建筑为石墙双坡茅草顶。古印加建筑的杰出成就是石切割技术，早期建筑用毛石砌筑，以黏土垫缝，后期精湛的石切割技术能在石块上准确切割出榫和卯，石块之间用榫卯连接，使墙体整体性大大提高。玻利维亚喀喀湖畔的蒂亚瓦纳科（Tiahuanaco）城（建于公元300年—13世纪）、秘鲁库斯科（Cuzco）城（建于公元1200年前后）和秘鲁库斯科马丘比丘（Machu Picchu）城堡（建于公元1500年前后）是印加人建筑成就的代表。

1.蒂亚瓦纳科城

位于玻利维亚喀喀湖畔海拔4 000米的蒂亚瓦纳科城，是蒂亚瓦纳科人于公元300年开始营建的，营建鼎盛期为10—11世纪，12—13世纪废弃，建筑遗址主要有阿卡帕纳金字塔庙、卡拉萨萨亚神庙和太阳门。

阿卡帕纳金字塔庙（Akapana Pyramid，图6-7-1），建于公元300—700年间，塔基借助于一个小山丘，周边砌上石块，长180米，宽140米，塔基外壁石板上雕刻着人形石雕神像。

金字塔庙北侧是卡拉萨萨亚神庙（Kalasasaya Temple，图6-7-2），神庙建在一个长118米、宽112米的低矮台基上，中间是一个大庭院，周围是高高的石墙。

图6-7-1　蒂亚瓦纳科城阿卡帕纳金字塔庙遗迹

图6-7-2　蒂亚瓦纳科城卡拉萨萨亚神庙遗址（石墙为现代重建）

印加人的建筑技术体现在精准的石切割技术上。图6-7-3是蒂亚瓦纳科城普马彭谷神庙（Puma Punku Temple，建于公元536年）遗留的石块，每个石块上切割出榫或卯，榫件和卯件可以精准组合在一起，极大提高了石墙整体性。

图6-7-3　蒂亚瓦纳科城普马彭谷神庙遗留的石块

建于12—13世纪的蒂亚瓦纳科城太阳门（图6-7-4）代表了印加人的石切割技术和天文学成就。太阳门用整块重约10吨的巨石雕成，宽3.84米，高2.73米，厚0.5米。门洞、门两侧墙壁上的大壁龛，以及正中门楣镌刻的人身豹头太阳神浮雕（头戴扇状羽毛冠，双手执权杖）都展示出古印加人精湛的石切割技术；夏至时太阳准确地沿门洞中轴线冉冉升起，展示出古印加人的天文学水平。

图6-7-4　蒂亚瓦纳科城太阳门

2.秘鲁库斯科城

建于公元1200年前后的库斯科城，是古印加帝国的首都，经过16世纪西班牙人入侵及几次地震，城内仅留存一些建筑墙体，但仍展示出印加人精湛的石砌技术。

西班牙人建的圣多明哥教堂位于印加金字塔庙原址上，教堂下的台基是太阳神庙的金字塔台基（图6-7-5），保留在教堂内的太阳神庙石壁严丝合缝（图6-7-6）。

图6-7-5　库斯科城西班牙人建的圣多明哥教堂建在太阳神庙的金字塔台基上

图6-7-6　库斯科城圣多明哥教堂内保留的太阳神庙石壁

印加人营建的萨格赛华曼（Sacsayhuaman）军事要塞（建于公元13世纪）位于秘鲁库斯科城外2千米，残存数百米石墙（图6-7-7），全部由巨石垒成，石头切割整齐，石块之间的缝隙小到连一张纸都难以插入。

图6-7-7　库斯科城外的萨格赛华曼军事要塞残存的石墙

3.秘鲁库斯科马丘比丘城堡

坐落在秘鲁库斯科城西北约 110千米的马丘比丘城堡（图6-7-8）是印加人遗留的建筑，建于公元1500年左右，位于一座海拔2 458米的山顶上，面积约9万平方米。城内有庙宇、宫殿、作坊、堡垒等近200座建筑，多用巨石砌成，大小石块对缝严密，不用灰浆等黏合物，石材连接靠精确的切割和砌筑来完成，墙体石块间的缝隙不足1毫米。房屋为长方形平面，两坡顶，上覆茅草，在厚厚的墙上做许多壁龛，用来存放什物。

图6-7-8　秘鲁马丘比丘城堡遗迹

总之，印加人的金字塔神庙只留下神庙的台基，台基巧妙借助山体，台基上的神殿没有留下实物；世俗建筑采用石墙茅草屋顶；印加人掌握了精准的石块切割技术和榫卯连接技术。

综上所述，印第安建筑体系采用石材作为主要建筑材料，纪念性建筑采用金字塔庙形制。金字塔庙多用于神庙建筑，只有玛雅文化用于王族陵墓；用高大的阶梯式台基烘托着台上简单的神庙，台基平面有圆形、方形、长方形、长方圆角形，台基内部或堆砌泥土或借助地形，外部以石包砌，塔基外部营建阶梯直通塔顶神庙，早期台基坡度平缓，后期坡度高陡；台上神庙均为单层建筑，不同文化采用的技术略有差异，故而建筑造型也有差异，总结起来有3种，一是采用叠涩拱技术，室内空间狭小，屋顶轮廓呈现多层台，二是采用叠涩折板拱技术，室内空间比前者略大，屋顶轮廓呈现盝顶，如玛雅人和阿兹特克人的建筑，三是采用梁柱结构，室内空间宽敞，遗憾的是无论是木梁还是石梁，其持久性都不如石叠涩顶，所以没有遗存至今者，无法判断屋顶形式，如托尔特克人的建筑；金字塔的阶梯、庙壁上多做雕刻和壁画，内容以种族保护神为主，少数为素石。世俗性建筑，中美洲采用内井式四合院平屋顶，石块砌筑墙体，大型建筑室内及门廊采用石柱取代实体墙来获取空间的扩展和连接，石柱上端用木梁，木梁和墙体共同承托木板，木板上覆泥土，形成平顶形态，四周的墙体均凸出屋顶做女儿墙或雉堞；南美洲的世俗建筑多为长方形平面，石墙上覆双坡茅草顶。

七、伊斯兰教建筑（公元7—18世纪）

伊斯兰教7世纪诞生于阿拉伯半岛，继而传播到西亚、欧洲南部、非洲北部、中亚及印度。创建伊斯兰教的阿拉伯人属于游牧民族，没有自己的建筑体系，随着伊斯兰教的扩展，将所到之处的当地原有建筑装饰上以植物和古兰经文为主题的图案，变为伊斯兰教建筑，故伊斯兰教建筑根据属地大体分为叙利亚式、波斯式、西班牙式、中亚突厥式和土耳其奥斯曼式五大类。

7.1 叙利亚伊斯兰教建筑——拜占庭穹顶与罗马半圆发券

叙利亚式是伊斯兰教建筑最早的建筑风格。所谓叙利亚伊斯兰建筑，是东罗马的穹顶和拱券加上伊斯兰经文装饰的混合体。阿拉伯人向外扩张时，首先占领叙利亚，第一个王朝（公元661—750年）建都在大马士革。当时大马士革是东罗马的疆土，建筑风格延续古罗马式，伊斯兰教营建的第一座纪念性清真寺直接模仿当地基督教圣墓教堂（建于326年）的古罗马穹顶形制，第一座礼拜寺直接利用基督教巴西利卡教堂形制，只是建筑内外装饰上阿拉伯经文图案和植物图案，因此叙利亚伊斯兰教建筑风格的标志是罗马穹顶和拱券。

位于今以色列耶路撒冷的奥马尔清真寺（Omar Mosque，图7-1-1，建于688—692年，又称圣岩寺）是第一座伊斯兰教清真寺，为纪念默罕默德升天而建。清真寺平面由一个圆形内环和两个八角形回廊组成，内环如古罗马建筑一样采用圆形实墙，上承鼓座，鼓座上的穹窿顶直径20.6米，顶高35.3米，原为木构，11世纪初用石材重建，内环圆形墙体上开辟连续券将内外空间连通；八角形中环，每边中间立2根柱子承托平梁，梁上发券；八角形外环为实体砖墙。内、中、外环共同承托木桁架屋顶，内环中间的圣岩传说为穆罕默德登霄见到真主的上马石。圣岩寺的结构体系与相距不远的基督教圣墓教堂相同，延续了古罗马圆形实墙上承穹顶的做法，不同点是受拜占庭建筑影响，穹顶设置鼓座，使穹顶高高耸出屋顶。

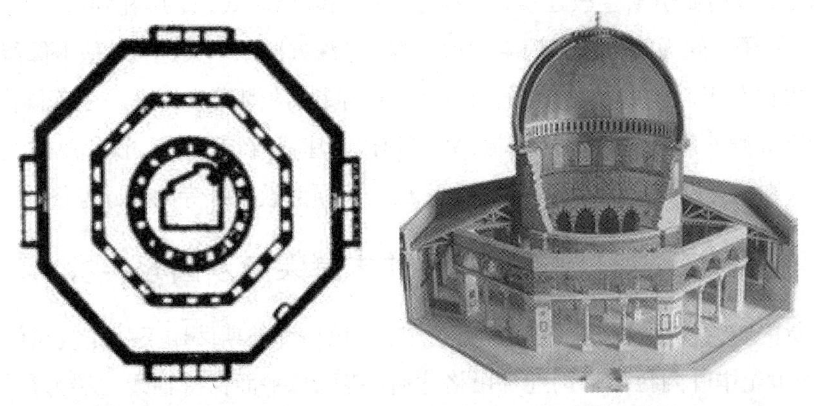

图7-1-1　耶路撒冷奥马尔清真寺的平面图和结构示意图

叙利亚大马士革倭马亚大礼拜寺（Umayyad Great Mosque，图7-1-2，建于706—715年）是伊斯兰教第一座礼拜寺，利用当地原有的一座巴西利卡基督教堂——圣约翰大教堂改建而成，基督教堂的圣坛在东端，而伊斯兰教礼拜时要面向位于大马士革南方的圣地麦加，于是巴西利卡被横向使用，教堂的两座钟楼保留下来改为邦克楼（又称宣礼塔、光塔或唤拜塔）。改造后的礼拜寺平面为长方形，东西长157米，南北宽100米；中间为庭院，庭院东西北三面为回廊，南边为礼拜殿，殿136米长，37米宽，进深3间，柱子东西向用发券连接，南北向跨着木屋架，圣龛前设置成独立空间，形成南北纵向轴线，11世纪时在纵向轴线的正中间加了一个穹顶；依北院墙正中增建了1座方形邦克楼，加上钟楼改成的位于南墙东端的方形邦克楼和位于南墙西端的八角形邦克楼，共计3座。

图7-1-2　叙利亚大马士革倭马亚大礼拜寺

总之，叙利亚伊斯兰教建筑，礼拜寺采用内院回廊式，矩形礼拜殿，进深短，面阔长，柱子之间面阔方向采用半圆形发券，进深方向用木梁连接，基本保留罗马基督教巴西利卡教堂的结构体系，唯屋顶由中间高两侧低改为进深三跨同高；纪念性清真寺则使用基督教圣墓形制，将穹顶以鼓座高耸出屋顶。叙利亚内院回廊式一面大殿的礼拜寺平面布局和邦克楼，成为伊斯兰教礼拜寺的营建蓝图。

7.2 波斯伊斯兰教建筑——平顶木屋架与双圆心尖券

波斯伊斯兰教建筑是叙利亚伊斯兰教建筑风格和波斯萨珊王朝建筑风格的混合物。8世纪中叶阿拉伯帝国迁都巴格达后，寺院总平面保持轴线一端为礼拜殿，其余三面为回廊的叙利亚平面形制；礼拜殿采用波斯萨珊王朝方形柱厅、砖柱及平顶的建筑形制；撒拉逊式双圆心尖券先用于墙壁上的装饰龛，后被用作门券，以上3个特征是波斯伊斯兰教建筑的主要标识。

建于公元750—780年的波斯达姆根塔里克·汉那礼拜寺，平面采用叙利亚式，礼拜殿顶依然采用叙利亚式的砖砌发券筒拱，在墙壁盲券中首次使用了双圆心尖券。建于公元848—852年的伊拉克巴格达萨马拉大清真寺（Samarra Great Mosque，图7-2-1），平面长238米，宽155米，礼拜殿内464根柱子纵横等距布置，柱子之间不同于叙利亚式用发券连接，而是采用波斯构造方法，木屋架直接架在柱头；寺以厚重砖墙围绕，墙面间隔15米设半圆形扶壁，围墙上共设13个大门（图7-2-2），正门在北面，每个门洞上原来有木制的楣梁，楣梁上的墙壁上砌筑3个尖券壁龛；建于公元837年的宣礼塔（图7-2-3）位于清真寺北门外，塔基为正方形，两层，底层边长约30米，塔身为砖砌圆柱螺旋状，一条螺旋登道围绕着塔体盘旋上升达塔顶圆殿，塔高50米，有古西亚山岳台的痕迹，只是方形阶梯式土台改为圆形外盘旋式登台。

图7-2-1 巴格达萨马拉大清真寺遗迹

图7-2-2　巴格达萨马拉大清真寺的门

图7-2-3　巴格达萨马拉大清真寺的宣礼塔

9世纪中叶，波斯伊斯兰教建筑随着阿拉伯人对埃及的入侵而传入北非，以建于9世纪的开罗伊本·图伦礼拜寺（Ibn Tulan Mosque，建于876—879年）为代表，其平面一如既往采用内院回廊式，约92米见方，东、西、北面都绕以回廊，南面为礼拜殿，殿内朝向麦加一面有礼拜殿和圣龛，建筑体现出大量波斯元素。礼拜殿内柱用砖砌筑，5列扁长方形柱墩，柱墩四角用小柱子装饰，柱墩之间用券连接，券式受波斯影响为双圆心尖券形，在圣龛上方的屋顶上砌筑出方底穹顶，院子正中供穆斯林礼拜前净身用的泉亭也为方底穹顶，这种方底穹顶（图7-2-4）是波斯萨珊王朝惯用的砖砌穹顶做法。寺前中央与东北角各有螺旋形光塔一座（图7-2-5），方形底座圆形塔身，外盘旋式登道，与巴格达萨马拉大清真寺光塔造型神似。

图7-2-4　开罗伊本·图伦礼拜寺的方底穹顶

图7-2-5　开罗伊本·图伦礼拜寺的光塔

图7-2-6　广州怀圣寺光塔

波斯伊斯兰教建筑至迟于公元9世纪沿海路传入中国。伊斯兰教在公元7世纪中叶沿“香料之路”传到中国，其传播路径为从波斯湾出发，经印度绕马来半岛到达广州，继沿海岸北上，经泉州再北上至杭州，同时东渡海峡至台湾。沿海路传来的伊斯兰教建筑风格深受波斯伊斯兰教建筑风格影响，以广州怀圣寺（始建于唐末至南宋初）为代表。怀圣寺又名光塔寺，其光塔（图7-2-6）与波斯光塔一样为独立式，圆形平面，塔高36.6米，用砖石砌成，中为实柱体，与波斯式不同的是登道不在光塔外部绕塔而上，而是在光塔内设两条登道从前后塔门各自螺旋而上达塔顶露台，在露台正中设圆柱形小塔，塔顶原有金鸡可随风旋转以测风向，公元1669年两次为飓风所坠，遂改为葫芦形宝顶。

总之，波斯伊斯兰教建筑的特点是叙利亚式回廊、平屋顶、双圆心券（又称撒拉逊式尖券）、圆形独立式光塔。

7.3　西班牙伊斯兰教建筑——马蹄拱

西班牙伊斯兰教建筑是叙利亚伊斯兰教建筑与西班牙建筑结合的产物。8世纪初，信仰伊斯兰教的摩尔人占领了伊比利亚半岛并统治了西班牙南部的安达鲁西亚地区近800年，叙利亚伊斯兰教建筑在西班牙落地并吸收西班牙马蹄形发券，形成了西班牙伊斯兰教建筑风格，一直延续到摩尔人统治结束。典型代表有建于8世纪的科尔多瓦大清真寺、建于12世纪的塞维利亚吉拉尔达塔和建于14世纪的格拉纳达阿尔罕布拉宫。

始建于公元785年的科尔多瓦大清真寺（Cordora Great Mosque，图7-3-1），至公元988年的200多年间经过3次扩建。大清真寺为矩形平面，南北长175米，东西宽135米，入口在南侧偏东，宣礼塔紧邻入口大门，两者合二为一；进门是东西北三面回廊的院落，院落北面是礼拜殿（图7-3-2），经过3次扩建后的大殿东西126米，南北112米，18排柱，每排36根，柱子南北之间以马蹄形双层发券连接，用红白相间大理石砌筑而成，发券为西班牙独有的马蹄形，柱头用科林斯式，东西两排发券支撑的墙体上端架设木梁（公元988年改造时将大部分木梁改为拱顶，仅局部保留木梁），圣龛四壁饰满阿拉伯文及几何图案。13世纪被改成天主教大教堂。

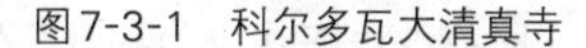

图7-3-1　科尔多瓦大清真寺

图7-3-2　科尔多瓦大清真寺礼拜殿内部

建于1184—1198年的塞维利亚吉拉尔达塔（Giralda Tower，图7-3-3）原是清真寺中的光塔，1401年清真寺被拆除改建成教堂，光塔被保留改为钟楼，其顶部的钟塔为1568年增建，塔身为原物，窗券及装饰性盲券采用马蹄形。受中亚突厥伊斯兰教建筑风格（参见本书下文的7.4节）的影响，建筑外墙用砖砌筑精致图案。

图7-3-3　塞维利亚吉拉尔达塔

建于14世纪的格拉纳达阿尔罕布拉宫（Palace of Alhambra，建于1338—1390年），周围以3 500米长的红石围墙环绕，墙上耸立着方塔，南墙居中开正门，宫殿位于北面，以两个互相垂直的长方形院子为中心。其中，南北向的院子叫石榴院（图7-3-4的左图），以举行朝觐仪式为主，庭院中设置水池；东西向的院子叫狮子院（图7-3-4的右图），为后妃居所，用124根纤细的白色大理石柱承托马蹄形券回廊，墙上布满精雕细镂的石膏雕饰。

总之，西班牙伊斯兰教建筑以与叙利亚伊斯兰教建筑相同的内院回廊式平面及巴西利卡大厅、马蹄形拱券、方形光塔、砖砌墙体几何图案和石膏雕饰为特色。

图7-3-4　格拉纳达阿尔罕布拉宫的两个院子

7.4　中亚突厥伊斯兰教建筑——方底穹顶、连穹顶与四圆心弓形券

伊斯兰教以阿拉伯东征为载体，于公元8—9世纪经波斯进入中亚阿姆河和锡尔河，并传播到帕米尔高原；同时，当地又大量迁入漠北地区的突厥语系集团，相继建立了庞大的帝国王朝，如中亚南部及印度的伽兹纳王朝（10—12世纪），中西亚的塞尔柱帝国（11—12世纪），以维吾尔人为主体的喀喇汉王朝（9—13世纪），中亚西部的花剌子模帝国（12—13世纪），疆土达西亚、中亚及中亚南部的伊儿汗国（13—14年世纪）、帖木儿帝国（14—16世纪），以及南抵波斯湾、西到土耳其、东到阿富汗西部的波斯萨菲王朝（16—18世纪）。这些突厥语王朝相继皈依伊斯兰教，其建筑在中亚原有方底穹顶建筑基础上，吸收伊斯兰教礼拜寺的布局方式和建筑装饰图案，形成中亚突厥伊斯兰教建筑体系，影响远达中国内地、印度全境及西班牙等地。

古中亚建筑以方底穹顶为特征。在中亚阿姆河和锡尔河流域，缺乏大尺度木材，石材质地松脆，而土质坚实，属于沙质黏土类土壤，故而生土建筑发达，与少量小型木材结合使用，形成土木混合的平顶建筑。用生土制造日晒砖来砌筑拱顶和穹顶，先发展了土坯砖，进而发展了烧制砖。公元前中亚已有砌筑的拱顶建筑，在南土库曼发现有公元前2000—前1000年的拱顶痕迹；公元前2—前1世纪方底穹顶建筑在帕提亚帝国被大量用作袄庙，位于今吉尔吉斯斯坦拉巴特依的沙费德袄庙（参见本书上文的图3-1-19的左图）为实例之一，方形平面，上为砖叠涩穹隆顶。

位于今伊朗伊斯法罕的萨尔维斯坦宫（Palace of Sarvistan，图7-4-1，建于公元5世纪）是古波斯萨珊王朝的王宫，穹顶用叠涩方法砌筑，是方底穹顶建筑的典型实例。

图7-4-1　萨尔维斯坦宫遗迹

突厥伊斯兰教建筑全面继承并发展了中亚的方底穹顶建筑形制，无论是集中式的陵墓，还是院落式的礼拜寺。其基本做法是方形平面，四面辟拱门或拱龛，墙身外饰拼砖、砖雕，穹顶覆盖，穹顶下有圆形或多边形鼓座，穹顶外饰琉璃。

1.陵墓

中亚突厥伊斯兰教国家，帝王和宗教领袖的墓均建在清真寺里，并成为朝拜圣地，均采用方底穹顶这种集中式纪念性建筑。陵墓正中辟一间正方形大厅，上面建鼓座，架穹顶。为平衡穹顶侧推力，四面砌垂直于穹顶的筒拱，形成十字形平面，筒拱的立面呈现竖长方形的墙，筒拱形成镶嵌在这面墙上的凹廊，墙两侧附建细长的塔，塔顶冠以小亭子，作为宣礼塔。早期四个立面大致相同，10世纪之后，渐渐开始强调一个正面，其余三面不再设置门廊，正面中央竖长方形的墙高于其它三面檐口，正面两端有圆形或八角形细塔，下部附在墙上，上部高耸于檐口之上。由于正面高耸的墙体将穹顶遮挡，从13世纪开始，穹顶下设置圆形或八角形鼓座，将穹顶高高托起。总之，陵墓采用这种集中式构图，强调垂直轴线，方形的主体、圆柱形鼓座、饱满的穹顶、瘦高的塔，构成其特征。

位于今乌兹别克斯坦布哈拉萨的伊斯梅尔陵（Mausoleum of Ismail Samanid，图7-4-2，建于892—907年），方形主体覆盖着穹顶，四个立面大致相同，中间为凹形门廊，为撒拉逊式尖券拱，四角各有1座半圆形塔，是陵墓宣礼塔的雏形，墙体以砖砌筑出图案，砖的颜色从淡黄到赭红都有，室内重要位置用石膏做平浮雕装饰，是

图7-4-2　伊斯梅尔陵

突厥伊斯兰陵墓的早期代表。

公元10世纪末，陵墓建筑演变为只有一个正立面，其它三面不再设门，典型实例是位于阿姆河中游今乌兹别克斯坦泽拉夫善谷地的阿塔汗陵（图7-4-3，建于977—978年），陵体正面设凹廊拱门，正面墙高于其它三面墙，陵体四角的圆形塔改为多边形，凹廊拱顶采用双圆心尖券形，穹顶也为双圆心尖券形，为了解决正面墙对穹顶的遮挡，穹顶下部设置了鼓座。

图7-4-3　阿塔汗陵

为了突出穹顶，鼓座逐渐加高。位于今乌兹别克斯坦撒马尔罕城外的沙赫-辛德陵墓（图7-4-4，建于14—15世纪），鼓座成为圆柱体，穹顶呈现双圆心尖券形，鼓座装饰着彩砖墙面，穹顶装饰着蓝色陶片，成为突厥伊斯兰教建筑的典型标志。

位于今伊朗赞詹省苏丹尼耶的蒙古人伊儿汗国皇帝奥尔杰图墓（Tomb of Oljeitu，图7-4-5，建于1309—1313年），将中亚惯用的方形平面改为八角形平面，高约50米，穹顶的直径是24.5米，双层，外层以蓝色陶片覆盖，鼓座外有一圈券廊，券廊的拱顶起脚与穹顶起脚的侧推力相抵，减小了鼓座的厚度，陵墓八角各有一座细高的宣礼塔高高耸立于屋顶之上。

图7-4-4　沙赫-辛德陵墓

图7-4-5　奥尔杰图墓

位于今中国新疆霍县的秃黑鲁帖木儿汗陵（图7-4-6，建于1363年），长方形平面，砖土结构，穹隆顶，东西长15米，南北宽10.7米，高13.35米。正面设四圆心弓形尖券门，宽4米，高8.1米，墙壁用紫、蓝、白3色26种规格的釉砖镶砌成各种几何形纹饰图案，门额上用蓝色釉砖嵌有阿拉伯文颂辞，两侧半圆形宣礼塔，其它各面做盲券。穹顶下鼓座周围设置一圈廊，室内有阶梯可登临。穹顶双层结构，呈四圆心弓形尖券形。

位于今乌兹别克斯坦的帖木儿墓（图7-4-7，建于1404—1405年），清真寺圣龛作为墓门，十字形墓室，外廓为八角形，正面正中为高大凹廊。鼓座高8～9米，穹顶采用内外双层结构，内层穹顶高20多米，外层穹顶高35米，外以琉璃砖贴面。

图7-4-6　秃黑鲁帖木儿汗陵

图7-4-7　乌兹别克斯坦的帖木儿墓

位于中国新疆喀什的阿巴和加麻札（图7-4-8，始建于1640年，“麻札”意为陵墓）是伊斯兰教白山派首领阿巴和加及其家族的墓地，长方形平面，长35米，宽29米，高26米；中部为直径17米的土坯穹顶，穹顶上置穹顶小亭；四角是半嵌在墙体中的圆柱形宣礼塔，直径约3.5米，内设楼梯达塔顶；建筑墙面以绿、黄色琉璃砖与白色墙面和谐组合。

图7-4-8　阿巴和加麻札

信仰伊斯兰教的突厥化蒙古人建立的莫卧儿王朝（1526—1857年），将中亚伊斯兰教建筑带入印度并中断了印度原有建筑体系。位于今印度阿格拉的泰姬·马哈尔（Taj Mahal）陵（图7-4-9，建于1631—1653年），是莫卧儿皇帝杰罕（Shah Jehan）为他的爱妃泰姬修建的陵墓，采用中亚伊斯兰教陵墓形制。陵园长方形，长576米，宽293米，陵墓全部用白色大理石建成，局部镶嵌有各色宝石，建在一个96米见方、高7米的大理石台基上，平面约56.7米见方，在四角处各切出一个斜边。陵墓中心是安置棺木的八角形大厅，四周有4个小八角形空间。建筑形体四面对称，每边中间砌筑四圆心弓形尖券门廊，其余各面均是两层四圆心尖券的凹龛；中间穹顶内径17.7米，用鼓座托起，高约73米，中间穹顶四周有4个小穹顶环绕，均为四圆心弓形穹顶（又称葱头顶）。台基四角有4座高约41米的宣礼塔。陵后两侧还有两座建筑，西侧是礼拜寺，东侧是休息所，屋顶都用葱头形穹顶。

图7-4-9　泰姬·马哈尔陵

2.礼拜寺

与叙利亚礼拜寺一面为礼拜殿、三面为回廊的平面不同，中亚突厥系的礼拜寺采用四合院平面，中轴线东端为寺门，西端为主礼拜殿，进深多为5间，保持横向巴西利卡的传统，面阔远大于进深，其余三面殿堂进深较小；继承波斯传统将殿堂柱网划分为正方形的间，在四面殿堂正中的间上砌筑高出屋顶的穹顶，12世纪出现每个间都用小穹顶覆盖，形成突厥独特的连穹顶；寺门使用方底穹顶形制，正立面砌筑凹形拱门，门两端设上下收分较大的圆形光塔；清真寺外墙四个角上各砌一座凸出墙面的圆形或八角形的高塔，塔顶为穹顶式小亭子。

建于14世纪中叶的苏丹哈桑礼拜寺（Mosque and Tomb of Sultan Hassan，图7-4-10，建于1356—1363年）位于今埃及开罗，是土耳其苏丹统治时期的建筑，来自中亚的奥斯曼人将中亚突厥伊斯兰教建筑风格带到埃及。大殿采用方底穹顶，弓形发券，内院周围无回廊而是4个广厅，东广厅后面是苏丹·哈桑的方底穹顶衣冠冢，建筑东立面两侧设宣礼塔，其中南面的塔有85米高。内院长32米，宽24.6米，正中有一个八边形屋檐的圆穹顶小凉亭，大理石柱支撑，亭内是淋浴用水池；内院四周为高大的院墙，每面中心都设有一道朝外敞开的尖拱门（图7-4-11）。

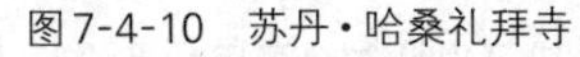

图7-4-10 苏丹·哈桑礼拜寺

图7-4-11 苏丹·哈桑礼拜寺内院的小凉亭和尖拱门

乌兹别克斯坦撒马尔罕的比比·哈内姆大清真寺（Bibi Khanun Mosque，建于1399—1404年），建于帖木儿帝国时期，平面长167米，宽109米；中间为中庭，宽63米，深76米，中庭四周是由480根柱子支撑的礼拜殿和围廊；西侧进深9间，中间为方底穹顶的主礼拜堂（图7-4-12），穹顶双重构造，外径18米，高40米，外贴淡青色彩釉面砖；南北两侧回廊进深4间，中间是方底穹顶的副殿，其它各间上均为用石柱上发券支撑的小穹顶；寺门（图7-4-13）坐落在东侧中间，方形平面，四圆心尖券拱门洞，寺门两侧和院墙四角设置圆形光塔。

图7-4-12 比比·哈内姆大清真寺的主礼拜堂

图7-4-13 比比·哈内姆大清真寺的寺门

伊朗伊斯法罕皇家礼拜寺（Mosque of Isfahan，图7-4-14，建于1612—1638年）由礼拜殿、寺门组成。寺门正面高墙两侧是一对邦克楼，高41米，寺门采用半穹隆钟乳拱（图7-4-15），寺门和礼拜殿上的尖顶穹隆均饰有各色的琉璃镶嵌。

图7-4-14　伊朗伊斯法罕皇家礼拜寺

图7-4-15　伊朗伊斯法罕皇家礼拜寺寺门的半穹隆钟乳拱

中国新疆地区的礼拜寺也属于中亚突厥伊斯兰教建筑风格，如建于15世纪的新疆莎车阿孜尼米契提清真寺（图7-4-16），与乌兹别克斯坦撒马尔罕的比比·哈内姆大清真寺平面相似，以中庭为中心，西侧中间是正殿，方底穹顶形制，四周是连穹顶的边殿，全部用土坯砌筑，寺门和正殿正面两侧立光塔。

图7-4-16　新疆莎车阿孜尼米契提清真寺剖面图

建于18世纪的新疆吐鲁番苏公塔礼拜寺（图7-4-17）也是突厥伊斯兰教建筑式样，不同点是将中庭改为平顶大殿，周围依然是连穹顶式回殿环绕，后殿和寺门采用方底穹顶形制，寺门门洞呈尖顶拱形。光塔（邦克楼）被称为苏公塔，没有采用中亚突厥式惯用的方法，而是采用波斯独立式，高44米，底部直径10米，塔身上小下大呈圆锥形，塔中心有一立柱，72级台阶呈螺旋形依中心立柱向上逐渐内收，塔顶有一穹顶瞭望室，四面有窗，光塔以砖砌筑，表面叠砌各式菱格纹、山纹、水波纹、变体四瓣花纹等几何图案。

图7-4-17　新疆吐鲁番苏公塔礼拜寺

图7-4-18　泉州清净寺的寺门

中国内地的清真寺也受到中亚突厥建筑风格的影响。初建于北宋大中祥符二年（公元1009年）的中国泉州清净寺，元至大二年（公元1309年）由伊朗艾哈默德重修。现存主要建筑有礼拜寺大门、奉天坛和明善堂。寺门（图7-4-18）带有中亚突厥建筑风格，高12.3米，宽6.60米，岩条石砌筑，分外、中、内三层，第一、二层皆为四圆心尖形穹顶，第三层为砖砌半球穹顶，寺门顶部为平顶，四面砌筑堞垛。礼拜殿占地面积约600平方米，门楣雕刻着阿拉伯文《古兰经》，屋顶已毁，仅存花岗岩石砌成的大殿四壁和四圆心尖券盲龛。

12世纪起，突厥伊斯兰教建筑开始向印度输入，实例除了上文提到的泰姬·马哈尔陵（参见图7-4-9），还有库特卜塔、贾玛寺、法坦浦尔·西克里清真寺等。

建于1199年的库特卜塔（Kutab Minar，图7-4-19）位于今印度新德里以南，塔高72.5米，塔上下分为5层，下面3层用红砂石建造，上面2层用白色大理石以及红砂石建造，塔身由下至上收缩，紧密排列着竖向棱线。每层外形各不相同，第一层是24个交叠的三角形和半圆形柱子，第二层是半圆形，第三层是三角形，第四、五层则是白色大理石夹有红砂石的平滑表面。塔内有379级螺旋形阶梯直达塔顶。此塔原是德里最后一个印度教统治者乔汉为他的王后建造的纪念物，后被德里的穆斯林统治者库特卜改建为伊斯兰风格。

图7-4-19　库特卜塔

贾玛寺（Jama Masjid，图7-4-20，建于1650—1656年）位于今旧德里，白色大理石砌筑，采用中亚突厥伊斯兰教建筑风格。寺门方底穹顶，立面做深深的券门；3个白色大理石穹形圆顶上以镀金圆钉和黑色的大理石条带做点缀；大门两侧、寺院四角及围墙上的光塔高高耸立。

图7-4-21是位于今印度北方邦阿格拉的法坦浦尔·西克里（Fatepur Sikri）清真寺的南大门，建于1575年，高51.7米，六边形平面，正立面采用中亚突厥半穹隆形门殿，墙面用红砂石镶嵌大理石做装饰，转角处设八角形柱，延伸到屋顶之上，屋顶设置若干小穹顶。

图7-4-20　贾玛寺

图7-4-21　法坦浦尔·西克里清真寺的南大门

总之，中亚突厥伊斯兰教建筑的主要特征是方底穹顶，四圆心尖券，以砖砌筑，光塔（宣礼塔）有独立和非独立两种，外墙或用砖拼砌图案，或用釉面砖装饰，悬挑构件用钟乳拱。

7.5 土耳其奥斯曼伊斯兰教建筑——拜占庭建筑与光塔

土耳其奥斯曼伊斯兰教建筑是拜占庭建筑与中亚突厥伊斯兰教建筑结合而形成的建筑风格，是奥斯曼帝国建造的伊斯兰教建筑。奥斯曼人初居中亚，奉伊斯兰教为国教，15世纪中叶消灭拜占庭帝国，16世纪建立了疆土包括北非、巴尔干、中欧一部分、高加索、西亚的奥斯曼帝国，以君士坦丁堡（今伊斯坦布尔）为首都。奥斯曼人以圣索菲亚大教堂（参见本书上文的图4-4-4）为蓝本构建主礼拜堂，四周回廊采用中亚突厥伊斯兰教建筑惯用的连穹顶，形成土耳其奥斯曼伊斯兰教建筑风格；光塔形制与中亚突厥伊斯兰教建筑一样采用非独立形态，但造型截然不同，塔顶不采用中亚突厥的圆穹顶而是用高加索的圆锥顶或角锥顶。最早将突厥伊斯兰教建筑与拜占庭建筑相结合的当属埃迪尔内的三阳台清真寺，成熟作品以伊斯坦布尔的苏里曼清真寺、王子清真寺、苏丹艾哈迈德清真寺为典型代表。

土耳其埃迪尔内的三阳台清真寺（Three-Balcony Mosque，图7-5-1，建于1438—1447年），主礼拜堂为正八边形平面，上覆直径24米的大穹顶，院落四周为连穹顶式回廊，是最早将连穹顶回廊与一个独立的大穹顶主礼拜堂结合在一起的，被认为是奥斯曼伊斯兰教建筑风格的雏形。

图7-5-1　土耳其埃迪尔内的三阳台清真寺

建于16世纪中期的苏里曼清真寺（Suleymaniye Mosque，图7-5-2，建于1550—1556年），位于今土耳其伊斯坦布尔，以圣索菲亚大教堂为蓝本，以直径26.5米的中间大穹顶为中心，大穹顶前后各有一个半球形穹顶，大穹顶左右两侧各有3个小穹顶，大穹顶四角还有4个小穹顶，13个穹顶下的空间连成一体，只有中间4根粗大的承托中央穹顶的立柱及两侧各2根支撑小穹顶的细小立柱。整个结构体系基本与圣索菲亚大教堂的结构体系相同，唯一的区别是位于四角的4个小穹顶是圣索菲亚大教堂所没有的。室内墙壁和布道坛用雕刻精美的白色大理石镶嵌，窗户用彩色玻璃。清真寺平面采用叙利亚式，前面为带回廊的庭院，回廊逐间覆盖小穹顶，是带有中亚特色的连穹顶。4座光塔受高加索建筑影响为锥形顶，成为土耳其奥斯曼清真寺的典型特征。

建于16世纪的王子清真寺（Sehzade Mosque，图7-5-3，建于1543—1548年），位于今土耳其伊斯坦布尔，与苏里曼清真寺一样，主礼拜堂为拜占庭式穹顶。

图7-5-2　土耳其伊斯坦布尔的苏里曼清真寺

图7-5-3　土耳其伊斯坦布尔的王子清真寺

建于17世纪初的苏丹艾哈迈德清真寺（Sultan Ahmed Mosque，图7-5-4，建于1610—1616年），位于今土耳其伊斯坦布尔，周围6个尖塔环绕。

土耳其奥斯曼伊斯兰教建筑风格也传播到埃及。位于今开罗萨拉丁城堡中的穆罕默德·阿里清真寺（Mosque of Muhammad Ali，图7-5-5，建于1830年），是奥斯曼帝国统治时期的埃及总督穆罕默德·阿里的墓，正方形平面，中间上覆大穹顶，四边为半圆形穹顶，四角4个小穹顶，2个尖塔，4个穹顶光塔。

图7-5-4　土耳其伊斯坦布尔的苏丹艾哈迈德清真寺

图7-5-5　埃及开罗的穆罕默德·阿里清真寺

7.6 不同区域伊斯兰教建筑的区别

前面介绍了五大区域的伊斯兰教建筑，除了建筑体系不同外，还可以通过一些不同的建筑元素看出它们之间的区别，如钟乳拱、券门以及装饰图案、光塔形制等。

1. 钟乳拱和券门

钟乳拱和券门可以作为不同伊斯兰教建筑类型的明显标志。首先是钟乳拱，其功能与中国木建筑的斗拱、印度砖石建筑的叠涩出挑相同，起悬挑作用，是中亚突厥伊斯兰教建筑的重要标志。来自中亚的土耳其奥斯曼人在营建清真寺时加入了钟乳拱这种建筑元素，所以中亚和土耳其的清真寺都可以看到这种构件。钟乳拱起源于中亚方底穹顶建筑体块从方形向圆形过渡的构造方法，波斯萨珊王朝时采用球面拱，10世纪伊斯兰教建筑用抹角拱龛取代球面拱从而使其具有装饰作用；从11世纪开始，抹角拱龛用砖叠涩挑出，每块砖都斜向砌筑，形成锯齿形牙子，上下交错，后来，又在每一个尖角上凿一个凹坑，产生了华丽的装饰效果，这种构件被称为钟乳拱，14世纪之后被广泛用于穹隆顶下、檐口下、阳台下、凹龛顶内等一切向外出挑的部位（图7-6-1，另见图7-4-15）。

图7-6-1 土耳其布鲁沙的耶希尔清真寺寺门的钟乳拱

其次是券门，在伊斯兰教建筑上可以看到如图7-6-2所示的几种不同形态的券门，通过券门的形态可以鉴别出该建筑属于哪种类型的伊斯兰教建筑：图中的A名撒拉逊式尖券，撒拉逊人是指从今天的叙利亚到沙特阿拉伯之间的沙漠牧民，撒拉逊式尖券为波斯伊斯兰教建筑所用，而叙利亚伊斯兰教建筑直接采用罗马建筑，券门为半圆券；B为马蹄形拱券，为西班牙伊斯兰教建筑所使用；C为弓形券，也叫四圆心尖券，为中亚突厥伊斯兰教建筑所使用，中亚突厥伊斯兰教建筑早期使用波斯传过来的双圆心尖券拱，进而发展为四圆心尖券拱；D是三叶形券，E为复叶形券，为中亚突厥伊斯兰教建筑所使用。

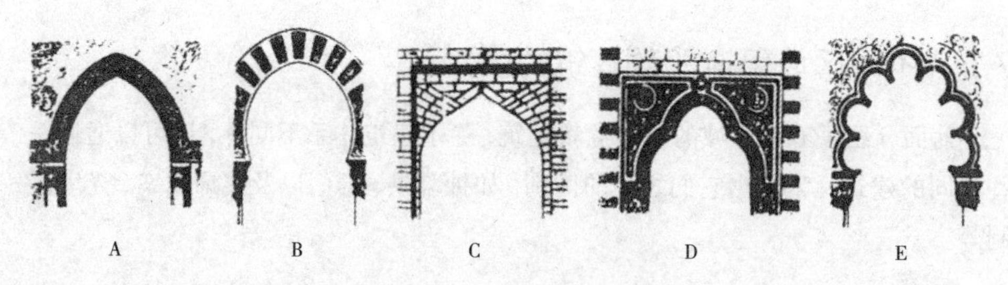

图7-6-2 伊斯兰教建筑的券门

2.装饰图案

五大区域伊斯兰教建筑的装饰图案也有区别。早期的叙利亚伊斯兰教建筑和西班牙伊斯兰教建筑，内墙面按照拜占庭建筑的手法贴大理石板，局部抹灰面做彩画或薄薄的灰塑，偶有彩色玻璃马赛克，题材自由，有古希腊和古罗马的题材，如动植物写实形象，后来动物形象首先被禁绝，植物也逐渐图案化了。8世纪中叶以后，在两河流域的波斯伊斯兰教建筑上，几何纹样基本排斥了写实形象，《古兰经》的经文被编进了图案，只有少量的植物形象点缀，这种装饰图案被称为阿拉伯图案，最常见的装饰是在抹灰面上做粉画，灰粉画风格纤细柔弱，色彩鲜艳，少量使用当地早已有之的琉璃砖做贴面；8世纪末，开始使用简单的图案式砌筑法做表面装饰，雕花的木板和大理石板被广泛使用，有时做透雕，用在门窗上。

中亚突厥式装饰有3种：花式砌墙、石膏装饰块和琉璃砖贴面。13世纪之前主要用花式砌筑墙面的装饰手法，一是在墙面上利用砖的横竖、斜直、凹凸等变化砌出各种编织纹样；二是在墙上砌龛、半圆柱凸出体等，而在它们上面仍然砌筑编织花纹，砖的颜色从淡黄到赭红，局部重要部位用石膏做平浮雕图案贴在墙上，室内用石膏做大面积装饰，以深蓝和浅蓝为主。13—14世纪，石膏平浮雕在室外用得更多，墙上砌龛或半圆柱凸出体因施工不便逐渐少见，石膏着色除深蓝和浅蓝之外，出现黄、红、绿、橙、棕、赭、黑等，少数贴金。12世纪开始大量使用琉璃砖，以浅蓝色为主，到14世纪，陆续出现平浮雕或彩绘的琉璃砖，以及不同形状的琉璃块。普通琉璃砖装饰方法是用各种不同颜色的琉璃砖或者掺用普通砖砌成图案、编织纹样或阿拉伯文字。14世纪末帖木儿时代，用琉璃砖满满覆盖穹顶、鼓座和塔身、墙面等一切内外表面，甚至将镜片镶嵌在图案里。早期凹凸起伏的砖砌花纹因不适用于琉璃砖贴面工艺被放弃，墙、鼓座、穹顶、塔等都趋于简洁平滑的几何体。土耳其奥斯曼伊斯兰教建筑，除了用小亚细亚传统的平雕石刻图案装饰外，大量使用琉璃砖，以蓝色或绿色为主，也有深棕色或朱红色，同时使用彩色玻璃窗镶嵌画。

3. 光塔形制

五大区域伊斯兰教建筑的区别还体现在光塔形制上。光塔即宣礼塔，阿拉伯语音译为“米厄宰奈”，意为尖塔、高塔、望塔，又名唤礼塔、邦克楼、望月楼等，用于宣礼或观察新月以确定斋戒月起讫日期。叙利亚伊斯兰教建筑、西班牙伊斯兰教建筑的光塔为方形，脱胎于基督教堂的钟楼，如大马士革的倭马亚大礼拜寺（参见本书上文的图7-1-2），在保留两座基督教堂钟楼为宣礼塔外，又在礼拜殿对面的院墙中间增建了一座方形光塔。波斯伊斯兰教建筑的宣礼塔，如建于9世纪中叶的巴格达萨马拉大清真寺宣礼塔（参见本书上文的图7-2-3）和建于9世纪70年代的埃及开罗伊本·图伦礼拜寺宣礼塔（参见本书上文的图7-2-5）均为独立的塔，环绕圆形塔身设置露天登道，中国广州光塔寺中的独立式光塔（参见本书上文的图7-2-6）也是其风所及。中亚突厥伊斯兰教建筑的宣礼塔采用非独立式圆塔，在主殿和大门两侧建塔，塔下部与建筑外墙砌成一体，上部突出墙体，塔身是收分很大的圆柱形，塔内设登道至塔顶，塔顶设穹顶式圆亭，塔身表面用拼砖砌筑图案和砖雕图案装饰。土耳其奥斯曼伊斯兰教建筑的光塔同中亚突厥伊斯兰教建筑一样为非独立式，但光塔顶与中亚突厥式完全不同，采用圆锥形顶和角锥形顶。

总之，五大区域的伊斯兰教建筑分属不同建筑体系，叙利亚式和西班牙式采用罗马建筑体系风格，用拱券支撑木屋架，标识性建筑元素前者是半圆拱券，后者是马蹄形拱券；波斯式采用柱子直接支撑平屋顶的方柱式大厅；中亚突厥式为方底穹顶结构体系，标识性构件是高耸的四圆心穹顶及四圆心尖券；土耳其奥斯曼式则直接承袭拜占庭建筑，标识性建筑元素是层层叠叠的球形及半球形穹顶。虽然建筑体系不同，但用重复、辐射和有韵律的植物图案以及以阿拉伯文书写的《古兰经》经文图案作为建筑装饰的主题，则是伊斯兰教建筑的共同特征。

下　篇

近现代建筑

谷健辉　著

八、近代建筑的新材料、新技术与新类型(18世纪下半叶—20世纪初)

18世纪工业革命之后，随着资本主义大生产的迅猛发展，社会生活日新月异，欧美建筑活动也随之发生了诸多新变化。层出不穷的新建造材料、新结构技术、新施工方法为近代建筑的创新发展提供了无限可能。传统建筑类型，如教堂、宫殿、城堡、府邸这些曾经占据建筑舞台主角的建筑类型，面对新的社会生活，不仅不再是耀眼的主角甚至直接退出了建筑舞台，而古典建筑形式所谓的“永恒性”也面临着巨大的挑战。适应现代生活需要的公共和居住建筑大量涌现，沿用手工业的、采用石头或木头材料的、工期动辄几十上百年的陈旧建造方式，显然已经不能满足追求效率和经济的现代人的要求。钢铁、水泥、玻璃等新材料和工业化的施工方法，暖气、通风、自来水、下水道和升降机等新设备应运而生。它们的使用，带来了建筑形式的新变化。此时，人们的审美观念也与以前大不相同，新的生活方式带来的对速度、变化、效率的欣赏，使得林立的烟囱、穿梭的汽车、舒适的生活设施成为了新的审美追求。建筑的新功能、新技术和旧形式之间的矛盾日益尖锐，面对这一问题，一些勇于创新的建筑师坚定地踏上了探求新建筑的征程。

8.1 初期生铁结构

英国是将铁用于桥梁建造的先锋。1775—1779年，第一座跨度30米、高12米的生铁单跨拱桥在英国塞文河上建造起来(图8-1-1)。1793—1796年，全长72米的森德兰铁桥(图8-1-2)也在英国建造出来，这一新式铁制单跨拱桥是当时使用生铁建造构筑物的最大胆的尝试。随着铸铁业的日益发展，铁这种历史悠久的材料开始在新建筑中大量使用，形式多样的铁构件逐渐成为建筑结构的重要组成部分。

图8-1-1 塞文河铁桥

图8-1-2 森德兰铁桥

将生铁作为房屋建筑的主要材料，最早主要应用于戏院、仓库等建筑的屋顶上。1786年建造的巴黎法兰西剧院铁框架屋顶（图8-1-3），是一个有代表性的例子。另一个典型例子是1818—1821年建造的英国布赖顿皇家别墅（图8-1-4），重约50吨的铸铁制成的洋葱式屋顶支撑在细瘦的铁柱上，体现出使用生铁构件追求新奇与时髦的设计意图。

图8-1-3 巴黎法兰西剧院屋顶外观

图8-1-4 英国布赖顿皇家别墅

8.2 铁和玻璃的结合

在铁的应用日益成熟的基础上，为了建筑的采光需要，铁和玻璃两种材料配合应用成为一种必然需求，在19世纪的建筑创作中获得了新成就。1829—1831年，在巴黎旧王宫的奥尔良廊屋顶上，最先应用了这种铁框架与玻璃结合的建筑方法。1833年，第一幢完全以铁框架和玻璃构成的巨大建筑物——巴黎植物园温室（图 8-2-1）建成，这种建筑方式对后来的建筑有很大的启发，轻盈明快的建筑造型受到人们的喜爱。

图8-2-1　巴黎植物园温室

8.3　钢筋混凝土

早在古罗马时期，人们就开始利用火山灰天然混凝土作为主要的建筑材料，并发展了相应的建筑结构方法。众多功能复杂、体量庞大的建筑物就是使用火山灰天然混凝土建造而成的，恢宏壮阔的古罗马建筑成为人类建筑史上的里程碑。然而，这种建造方法在中世纪时却少有使用。真正的混凝土及钢筋混凝土是近代的产物。1824年，英国首先生产的胶性波特兰水泥为混凝土结构的试制提供了条件。1829年，试用将水泥和砂石作为铁梁中的填充物，进一步发展了水泥楼板的新形式。钢筋混凝土首先在法国和美国得到发展。1868年，法国园艺师蒙涅用铁丝网与水泥试制花钵成功，启发了建筑工程师以交错的铁筋和混凝土作为建筑屋顶的主要结构，这一试验为近代钢筋混凝土结构奠定了基础。始建于1875年的巴黎圣心大教堂（参见本书上篇的图4-6-46）是较早使用钢筋混凝土建造房屋的例子。瑞士工程师马亚曾设计过许多新颖的钢筋混凝土桥梁，这些桥梁的轻快形式和结构应力分布相一致，实现了建筑的技术性与艺术性的高度统一。1910年第一座无梁楼盖仓库（图 8-3-1）在苏黎世落成。总之，19世纪末至20世纪初，钢筋混凝土结构传遍欧美，广泛应用于建筑建造，几乎成了一切摩登建筑的标志。

图8-3-1 苏黎世无梁楼盖仓库

1916年，法国巴黎近郊出现了一座用钢筋混凝土建造的巨大的飞机库——奥利飞机库（图8-3-2），它采用抛物线形拱顶结构，跨度达96米，高度达58.5米。拱顶肋间有规律地布置着采光玻璃，具有非常新颖的效果。

图8-3-2 巴黎奥利飞机库

所有这些新结构形式的出现，使现代工业厂房、飞机库、剧院、大型办公楼、公寓等的设计建造更加自由、更加合理，同时也可以更加充分地利用空间和发挥建筑师的想象。

8.4 向框架结构过渡

框架结构出现于英国，在美国得到大发展，其最主要特点是以生铁框架代替承重墙。美国于1850—1880年间所谓的“生铁时代”中建造的商店、仓库和政府大厦等多应用生铁框架结构，这些建筑在外观上用生铁梁柱纤细的比例构图尽力摆脱古典建筑形式的束缚。虽然高层建筑在新结构技术条件下得到了建造的可能性，但旧的形式依然保留着它难以抹去的印记。第一座依照现代钢框架结构原理建造起来的高层建筑是1883—1885年建造的芝加哥家庭保险公司大厦（图8-4-1），但它的外形仍然沿用古典的比例关系。

图8-4-1　芝加哥家庭保险公司大厦

历史意识与新技术通常是携手并进的，英国在与拿破仑作战时期所修建的圣乔治教堂（图8-4-2，建于1812—1814年）就体现了这一点。这座教堂是一位古董家与一位实业家合作的结果，是一座无论在哥特建筑复兴史上还是在框架结构的应用上都开了先河的建筑。18世纪末，虽然已经出现用铁浇铸立柱和横梁的工厂，但从未将铁架用于建筑的整个内部构造。古董家托马斯·里克曼是圣乔治教堂这座“铁教堂”的设计者，他原本不可能成为建筑师，更谈不上是运用预制铸铁结构的早期支持者，但历史机遇却使他名载史册。1812年，里克曼为了躲避债务移居到利物浦，遇到从事钢铁行业的约翰·克拉格。这时的克拉格刚刚赚到大笔财富，热心于教堂公益事业和地方事务，他提议在埃弗顿建立一所新教堂，但对聘请的建筑师大失所望，于是转而求助里克曼。里克曼是一位哥特式建筑风格热情的业余爱好者，他设计的教堂无论平面图还是正立面图，都是基于对哥特教堂的精心研究而提出的方案，虽出自业余爱好者之手，却堪称了不起的学术成就。当时大多数教堂都采用古典主义风格，内部结构不过是加了走廊的盒子。里克曼提交的圣乔治教堂设计方案，虽然外观仍以石质为主，但内部结构则大量使用铸铁这一新材料，立柱、中殿、走廊的天花板乃至窗子上的哥特式花饰窗棂都采用铸铁塑造，建筑内部的铁构架轻巧典雅，极富魅力。这些铸铁构件都是来自克拉格铸造厂的新产品。1817年，里克曼的著作《英格兰建筑风格鉴别尝试》(An Attempt to Discriminate the Style of Architecture in England）提出的描述英国哥特式建筑的术语至今仍被人们所沿用。

图8-4-2　英国利物浦埃弗顿圣乔治教堂

在英国，于1841年全线开通的连接伦敦与布里斯托的西部铁路大干线，是一条雄伟壮观的早期铁路线。铁路线建设时，建筑学与工程学之间的界线还不甚明确，对于桥梁和高架桥设计，早期的铁路工程师们试图展现一种罗马风格的庄严辉煌，这是工程自身的宏大规模所需要的。西部铁路干线处处体现着创造者挥洒自如的才智。I.K.布鲁内尔（1806—1859年）和R.S.波普（1791—1884年）设计的布里斯托火车站按照哥特风格设计而成，覆盖两个站台和5条轨道的屋顶（图8-4-3）跨度达22米，是铁架支撑的木质悬壁式结构，支于两侧成排的铸铁排柱上。这座建于1840—1841年的火车站模仿哥特式建筑式样，在当时被认为是拙劣的模仿，但宏大的建筑气势还是展现了“大铁路时代”的独特魅力。

图8-4-3　英国布里斯托火车站的站台屋顶

8.5 升降机与电梯

随着近代工业与高层建筑的出现，传统的楼梯已无法胜任对垂直交通的运输需求。此时，升降机的发明使人类长期向往的建筑向高空发展的理想得到了实现。人类历史上第一座真正安全的载客升降机出现在1853年美国纽约世界博览会上，这是一台蒸汽动力升降机，当时作为展品被展出。4年之后的1857年，这种升降机在纽约一座商店被安装使用。以水为动力的升降机则于1867年巴黎国际博览会上展出，并于1889年应用于埃菲尔铁塔内。我们今天最常用的电梯，是在1887年被发明出来的。

8.6 博览会与展览馆

18世纪末开始出现的博览会，是近代工业发展和资本主义工业品市场竞争的结果。18—19世纪博览会的历史可以分为两个阶段：第一个阶段为1798—1849年，在巴黎开始和终结，范围仅限于法国；第二个阶段是1851—1893年，这时已具有国际性质。博览会的举办给建筑的创新性发展提供了最好的条件与机会，博览会必建的展馆建筑成了新建筑发展的风向标和试验田。早期博览会的历史不仅表现了铁结构建筑的发展历程，而且在建筑审美观上也有了重大转变。在早期国际博览会时代涌现出了两次最突出的建筑活动，一次是为1851年在英国海德公园举行的世界博览会建造了“水晶宫”，另一次则是为1889年在法国巴黎举行的世界博览会建造了埃菲尔铁塔和机械馆。

1.水晶宫

1849年，亨利·科尔（Henry Cole）向艾伯特亲王提议主办一次世界性的工业产品博览会，向全世界展示英国当时的强大力量和巨大的工业成就，并选定海德公园作为博览会的会址。作为第一届万国工业博览会的标志性建筑及场地，采用铁与玻璃构成的闻名遐迩的“水晶宫”（Crystal Palace，图8-6-1）把铁结构的运用推到了极致，成为1851年那届盛会最著名的展品，代表了维多利亚时代工业革命的巨大成就，被载入了世界建筑设计史册。

图8-6-1　水晶宫

水晶宫的建造历程非常有趣。1850年初，英国政府面向全世界征求博览会展览馆设计方案，共收到245个设计方案。应征方案数量众多，设计得也漂亮悦目，但大都采用古典形式，所需的建筑材料很难在短时间内备齐，所有的方案均难以在不到1年的时间内完成施工，以保证博览会如期举行。此时，面对众多令人爱不释手的方案，紧迫的工期成了首要矛盾，展馆建造面临严峻挑战。在这个关键时刻，一位名为约瑟夫·帕克斯顿（Joseph Paxton, 1803—1865年）的英国园艺师提出了一个超乎所有人想象的新方案——依照装配式植物园温室和铁路站棚的建造办法，建造一个用玻璃围合的铁框架结构，作为展览馆的外壳，在里面布置数量众多、体量庞大的展品。面对紧迫的工期，这是一个不错的方案。于是按照这个方案，在英国伦敦海德公园内，1850年8月始建，次年5月即告竣工。这座建筑的大部分为铁结构，外墙和屋面均为玻璃，整个建筑通体透明，宽敞明亮，故被誉为“水晶宫”。这座建筑的几何形状、建筑尺度的模数化、定型化、标准化，以及坚硬晶莹的玻璃墙壁和工厂化生产，使它成为世界上第一个体现初期功能主义风格的重要作品，俨然成为建筑风格革新的代表，预示了20世纪建筑设计的三大突破：机器成了风格的塑造者，技术成为新建筑或新产品材料的直接来源，非建筑师取代了建筑师的地位。

水晶宫建筑面积约7.4万平方米，长1 851英尺（约564米），象征1851年建造；宽408英尺（约124米），共5跨，以8英尺为单位（当时的玻璃长度为4英尺，用此尺寸作为模数）。总高3层，外形为一个简单的阶梯形长方体，并有一个垂直交叉于主体的筒形拱顶。各立面只显示铁和玻璃，没有任何多余的装饰。它是历史上第一座纯粹的超大型钢架玻璃结构建筑，以钢铁、玻璃为主要材料，只用了少量木材，主要建筑构件是平板钢筋、角铁、螺丝和铆钉。

水晶宫虽然功能简单，但它是英国工业革命时期的代表性建筑，在建筑史上具有划时代意义：它所负担的功能是全新的，要求巨大的内部空间和最少的阻隔；它要求快速建造，工期不到一年；建筑造价大为节省；在新材料和新技术的运用上达到了一个新高度；实现了形式与结构、形式与功能的统一；摒弃了古典主义的装饰风格，向人们预示了一种新的建筑美学标准，其特点就是轻、光、透、薄，开辟了建筑形式的新纪元。

世博会结束后，水晶宫于1852—1854年迁移至伦敦南部的锡德纳姆山重建，规模有所扩大，并且增添了一些模仿古代埃及、希腊、罗马和尼尼微的庭院，1854年6月10日由维多利亚女王主持向公众开放。1866年，一场火灾烧毁了水晶宫北部的走廊；1936年，又一场大火将水晶宫几乎完全摧毁，除南翼以外，地上仅存一堆扭曲的金属和融化的玻璃；1950年，水晶宫仅存的南翼也被烧毁。对此，英国政治家丘吉尔说道："这是一个时代的终结。"水晶宫的焚毁，彻底宣告了璀璨的维多利亚时代的结束。

2. 埃菲尔铁塔

与水晶宫相似，1889年诞生于法国巴黎的埃菲尔铁塔（Eiffel Tower，图8-6-2）也是为世博会而建，同时也为了庆祝法国大革命胜利100周年。当时，这座标志性纪念建筑吸引了700多个设计方案参与投标，最后法国著名工程师古斯塔夫·埃菲尔（Gustave Eiffel，1832—1923年）的设计方案脱颖而出。之后，为了纪念这位伟大的工程师，这座建筑便以他的名字命名。1887年1月28日，埃菲尔铁塔工程正式破土动工。面对铁塔设计方案，人们料想：这座铁塔将如同一个巨大的黑色的工厂烟囱耸入巴黎的天空，这个庞然大物将会掩盖巴黎圣母院、卢浮宫、凯旋门等著名的建筑物，这根由钢铁铆接起来的丑陋的柱子将会给这座有着数百年历史的古城投下令人厌恶的影子。于是，1887年2月14日，巴黎文学艺术界的精英发起抗议，反对修建巴黎铁塔，其中包括法国著名文学家莫泊桑、小仲马等，300名著名人士签署了《反对修建巴黎铁塔》的抗议书。名人的抗议引发了群众的请愿，反对的呼声一时鹊起。同时还有来自科学界的批评，法国一位数学教授预计，当铁塔盖到748英尺（229米）时，这个建筑将轰然倒塌。还有专家声称，铁塔的灯光将会杀死塞纳河中所有的鱼。有报纸声称铁塔正在改变气候，还有报纸用头条报道铁塔“正在下沉”。尽管如此，铁塔的建造工程一刻也没有停歇。

图8-6-2 埃菲尔铁塔及其底部

埃菲尔铁塔占地1公顷，耸立在巴黎市区塞纳河畔的战神广场上，现在包括天线等附加设施在内的总高度为330米。铁塔塔身分4层，最底层形成东南西北四座大拱门，其上设有3层平台，游客可以在此小憩赏景，第四层是气象台，顶部架有电视天线。游客可拾1 710级阶梯而上，也可乘电梯到达顶层。铁塔整体采用交错式结构，由4条与地面成75°角、带有混凝土水泥台基的粗大铁柱支撑着高耸入云的塔身，内设4部水力升降机（现为电梯）。它使用了1 500多根矩形预制梁架、150万颗铆钉、12 000个钢铁铸件，总重7 000吨，由250个工人花了17个月建成，造价为749万金法郎。根据实测，由于铁材料的热胀冷缩，铁塔早晨向西偏100毫米，白天向北偏70毫米，严冬时矮170毫米。

在这座1889年巴黎世博会主题建筑刚落成的日子里，优雅的法国人实在不屑这一“世界第一高度”的粗野，但无论如何，这一庞然大物还是显示了资本主义初期工业生产的强大威力，彰显着法国大革命的伟大和崇高。现在，充满魅力的埃菲尔铁塔已成为巴黎的象征和传世经典，被认为是19世纪世界上最伟大的建筑工程之一。

3. 机械馆

与埃菲尔铁塔同时落成的机械馆（图8-6-3）是一座前所未有的大跨度建筑，

刷新了世界建筑史的纪录。它紧临埃菲尔铁塔，长420米，跨度达115米，由20个框架组成，四壁全为大片玻璃。结构方法初次使用了三铰拱原理，拱的末端越接近地面越窄，每点集中的压力达120吨。这种新结构的试验成功，有力地促使建筑艺术探求新的形式。机械馆直到1910年才被拆除。

图8-6-3　机械馆

九、建筑创作中的复古思潮（18世纪下半叶—20世纪初）

虽然建筑创新风起云涌，但从18世纪60年代到20世纪初，欧美仍然流行着古典复兴、浪漫主义、折中主义三大思潮，被统称为建筑创作中的复古思潮。它们的出现，主要是因为新兴资产阶级希望通过建筑的历史样式，从古代建筑遗产中寻求思想共鸣这一政治上的需要。本书上篇4.6节的后半部分已介绍过这三类建筑，这里再做一些补充。

9.1 古典复兴建筑

古典复兴是资本主义初期最先出现在文化上的一种思潮，建筑史上的古典复兴建筑（Classical Revival Architecture）指18世纪60年代至19世纪末在欧美流行的古典建筑形式。这种思潮受到当时启蒙运动的影响。启蒙运动起源于18世纪的法国，是资产阶级批判宗教迷信和封建制度永恒不变的观念，为资产阶级革命所做的舆论准备。18世纪法国资产阶级启蒙思想家的代表主要有伏尔泰、孟德斯鸠、卢梭和狄德罗等人，他们的学说都具有一个共同的核心，那就是以“自由、平等、博爱”为主要内容的资产阶级人性论。正是由于对民主、共和的向往，唤起了人们对古希腊、古罗马的礼赞。这就是资本主义初期古典复兴建筑思潮的社会基础。

18世纪古典复兴建筑的流行，固然主要由于政治上的原因，另一方面也是因为考古发掘展现出真实的古典建筑形象，使人们认识到古典建筑的艺术质量远远超过了巴洛克与洛可可建筑。古典复兴建筑在欧美各国的发展有共同之处，但也有所不同。大体上，在法国、美国是以罗马式样为主，例如法国第一座古典复兴建筑巴黎万神庙（参见本书上篇的图4-6-38）、美国国会大厦（参见本书上篇的图

4-6-41)；在英国、德国则以希腊式样较多。这些古典形式的建筑主要是为资产阶级服务的国会、法院、银行、交易所、博物馆、剧院等公共建筑以及纪念性建筑，至于普通市民的住宅、教堂、学校等建筑类型则受影响较小。

拿破仑帝国时代，在巴黎建造了许多国家性的纪念建筑，例如星形广场（现名戴高乐广场）上的雄狮凯旋门（图9-1-1，另见本书上篇的图4-6-39）、玛德莲教堂（La Madeleine，图9-1-2，建于1806—1842年）等，这些建筑都是罗马帝国建筑式样的翻版。这类建筑追求外观上的雄伟、壮丽，内部则常常吸取东方的各种装饰或洛可可手法，形成所谓的“帝国式风格”（Empire Style）。

图9-1-1　法国巴黎的戴高乐广场和雄狮凯旋门

图9-1-2　巴黎玛德莲教堂

美国独立前，来自欧洲不同国家的殖民者所建的建筑基本都采用欧洲样式，特别是英国式，这些风格被称为“殖民时期风格”（Colonial Style）。独立战争时期，美国资产阶级在摆脱殖民地制度的同时也力图摆脱建筑的“殖民时期风格”，但是由于美国本土印第安人的建筑传统并未引起重视，寻求独立的美国人只能用希腊、罗马的古典建筑去表现民主、自由、光荣和独立，所以古典复兴特别是罗马复兴建筑在美国曾盛极一时。美国国会大厦（参见本书上篇的图4-6-41）就是罗马复兴建筑的例子，它仿照巴黎万神庙的造型，极力表现雄伟的纪念性。

1792年美国举行国会大厦设计竞赛，业余建筑师威廉·桑顿（1759—1828年）凭借一份宏伟壮丽的古典风格方案脱颖而出，但建造如此庞大的建筑，技术要求很高，桑顿无法承担具体的技术任务，只得聘请专业建筑师协助工作，其中拉特罗伯起了较大作用。在国会大厦重建过程中，施工到大圆顶时又发生了新的技术难题，1850年不得不再次举行竞赛，最后托马斯·瓦特获胜，继续主持国会大厦的重建工作直到1867年，而大厦中有些设备与装修直到20世纪中叶才完成。国会大厦外部全部用灰白色石块砌筑，上部圆顶用铸铁构件建造以减少圆顶的侧推力。铸铁圆顶外部刷白漆，远远望去和下部石墙面非常协调。圆顶下部开设一圈小窗，既能采光和减轻重量，又能在造型上产生虚实对比，避免了圆顶的沉重感。圆顶上面的圆形亭子和青铜“自由雕像”，使圆顶形象饱满而鲜明。这座古典建筑成为华盛顿市的制高点（大厦高94米），也成为华盛顿市重要的标志性建筑。

美国国会大厦虽然采用罗马古典复兴建筑风格，但大圆顶下的两层圆厅用壁柱和柱廊环绕，两翼上层外观也都采用柱廊形式，这种对柱廊的恰当使用给人一种既庄严伟大又亲切开敞的感觉，似乎能表达一定的民主思想。大厦底层外部仿照巴黎卢浮宫东立面的做法（参见本书上篇的图4-6-28），由一个基座承托着上部的柱廊，使整座建筑显得稳重坚实。美国国会大厦在轴线上与高达166.5米的华盛顿纪念碑（图9-1-3）遥相呼应，更增加了全景雄伟的纪念性。

图9-1-3　华盛顿纪念碑（Washington　Monument，建于1884—1885年）

9.2　浪漫主义建筑

浪漫主义是18世纪下半叶到19世纪上半叶活跃在欧洲文学艺术领域中的另一种主要思潮，这种思潮在建筑上也得到一定的反映（被称为浪漫主义建筑，Romanticism Architecture）。浪漫主义主张反抗资本主义制度与大工业生产，倡导发扬个性自由，提倡自然天性，采用中世纪艺术的自然形式来反对资本主义制度下用机器制造的工艺品，并用它来和古典艺术相抗衡。

浪漫主义源于18世纪下半叶的英国。18世纪60年代到19世纪30年代是它的早期，也被称为先浪漫主义时期。先浪漫主义带有旧封建贵族追求中世纪田园生活的情趣，以逃避工业城市的喧嚣，在建筑形式上表现为模仿中世纪寨堡或哥特风格。模仿寨堡的典型例子是埃尔郡的克尔辛府邸（Culzean Castle，图9-2-1，建于1777—1790年），模仿哥特教堂的例子则是位于威尔特郡的封蒂尔修道院（Fonthill Abbey，图9-2-2，建于1796—1814年）。此外，先浪漫主义在建筑上还表现为追求非凡趣味和异国情调，如在园林中放置东方建筑小品，而英国布赖顿皇家别墅（参见上文的图8-1-4，建于1818—1821年）则直接模仿印度伊斯兰教礼拜寺。

图9-2-1　克尔辛府邸

图9-2-2　封蒂尔修道院

19世纪30年代到70年代是浪漫主义的第二个阶段，这是浪漫主义真正成为一种创作潮流的时期，反映了当时西欧一些人对民族传统文化的恋慕，认为哥特风格最有画意和神秘气氛，并试图以哥特建筑结构的有机性来解决古典建筑所遇到的建筑艺术与技术之间的矛盾。因这一时期浪漫主义建筑常常以哥特风格出现，所以也被称为哥特复兴（Gothic Revival）。哥特复兴式不仅被用来建造教堂，在一般的世俗性建筑中也多有应用。浪漫主义建筑最著名的作品是英国议会大厦（参见本书上篇的图4-6-43）。

位于伦敦泰晤士河畔西岸的英国议会大厦，建于1836—1868年，不论在技术运用还是建筑形式上，这座建筑都是世界上最伟大的哥特复兴式公共建筑。由于它的造型和威斯敏斯特教堂很相像，亦被称为威斯敏斯特新宫（New Palace of Westminster）。由于老建筑在1834年毁于大火，便有了新议会大厦的诞生。

关于这幢新建筑的风格与形式，英国议会坚信建筑风格应该反映一个民族的历史或理想，至于这幢新建筑到底采用哥特式还是采用伊丽莎白式，曾引起社会各方激烈争论。最后，在1836年决定聘请查尔斯·巴里爵士（Sir Charles Barry）作为建筑师设计新议会大厦。巴里决定采用亨利五世时期的垂直哥特式，原因是亨利五世曾一度征服过法国，采用这种风格便有了民族自豪感。英国议会大厦的造型和美国国会大厦完全不同，它采用一系列垂直线条组合成一条水平带，在这个水平带中再突出几座高塔作为建筑的标志，其中尤以北面高达96米的大本钟塔和南面高达102米的维多利亚塔最为壮观。不对称的塔楼组合与丰富的天际线，使建筑物显得既庄严而又富有变化。建筑外形庄严肃穆，又展现着秀丽典雅，如诗如画，垂直哥特式风格取得了非常好的造型效果。以哥特复兴式建筑风格统领的这一宏伟建筑，成为浪漫主义建筑的代表作品，是英国最著名的建筑物之一。其建筑细节也丰富多彩，大批工匠和制造商参与了墙面镶板、家具、金属制品、彩色玻璃和釉彩瓦片的制作，据说之后英国艺术与工艺运动（参见本书下文的10.2节）的发端也与此有关。

9.3 折中主义建筑

折中主义建筑（Eclecticism Architecture）是19世纪上半叶兴起的另一种建筑创作思潮，这种思潮到19世纪末和20世纪初在欧美盛极一时。为了弥补古典主义与浪漫主义在建筑上的局限性，折中主义任意模仿历史上的各种风格，或基于对建筑比例的权衡自由组合各种历史式样，致力于表现"纯形式"的美，巴黎美术学院是传播折中主义的中心。法国大革命以后，原来由路易十四奠基的古典主义大本营——皇家艺术学院，在一度被解散后于1795年重新恢复，经过1816年扩充调整更名为巴黎美术学院，它在19世纪成为欧洲和美洲各国艺术和建筑创作的领袖。折中主义19世纪中叶以法国最为典型，19世纪末与20世纪初以美国较为突出。折中主义建筑并未摆脱复古主义范畴，其建筑内容和形式之间的矛盾一直到20世纪初才逐渐获得解决。

建于1861—1874年的巴黎歌剧院（参见本书上篇的图4-6-45）是折中主义的代表作。它是法兰西第二帝国的重要纪念物，立面采用意大利晚期巴洛克风格，并掺杂了烦琐的洛可可雕饰。这种艺术形式在欧洲各国的折中主义建筑中产生了很大影响。

十、欧美探求新建筑的思潮与行动（19世纪下半叶—20世纪初）

19世纪下半叶到20世纪初，是自由竞争的资本主义与垄断资本主义更替的时期，德、法、英、美等资本主义国家最有代表性。20世纪前后，社会形势的急剧变化推动了建筑的新发展，谋求解决建筑功能、技术与艺术之间矛盾的“新建筑”运动逐渐取代了占主要地位的折中主义思潮。

这一时期，冶金工业发展迅速，贝塞麦、马丁、汤麦斯炼钢法广泛应用，钢铁产量的增长促进了机器、钢轨、车厢、轮船的制造；动力工业突飞猛进，经济、高效的蒸汽涡轮机和内燃机广泛应用，对液体燃料的需求促进了石油的开采与加工；内燃机的发明又推动了机器工业的发展，并为汽车和飞机的制造创造了条件；化学工业和电气工业是这一时期新出现的工业部门，19世纪70—90年代，电话、电灯、电车、无线电等先后发明，19世纪90年代远距离送电试验获得成功，为工业电气化开拓了广泛的可能性。这一时期，城市人口的不断增长使得城市建设迅速发展。资本主义国家经济对世界的影响日渐扩大，各地区之间的经济与文化联系进一步加强。

随着钢和钢筋混凝土在建筑上日益频繁的应用，新功能、新技术与旧形式之间的矛盾日益尖锐，引起了人们对古典建筑形式所谓“永恒性”的质疑，一些对新事物敏感的建筑师掀起了一场积极探求新建筑的运动。这一波澜壮阔的探新运动在第一次世界大战期间停顿，但它产生的影响却是积极而深远的。

10.1 先驱者

在欧洲，对新建筑的探求最早可以追溯到19世纪20年代。德国著名建筑师申克尔（Karl Fredrich Schinkel, 1781—1841年）是其中的代表人物。他原来热心于希腊风格，曾设计了柏林宫廷剧院（参见本书上篇的图4-6-40），这一作品代表了德国古典复兴建筑的高峰。但在资本主义大工业急剧发展的时代，申克尔为了寻求新建筑的可能性，曾多次去英国、法国、意大利考察，并敏锐地认识到建筑的时代性问题。1826年他曾在日记中写道："所有伟大的时代都在它们的房屋样式中留下了它们自己的记录。我们为何不尝试为我们自己找寻一种样式呢?"这一时期，另一位德国建筑师桑珀（Gottfried Semper, 1803—1879年）原来也致力于古典复兴建筑，后来受折中主义思潮影响，曾经去过法国、希腊、意大利、瑞士、奥地利等国考察，并曾于1851年在伦敦世界博览会工地工作过，深受水晶宫的建筑艺术形式和它的建造方式之间的关系的启发，提出建筑的艺术形式应与新的建造手段相结合，并于1852年完成著作《工业艺术论》，此后于1861—1863年又发表了两卷《技术与构造艺术中的风格》。他认为新的建筑形式应该反映功能、材料、技术的特点。他深信一座建筑物的功能应该在它的平面与外观上，甚至在其任何装饰构件上反映出来。他的创作见解为长期受学院派的为艺术而艺术的思想禁锢的建筑师提出了一条新的道路。在法国，拉布鲁斯特（Henry Labrouste, 1801—1975年）是一位杰出的建筑师，他在这一时期所设计的巴黎圣日内维芙图书馆（建于1843—1850年）和巴黎国立图书馆（建于1858—1868年），不仅在阅览室与书库中大胆应用并暴露了新的建筑材料与结构，并已开始尝试净化外观造型。这些建筑师的探索和建筑设计实践为后来创造新建筑形式起到了示范作用。

巴黎圣日内维芙图书馆是由法国政府出资建造的公立图书馆，以铁质结构与砖石结构的完美融合著称于世。这幢建筑努力探索铁质结构的空间表现力，表达了与早期学院派建筑古典主义风格截然不同的设计理念。

图书馆与巴黎万神庙（参见本书上篇的图4-6-38）毗邻，占地狭长。整座建筑为长方形，后部突出的部分为楼梯。建筑主体两层，结构完全相同。纵向19开间，横向4开间，均为阅览室。建筑入口位于底层，形式简约。一面朴实无华的石墙，上方两个玫瑰花饰，中间一个石雕的花环，给入口平添了几分肃穆庄严。二层以延绵的平面拱廊相连，以掩藏内部支柱。墙体上半部分为大面积玻璃用来采光，下半部分则为镶板，镶板上雕刻从摩西到瑞典化学家贝采利乌斯（1779—1848年）等人物形象。

图书馆内部一层门厅建有凹槽方形立柱，用以支撑穿孔式拱形铁梁（图10-1-1）。这些铁梁又支撑着阅览室具有防火功能的地板。图书馆顶棚本应为连续的空间，但拉布鲁斯特在中间增加了一排铁柱将其分为两个部分，这种空间划分很容易使人联想到古老庙宇和中世纪哥特教堂的空间组合方式。在石质底座的上方，拉布鲁斯特设计了纤细的立柱，以保证阅览室看起来敞亮开阔，这些立柱支撑着开放式的铁质圆拱，而拱承载着两个完全相同的屋顶，覆盖了整个阅览室。这一设计因具有深刻的含义而引起人们广泛关注。据说，它理性雅致的肃穆启发了后来美国波士顿公共图书馆（建于1888—1895年）的设计。

图10-1-1　巴黎圣日内维芙图书馆内部

10.2　艺术与工艺运动

英国是世界上最早发展工业的国家，也是最先遭受工业发展所带来的各种城市痼疾危害的国家。英国工业革命后，面对当时城市交通、居住与卫生条件越来越恶劣，以及各种粗制滥造而廉价的工业产品抢占了原来高雅、精致与富于个性的手工业制品市场的情况，在一些小资产阶级知识分子中，出现了一股相当强烈的向往自然的浪漫主义情绪。他们反对低质量的机器产品，鼓吹逃离工业城市，怀念中世纪安静平和的乡村生活。到19世纪50年代，英国国内复兴中世纪时期的手工艺传统的呼声日益高涨。在这样的背景下，英国兴起了艺术与工艺运动（Arts and Crafts Movement）。艺术与工艺运动的理论指导者是作家约翰·拉斯金（John Ruskin, 1819—1900年），而运动的主要人物则是艺术家、诗人威廉·莫里斯

(William Morris, 1834—1896年)。这场运动针对家具、室内产品、建筑等工业批量生产导致设计水准下降的局面，开始探索从自然形态中吸取借鉴，从日本装饰(如浮世绘等)和设计中寻找改革的参考，来重新提高设计品位，恢复英国传统设计水准，并因此获得艺术与工艺运动之名。艺术与工艺运动强调手工艺生产，在装饰上反对矫揉造作的维多利亚风格和其它各种古典或传统的复兴风格，提倡哥特风格和其它中世纪风格；反对风格上华而不实，提倡自然主义风格和东方风格。这一运动的代表性建筑是位于伦敦郊区肯特郡的“红屋”(Red House，图10-2-1，建于1859—1860年)。

图10-2-1 红屋

红屋由威廉·莫里斯和菲利普·韦伯(Philip Webb)合作设计，是莫里斯的自用住宅。平面根据功能需要布置成L形，保证每个房间都能获得自然采光和通风。整体用当地产的红砖砌筑而成，红砖表面没有任何装饰，表现出材料本身的质感，体现了约翰·拉斯金所追求的建筑诚实性；内墙延续红砖材质，主要房间配以漆板墙裙和绣花窗帘，地面铺设粗质的宽厚木地板，色彩的鲜明对比加上材料的自我表达，使整个室内洋溢着南方沿海一带特有的清新恬淡的气息。红屋是英国哥特式建筑和传统乡村建筑的完美结合，摆脱了维多利亚时期烦琐的建筑特点，将功能、材料与建筑造型结合，强调装饰与结构因素的一致和协调，其自然、简朴、实用的创作思想对后来的新建筑有一定启发。

10.3 新艺术运动

在欧洲，真正提出变革建筑形式的是19世纪80年代始于比利时布鲁塞尔的新艺术运动(Arts Nouveau)。比利时是欧洲大陆工业化最早的国家之一，工业制品的艺术质量问题表现得比较突出。19世纪中叶以后，布鲁塞尔成为欧洲文化和艺术的一个中心，当时在巴黎尚未受到赏识的新印象派画家塞尚（Paul Cézanne, 1839—1906年）、凡·高（Vincent Willem van Gogh, 1853—1890年）和修拉（Georges Seurat, 1859—1891年）等都被邀请到布鲁塞尔举办画展。1884年比利时自由派政府倒台之后，一批具有民主思想的艺术家、建筑设计师在艺术创作和建筑设计上提倡民主主义、理想主义，提出艺术和设计为广大民众服务的口号，他们是现代设计思想的重要奠基人。

新艺术运动的创始人之一，是比利时19世纪末和20世纪初最杰出的设计家、设计理论家、建筑家亨利·凡·德·威尔德（Henry van de Velde, 1863—1957年）。19世纪80年代，威尔德致力于建筑艺术革新的目的是要在绘画、装饰与建筑上创造一种不同于以往的艺术风格。他曾组织建筑师讨论结构和形式之间的关系，并在"田园式"住宅思想与世界博览会技术成就的基础上迈出了新的一步。新艺术运动的成员肯定产品的形式应有时代特征，并应与其生产手段相一致。他们极力反对在建筑上使用历史样式，他们试图创造一种前所未有的能适应工业时代精神的装饰方法。当时新艺术运动在绘画与装饰主题上喜用自然界生长繁茂的草木形状的线条，于是建筑墙面、家具、栏杆及窗棂等的装饰莫不如此。由于铁便于制作各种曲线，因此在建筑装饰中大量应用铁构件。威尔德对于机械的肯定、关于设计原则的理论以及他的设计实践，都使他不仅仅是比利时现代设计的奠基人，也是世界现代设计的先驱之一。他于1906年在德国魏玛建立的一所艺术学校（Weimar Art School），成为德国现代设计教育的初期中心，日后这所学校发展成为世界著名的包豪斯（Bauhaus）学校（参见本书下文的11.3节）。

比利时新艺术运动中涌现出不少杰出的设计作品，特别是维克多·霍尔塔（Victor Horta, 1861—1947年）的建筑和室内设计，以及博维（Gustave Serrurier Bovy, 1858—1910年）的家具设计。他们的作品在装饰上保持新艺术运动以曲线为主的装饰特征的同时，很好地协调了装饰与功能之间的关系。霍尔塔在1893年设计的布鲁塞尔都灵路12号住宅（12 Rue de Turin, 图10-3-1）是典型代表。

1884年以后，新艺术运动迅速传遍欧洲，甚至影响到美洲。西班牙天才建筑师安东尼奥·高迪（Antonio Gaudi, 1852—1926年）设计的巴塞罗那米拉公寓（Casa Mila, 图10-3-2, 建于1905—1910年）是又一个典型的例子。

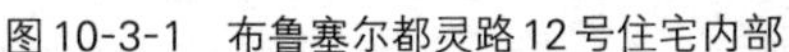

图10-3-1　布鲁塞尔都灵路12号住宅内部

图10-3-2　西班牙巴塞罗那米拉公寓

高迪虽被归为新艺术运动派的一员，但在建筑形式的探索中却独辟蹊径，将建筑、雕塑、色彩、光影、空间以及大自然融为一体，探索着属于他自己的创作之路。他大学毕业时，校长曾感叹道：真不知道我把毕业证书发给了一位天才还是一位疯子。

1878年是高迪职业生涯中最为关键的一年。这一年，他不仅获得了建筑师的称号，更重要的是结识了埃乌塞比奥·古埃尔（Eusebio Guell）这位后来成为高迪的挚友的社会改革推动者及纺织、航运业巨子。古埃尔既不介意高迪那落落寡合的性格，也不在意他那乖张古怪的脾气，看来，他似乎也已认同了这样一个真理：正常人往往没有什么才气，而天才却常常像个疯子。高迪的每一个新奇的构思，在旁人看来都可能是绝对疯狂的想法，但在古埃尔那里总能引起欣喜若狂的反应。由古埃尔出资、高迪设计的古埃尔庄园、墓室、殿堂、公园、宅邸、亭台等，都成了属于西班牙和全世界的建筑艺术杰作。高迪在此中得到的是每个创作者所渴望的东西——充分自由地表现自我，而不必后顾财力之忧。

高迪毕业后终生都在巴塞罗那工作，从未离开。他初期的作品近似华丽的维多利亚式，后采用哥特复兴式。但高迪不满足于只是跟从前人的风格，他期望自己的作品能唤醒存在于人类心中的直觉潜能。虽受艺术与工艺运动理论家拉斯金自然主义学说和新艺术运动风格的影响，但他心中那股浓烈的加泰罗尼亚民族意识和来自蒙特瑟瑞（Montserrat）圣石山的灵感泉源，也和他的作品密不可分。高迪曾说："艺术必须出自于大自然，因为大自然已为人们创造出最美丽的造型。"高迪的作品常使用大量的陶瓷砖瓦和天然石料，以丰沛的想象力创造出属于他自己的建筑。他认为自然界是没有直线存在的，直线属于人类而曲线才属于上帝。他基于自然理论的建筑作品始终令人眼睛发亮，在百年后的今天也丝毫没有古迹之感。高迪一生的作品中，有17项被西班牙列为国家级文物，3项被联合国教科文组织列为世界文化遗产。斯人已逝，作品不朽。

总的来说，正是由于新艺术运动的自由形态的植物形花纹与曲线装饰，使建筑脱掉了折中主义的外衣，但新艺术运动在建筑中的这种改革只局限于艺术形式与装饰手法，终究不过是以一种新的形式反对传统形式而已，并未能全面深入探讨解决建筑形式、功能与新技术的结合问题。这也是它为什么在流行了一段时间之后便逐渐衰落的原因。尽管如此，它仍是现代建筑摆脱旧形式羁绊过程中的一个重要阶段。

10.4 奥地利的探索

1. 维也纳学派与分离派

在新艺术运动的影响下，奥地利形成了以奥托·瓦格纳（Otto Wagner, 1841—1918年）为代表的维也纳学派。瓦格纳是维也纳学院的教授，原来倾向于古典主义，后来在工业时代的影响下，逐渐形成了新的建筑观点。他1895年发表了《现代建筑》（Moderne Architeketur）一书，指出新结构、新材料必然导致新形式的出现，并反对历史样式在建筑上的重演。瓦格纳的见解对他的学生产生了很大影响。1897年，维也纳学派中的一部分人成立了"分离派"（Vienne's Secession），宣称与传统决裂。这一派的代表人物是奥尔布里希（J. M. Oblrich, 1867—1908年）和霍夫曼（J. C. Hoffmann, 1870—1965年）。奥尔布里希和霍夫曼是瓦格纳的学生，他们继承了瓦格纳的建筑新观念。与奥尔布里希相比，霍夫曼在新艺术运动中取得的成就更大，甚至超过了他的老师瓦格纳。维也纳分离派独树一帜，在设计中加入了新艺术风格中少见的几何造型，特别注重产品的功能，体现出欧洲设计摆脱传统走向现代的过渡风格，影响深远。1898年奥尔布里希为维也纳分离派举行年展而设计的分离派展览馆（图10-4-1），代表了分离派的建筑追求。这座展馆以其几何形式的结构和极少数的装饰概括了分离派的基本特征，交替的立方体和球体构成了建筑物的主旋律，如同纪念碑一般简洁。

图10-4-1　分离派展览馆

1898年，奥尔布里希受到画家克里姆特一张草图的启示，设计了这座具有装饰着金色月桂叶的球形屋顶的分离派展览馆。展览馆的设计风格完全符合瓦格纳的建筑观点：整洁的墙面，水平的线条和平屋顶。奥尔布里希在设计中还运用了大量的对比手法：矩形的大与小的对比、横与纵的对比、方与圆的对比、明与暗的对比、石材与金属的对比等等。建筑屋顶上有一个由3 000片金色月桂叶和700个金色浆果组成的镂空圆球（曾被保守人士讥笑为“镀金的大白菜”），制作工艺精美绝伦。白色方形的外墙上饰有月桂叶等典型的新艺术风格浅浮雕装饰，立面饰有猫头鹰与女妖美杜莎的头像，三角楣上镌刻着分离派的主张——每个时期都有它自己的艺术，艺术有它的自由。整座建筑庄重、典雅，把单纯明确的几何造型与典型的新艺术风格的枝蔓缠绕的花草装饰结合得浑然一体，是分离派的代表作之一。

2.路斯的主张

与分离派同时，维也纳的另一位建筑师路斯（Adolf Loos，1870—1933年）阐述了在建筑理论上的独到见解。当瓦格纳还没有完全拒绝装饰的时候，路斯不仅反对装饰，而且反对把建筑列入艺术范畴。他针对当时城市生活的日益恶化，指出“城市离不开技术”，强调“维护文明的关键莫过于足够的城市供水”。他主张建筑应以实用与舒适为主，认为建筑“不是依靠装饰而是以形体自身之美为美”，甚至以“装饰即罪恶”之言鲜明地表明对装饰的态度。斯坦那住宅（Steiner House，图10-4-2，建于1910年）是他的代表作品，强调建筑物作为立方体的组合以及墙面与窗子的比例关系，外部完全没有装饰，表现了功能主义的建筑追求。

图10-4-2　斯坦那住宅

10.5　德意志制造联盟

19世纪下半叶至20世纪初，欧洲各国都兴起了形形色色的设计改革运动，努力探索在新的历史条件下设计发展的新方向。工业设计在理论和实践上的真正突破，来自于1907年成立的德意志制造联盟（Deutecher Werkbund）。该联盟是一个积极推进工业设计的团体，由一群热心设计教育与宣传的艺术家、建筑师、设计师、企业家和政治家组成。制造联盟的成立宣言表明了这个组织的目标：“通过艺术、工业与手工艺的合作，用教育、宣传及对有关问题采取联合行动的方式来提高工业劳动的地位”，表明了对于工业的肯定和支持态度。联盟最富创造性的设计是那些为技术进步带来的新产品所做的设计，特别是为家用电器所做的设计。

在联盟的设计师中，最著名的是贝伦斯（Peter Behrens，1868—1940年），他是第一个把工业厂房设计升华到建筑艺术的人。1907年贝伦斯受聘担任德国通用电气公司（AEG）的设计顾问，开始了他作为工业设计师的职业生涯。由于AEG是一个实行集中管理的大公司，所以贝伦斯能对整个公司的设计发挥巨大作用。他全面负责公司的建筑设计、视觉传达设计以及产品设计，从而使这家庞杂的大公司树立起了一个统一完整的鲜明企业形象，并开创了现代公司识别计划的先河。贝伦斯还是一位杰出的设计教育家，他的学生包括格罗皮乌斯、密斯·凡·德·罗和勒·柯布西耶，他们后来都成为20世纪最伟大的现代建筑师和设计师（参见本书下文的11.3节）。

1. 第一座真正意义上的现代建筑——AEG的汽轮机制造车间

一战期间，大量房屋毁于战火，各国建筑活动基本趋于停顿。贝伦斯意识到现代建筑将逐渐向高层建筑发展，因而新式材料的应用和多种材料的结合就显得尤为重要。他很好地将钢筋、混凝土和玻璃结合在一起，去除繁杂的建筑外部装饰，使建筑能体现其结构特点，既不单调而又独树一帜。在建筑内部，因为要满足大机器生产的照明、空间、流通等要求，对新材料的使用和功能方面的设计就显得尤为重要。在新材料和新技术的使用上，钢筋、混凝土和玻璃的搭配适应了不同工作环境的不同需要，钢筋架构的稳定性、混凝土的保温性都得到了很大的发挥，而玻璃在透明性、采光性上的独特之处也为工厂的功能性优化提供了非常大的优势。贝伦斯的设计主张开启了现代派建筑的新篇章。

1909年贝伦斯设计了AEG的汽轮机制造车间（AEG Turbine Factory，图10-5-1），这个汽轮机车间在当时成了德国最有影响力和标志性的建筑物，奇特的造型和建筑材料的巧妙结合使它享有“第一座真正意义上的现代建筑”的美称。在这座汽轮机车间的设计上，贝伦斯不再使用过多的装饰，而是大胆地将结构呈现出

图10-5-1　德国通用电气公司的汽轮机制造车间

来，不再沿袭过去的传统建筑样式，玻璃嵌板代替了之前的墙身。因为其体积庞大，所以合理的比例尺寸非常重要，贝伦斯在这方面拿捏得非常到位，使得厂房整体上给人浑厚但又不笨重的感觉。这座简洁的现代建筑以其明快的节奏感赢得了大众的好评，被认为是建筑史上的一次革命。从那时起，德国的厂房纷纷模仿贝伦斯设计的这座汽轮机车间，并逐渐往幕墙方向发展，因而这幢建筑的样式成为幕墙式建筑的早期模式。

2.现代建筑发展的一座里程碑——法古斯工厂

紧随贝伦斯之后，他的学生同时也是现代主义建筑学派的倡导人和奠基人之一的格罗皮乌斯，在1911年设计了法古斯工厂(Fagus Werk，图10-5-2)。这是由10座建筑物组成的建筑群，是现代建筑与工业设计发展中的一个里程碑。建筑立面以玻璃为主，并且格罗皮乌斯还发明了玻璃幕墙，这样的设计构思在建筑史上还是第一次。法古斯工厂建筑群的风格不仅对后来的包豪斯设计风格(参见本书下文的11.3节)产生了深远的影响，而且也是20世纪全世界现代建筑的第一个典范，为现代建筑奠定了形式、结构和方法的基础。

图10-5-2　法古斯工厂的建筑物

10.6　芝加哥学派

19世纪70年代，在美国兴起了芝加哥学派，它是现代建筑在美国的奠基者。南北战争后，北部的芝加哥取代南部的圣路易斯城的地位，成为开发西部的前哨和航运与铁路枢纽。随着城市人口的增加，兴建办公楼和大型公寓变得有利可图。特别是1871年的芝加哥大火，使城市重建问题特别突出。为了在有限的市中心区建造尽可能多的房屋，现代高层建筑开始在芝加哥出现，建筑史上的“芝加哥学派”应运而生。芝加哥学派最兴盛的时期是1883—1893年，它在工程技术上的重要贡献是创造了高层金属框架结构和箱形基础，在建筑造型上趋向简洁与创造独特的风格，此类建筑后来成为城市中心区建筑的主流。

芝加哥学派中最有影响的建筑师之一是沙利文（Louis Sulliven, 1856—1924年）。他早年在麻省理工学院短期学习，1873年到芝加哥，曾在詹尼建筑事务所工作，后来去巴黎，再返回芝加哥开业。沙利文是一位非常重实际的人，在时代精神的影响下，他最先提出“形式追随功能”的口号，为功能主义的建筑设计开辟了道路。他的代表作是芝加哥百货公司大厦（图10-6-1，建于1899—1904年），建筑立面采用典型的“芝加哥窗”形式的网格式处理手法。“芝加哥学派”在19世纪建筑探新运动中发挥了重要作用，它突出功能在建筑设计中的主要地位，明确功能与形式的主从关系，力求摆脱折中主义的历史羁绊；它探讨了新技术在高层建筑中的应用，使芝加哥成为高层建筑的故乡。芝加哥学派的建筑处理手法反映了新技术的特点，简洁的立面及造型符合新时代工业化的精神。

图10-6-1　芝加哥百货公司大厦

十一、欧美现代建筑派的诞生（两次世界大战之间的1918—1939年）

1914年，第一次世界大战爆发，前后卷入这场大战的国家有30余个，7 000万人被迫走上战场，战争波及地区遭到严重破坏。受战争所累，欧洲大多数国家都陷入严重的经济和政治危机之中；而远在大洋对岸的美国则大发战争财，经济实力更加强大，但好景不长，美国从1929年到1933年爆发了严重的经济危机，随即，这次危机很快蔓延到整个资本主义世界，形成空前的世界性经济危机。严重的经济危机使阶级斗争尖锐起来，有些国家采用法西斯手段镇压劳动人民的反抗。1933年，希特勒在德国建立法西斯政权，并与欧洲的意大利、亚洲的日本相互勾结，形成德、意、日三国侵略同盟。1937年，日本全面进攻中国；1938年德国侵占奥地利和捷克，1939年进攻波兰，第二次世界大战全面爆发。

20世纪上半叶介于两次世界大战之间的这个时期，社会生活的激烈震荡和急速变化也明显地表现在这一时期各国的建筑活动之中。第一次世界大战后，欧洲的经济、政治和社会思想状况给主张革新者以有力的促进，一批思想敏锐、对社会事物敏感，并具有一定经验的年轻建筑师以建筑变革为己任，提出了比较系统和彻底的建筑改革主张，把新建筑运动推向了前所未有的高潮，这就是现代建筑运动，并逐渐形成了继学院派之后主导建筑学界达数十年的现代建筑（Modern Architecture）派。进步的建筑师受前一阶段探求新建筑运动的启发，顺应讲实用、反奢华的新的社会要求与价值取向，利用战后重建所提供的大量实践机会来表达自己的建筑观点，使“现代建筑派”的影响扩大到整个世界。

第一次世界大战结束后，面对严重的住房缺乏，住宅建设成为各国朝野上下最为关切的问题。英国首相劳合·乔治在战争结束时宣称：“不能再让打了胜仗的人和他们的孩子住进贫民窟……人民的居住是国家关心的问题。”虽然社会需求强烈，但住宅建设的速度和规模远远赶不上实际需求。从1919年至1923年，受建筑材料供给不足、缺少熟练工人、房屋造价昂贵等因素影响，英国实际只建造了25万户住房，还不及最低需求的四分之一。其它国家的情况也和英国差不多，有的甚至更糟。

1924年以后，欧洲各国经济逐渐恢复，社会相对安定，建筑活动随之兴盛。美国在战争中获得了巨大财富，建筑活动十分兴旺，城市中的高楼大厦如雨后春笋般建造起来，50层、60层、70层直到102层的摩天楼接踵出现。但由于20世纪30年代初世界经济危机的影响，各国建筑业很快又进入了萧条时期。1939年，第二次世界大战全面爆发，交战各国的民用建筑活动再一次几乎全部陷入停顿。

11.1　体现建筑技术进展的摩天大楼

社会状况的改变使社会需求、生活方式、意识形态发生了巨大变化，建筑科学技术在第一次大战后也取得了很大发展，19世纪以来出现的新材料、新技术得到完善和推广运用，结构计算方法与施工技术不断进步，建筑设备水平快速提高。美国纽约的克莱斯勒大厦（Chrysler Building，建于1928—1930年）和帝国大厦（Empire State Building，建于1930—1931年，"Empire State"特指纽约州，所以准确的译名应为"纽约州大厦"）表现了这一时期建筑技术的突出成就。

1. 克莱斯勒大厦

克莱斯勒大厦（图11-1-1）被称为纽约"咆哮的20年代"的绝唱，由威廉·凡·阿伦（William van Alen）设计。大厦高319米，曾是世界上最高的建筑。这座浅银灰色的建筑矗立在一个20层楼高的底座上，在底座上面是170米高的中间楼体，然后中间楼体也开始向内退台，最终缩减成一个有着阳光放射状图案的不锈钢屋顶，上面有装饰着荷叶边的窗户，最顶部则是一座尖塔。这座77层高的庞然大物，是纽约"风姿绰约"的象征：它通体以繁复的雕塑、精美的花样展示着20世纪30年代的装饰主义审美趣味。大厦在建造的最后时刻竖起的尖顶，尽管具有直

图11-1-1　克莱斯勒大厦

率的商业目的和对轰动效应的追求，但也是新颖独特、富有生气的艺术作品。

大厦屋顶的窗户酷似太阳光束，是模仿当年一款克莱斯勒汽车的冷却器盖子，5排不锈钢的圆弧拱往上逐渐缩小，每排圆弧拱镶嵌三角窗，呈锯齿状排列。高耸的顶部尖塔昼夜闪烁，成为这栋不朽建筑的焦点，标志着纽约建筑进入装饰艺术的“爵士时代”。

建筑内部设计也匠心独运。入口、门厅、电梯上，都布满“之”字形、涌浪形的装饰图案；底层大厅铺满从世界各地精选的大理石和花岗岩，还镶嵌着精致的金属边框。难怪后人将克莱斯勒大厦称作装饰派建筑的极品。总之，不论人们怎么划分克莱斯勒大厦的风格，在当时的摩天大楼中，它是形式最为优雅的建筑之一。

大厦1928年9月19日开始建造。总计使用超过40万根铆钉，大约400万块砖被手工砌上，建立了大楼的非承重墙体。克莱斯勒大厦是全球第一栋将不锈钢建材运用在外观上的建筑，其整座金属塔由27吨不锈钢制成。虽说20世纪30年代曼哈顿的摩天大楼大都建有尖顶，但采用的都是传统材料铜、铁、砖、石料、陶瓷。克莱斯勒大厦第61层以上的整个顶部，都是用闪闪发亮的镀有铬、镍的钢材建筑的，这些巧夺天工的金属制品居然是靠手工焊接和叠轧在现场完成的，这样惊人的工艺制品与技术发展无关，只能说是巨大的梦想与雄心的创造物。

克莱斯勒大厦虽不是纽约建筑群中最高的，却是其中最醒目的：高耸入云的金属尖顶，耀眼地反射着阳光；威严的鹰雕滴水嘴（图11-1-2），从楼体四角探出，俯瞰着曼哈顿的芸芸众生。1929年，它还曾短暂地登上“世界第一高楼”的宝座，在其建造过程中发生的“天空竞赛”轶事也堪称人类工程史上的一段传奇。

图11-1-2　克莱斯勒大厦的鹰雕滴水嘴

凡·阿伦给出的初始方案是一座246米高的流线型大楼，形如树桩，用铜、玻璃、陶砖建造。而此时，曼哈顿银行大厦（后改称“华尔街40号大厦”，1995年被后来曾任美国总统的特朗普买下，又改称“特朗普大楼”）和帝国大厦也加入到争夺“纽约第一高楼”名号的竞赛中来。先是曼哈顿银行大厦突然宣布将设计提高到256米，这无疑是向克莱斯勒大厦下了“战书”。接下来，两座大厦的设计高度一改再改：你在楼顶加设灯塔，我就再加盖10层。1929年，克莱斯勒大厦的圆顶完成，总高282米，和在建的曼哈顿银行大厦等高。曼哈顿银行大厦的建筑师见克莱斯勒大厦已经封顶，以为对手已经竣工，于是赶紧在楼顶又额外增加了60厘米。

正所谓道高一尺魔高一丈，凡·阿伦早就准备了秘密武器：在塔内秘密建造56.3米长的尖顶。见到曼哈顿银行大厦高度已成定局，这才亮出了底牌：尖顶被分为4个部分，1929年10月23日，从66楼开始组装尖塔下方圆顶和一节底部，之后依序吊装和铆接尖顶，这项工作在短短的90分钟内完成。最终，总高319米的克莱斯勒大厦不仅超过曼哈顿银行大厦一大截，也超过了大洋彼岸的埃菲尔铁塔（初始高度312米），一举成为世界上最高的人工构筑物。尽管1年以后帝国大厦后发制人，超过了它的高度，但克莱斯勒大厦的盛名已经传遍世界。

2. 帝国大厦

帝国大厦（图11-1-3）的建造，是20世纪30年代建筑科学技术所达到成就的最好例证。大厦坐落在繁华的纽约，地段范围长130米，宽60米，5层以下占满整个地段面积。由于纽约市1916年颁布的法规规定，凡高层建筑每到一定高度必须从边界向内退一段距离，因此，大厦在第6层、第25层、第72层、第81层和第85层分别缩进，体形略呈阶梯状。85层以上是一个直径约10米、高61米的圆塔，当初设计时设想作为停泊飞艇之用。这个圆

图11-1-3 帝国大厦

塔本身相当于17层高，加上其下面的85层，帝国大厦号称102层，是第一座超过百层的建筑。圆塔顶端距地面381米，是当时人工构筑物的最大高度。

整个大厦有效使用面积16万平方米，结构用钢5.8万吨，楼内装有67部电梯和大量复杂管网，建筑的体量、高度和技术复杂程度是前所未有的，但施工速度却极为惊人。1930年3月帝国大厦开始钢结构施工，施工时在大厦缩进的平台上置放起重机，保证了全部钢结构得以在6个月内安装完毕。1931年5月1日大楼竣工并交付使用，从设计到投入使用只用了18个月。按102层计算，平均每5天多建造一层，这个施工速度不仅是历史上前所未有的，此后的几十年内也没有被超越。

11.2 欧洲的先锋学派

第一次世界大战后，探索新建筑的运动日益旺盛，思想异常活跃，各种观点、设想、方案、试验层出不穷。艺术思潮通过杂志和展览会广泛传播，对新建筑的形式问题带来很大启发，其中比较突出并且后来在思想与手法上产生重要影响的艺术派别有表现主义派、未来主义派、风格派和构成主义派。

1. 表现主义派（Expressionism）

表现主义建筑是20世纪初德国表现主义艺术思潮中的一个重要内容，它同表现主义绘画、戏剧一样，也融入了强烈的思想情感。在创作上，追求表现事物的内在实质，要求突破对人的行为和人所处的环境的描绘而强调揭示人的灵魂。以绘画为例，表现主义绘画的重点在于表现人物不可见的内心世界，如挪威画家蒙克（Edvard Munch，1863—1944年）创作于1893年的《呐喊》（图11-2-1的左图）。蒙克多以生命、死亡、恋爱、恐怖和寂寞等为题材，用奔放大胆的笔触、对比强烈的线条色块、简洁夸张的造型，抒发心理感受和情绪。《呐喊》生动表现了艺术家处于充满矛盾与痛苦的现实中，其孤独的心灵对人生产生的怀疑和焦虑。德国画家基希纳（Ernst Ludwig Kirchner，1880—1938年）于1913年创作的布面油画《街道》（图11-2-1的右图），以大刀阔斧的简洁线条和略带颤抖的笔触，勾画了人物的瞬间姿态，也使画面充满着一种空寂、缥缈的气息。“尖尖的、间断式造型的、强调坦率的直觉和强烈感觉的德国哥特式”艺术风格，对基希纳一生的创作产生了深刻的影响。基希纳自己曾说：“也许作品不一定符合大自然中的形象，但更清晰地传递了我所看到的一切。”追求简洁的造型和鲜明的色彩，通过对形和色的凝练处理表现沉重而痛苦的精神性，基希纳的作品充满着蒙克式的悲观主义情绪。

图11-2-1　表现主义绘画《呐喊》（左）和《街道》（右）

在这样的艺术背景下，建筑师通过对建筑形式、材质等进行深入思考，希望寻找一种新的建筑表达来解决人们不安的心理状态并提升社会文化。位于波茨坦的爱因斯坦天文台（Einstein Tower，图11-2-2，建于1917—1921年）是德国早期表现主义建筑的代表作，由德国建筑师门德尔松（Erich Mendelsohn）设计。他用混凝土和砖塑造了一座混混沌沌的流线体，整个建筑造型奇特，真切地表现出一种神秘莫测的气氛，很容易给人一种崭新的时代在高速前进的感受。1917年爱因斯坦提出了广义相对论，这座天文台就是为了研究相对论而建造的。相对论是一次科学上的伟大突破，它的理论对于一般人来说既新奇又神秘、深奥，门德尔松在爱因斯坦天文台的设计中抓住这一感受并把它作为建筑表现的主题。建筑平面呈长方形，底层两端有圆形的半地下室突出地面，宛如建筑基座，其上是3层高的塔楼。塔楼中央有一组电梯，楼梯间环绕电梯布置。墙面开有形状不规则的象征运动感的窗洞，还有一些莫名其妙的突起。塔楼二层和三层的角部各开了两排窗，从外面看起来似乎是4层。最顶上的半球形天文台象征无穷的宇宙，也是科学家进行研究工作的地方。

图11-2-2　波茨坦市的爱因斯坦天文台

建筑落成之后，门德尔松邀请阿尔伯特·爱因斯坦亲自来体验这幢以“爱因斯坦”命名的天文台，想听到这位大科学家的看法。爱因斯坦如约前往，门德尔松心怀忐忑，不知道爱因斯坦会对这幢天文台给出什么样的评价。据说，爱因斯坦慢慢地环绕建筑物走了一圈，又非常仔细地看了建筑的内部，却一句话也没说就离开了现场。1小时后，在一个会议室里，爱因斯坦突然站了起来，穿过房间走到门德尔松身边，俯身在他耳边低语道：“妙极了！”看来，爱因斯坦非常满意。这一刻，设计师一颗悬着的心终于放了下来。

爱因斯坦天文台的最初设计是全部采用钢筋水泥建造，这样可以发挥混凝土的可塑性来完成这一巨型的纪念性雕塑。但因战后德国物资紧张，无法获得建筑所需的大量混凝土，门德尔松只好改用砖砌建筑主体，接近顶部时用混凝土建造圆顶，并最终用水泥将整个建筑的外立面装饰一遍，给人一种浑然一体、都是用混凝土建造的印象，实现了设计时所追求的神秘感，并对后人运用混凝土造出各种曲线造型产生了深远的影响。

2. 未来主义派（Futurism）

建筑的未来派发源于第一次世界大战前在意大利出现的文学艺术流派。意大利未来派由意大利诗人菲利波·托马索·马里内蒂（Filippo Tomasso Marinetti）创建，它是继巴黎的立体派后意大利首个艺术革新运动。未来派的代表人物有巴拉（Giacomo Balla，1871—1958年）、波契奥尼（Umberto Boccioni，1882—1916年）、塞佛里尼（Gino Severini, 1883—1966年）等。未来派认为，20世纪初工业、科学、技术、交通、通讯的突飞猛进，使客观世界和社会生活发生了根本的变化，新时代的特征是机器和技术以及与之相适应的速度、力量和竞争，他们大力赞赏和歌颂资本主义的物质文明，甚至把战争、暴力看作创造新未来的必需手段。1909年发表的《未来主义宣言》宣称："我们宣告，由于一种新的美感，世界变得更加光辉壮丽了，这种美是速度和力量之美。一辆快速行驶的汽车，车框上装着巨大的管子，像是许多条蛇在爆发地呼吸，如机关枪一般风驰电掣的汽车比带翅的萨莫色雷斯的胜利女神像更美。"典型的未来派作品热衷于用线和色彩描绘一系列重叠的形以及连续的层次交错与组合，并且用一系列的波浪线和直线来描绘光与声音，表现人们在迅疾的运动中所感觉到的印象。如巴拉1912年创作的《妇人与狗》（图11-2-3），描绘奔跑的狗和快步行走的女人，将一连串的运动定格成一个个变化的阶段，画面中奔跑的狗有几十只脚的幻象。

图11-2-3　未来主义绘画《妇人与狗》

未来派建筑强调效率、速度、功能性以及并未言明的有序，充满精确感。安东尼·圣伊利亚（Antonio Sant'Elia, 1888—1916年）是未来派代表性建筑师之一，早年进入当地的民用建筑学校学习，在他刚刚开始进入建筑设计领域的时候，恰逢意大利的未来主义运动蒸蒸日上。1912年移居米兰后的圣伊利亚开始受到未来主义艺术思想的影响，并很快投入到乌托邦式的未来建筑和城市的设计畅想中。1914年8月，圣伊利亚发表了《未来主义建筑宣言》，这是历史上先锋学派的首篇文字，引发了建筑文化的一次变革。同年，在未来主义展览会上，圣伊利亚展出了许多未来城市和建筑的设想图（图 11-2-4）。图样中都是高大的阶梯状楼房，电梯放在建筑外部，林立的楼房下面川流不息的汽车、火车分别在不同的高度行驶。圣伊利亚宣称："应该把现代城市建设和改造得像大型造船厂一样，既忙碌又灵敏，到处都是运动，现代房屋应该造得和大型机器一样。"未来主义激进的反传统精神和狂热的机器美学思想构成了现代建筑思想中最激进、最不妥协的部分。

图 11-2-4　圣伊利亚的建筑设想图

1915 年，作为社会主义者和民族主义者的圣伊利亚毅然奔赴第一次世界大战的前线，次年，第一次世界大战的炮火吞噬了圣伊利亚 28 岁的生命。命运没有给他任何实施自己观念的机会，但他的机器美学思想和大胆的建筑构想却对现代建筑运动产生了重要影响。未来主义的思想火炬一直被传递到当代建筑的高技派（参见本书下文的 13.6 节）手中，从巴黎蓬皮杜中心等作品中依稀可以看到圣伊利亚的影响。

3. 荷兰风格派

风格派（De Stijl）是 1917—1928 年间以荷兰为中心的现代艺术流派，对设计界的影响巨大，被看作现代主义设计中的重要表现形态之一。因为风格派创始人、画家蒙德里安（Piet Mondrian, 1872—1944 年）曾以"新造型主义"为题发表论文，以新造型主义来形容其创作风格，故人们又把风格派称为新造型主义。范·陶斯堡（Theo Van Doesberg, 1883—1931 年）是风格派理论的奠基人，他 1917 年与蒙德里安一起创立《风格》杂志，该派因此而得名。设计界的主要代表人物有里特维尔德（G. T. Rietveld, 1888—1964年）等人。风格派主张从理性出发，用抽象的几何结构来表达宇宙和自然的普遍的和谐与秩序，探索被事物的表象所掩盖的规律，这些规律表现了科学理论、机械生产和现代城市的本质和节奏。他们主张把纯艺术的风格派原则运用到建筑、家具以及其它产品的设计和平面设计中，以创造新的世界秩序。他们注重使用和表现新材料、新技术，指出建筑的空间要考虑功能与和谐两个方面，其外观是由其内部空间决定的。他们把风格派绘画艺术极其简洁有序的造型、色彩和线条（图11-2-5）应用到建筑、服装、家具等的设计中，并设计了新的字体和非对称均衡的印刷版面。风格派设计所强调的艺术与科学紧密结合的思想和结构第一的原则，为以包豪斯学派（参见本书下文的11.3节）为代表的国际现代主义设计运动奠定了思想基础。

图11-2-5　蒙德里安的风格派绘画《有黄色的构图》和《红蓝黄构图》

风格派在建筑方面的代表作是荷兰建筑师里特维尔德1924年设计的位于荷兰乌德勒支市的施罗德住宅（Schroder House，图11-2-6），其形式具有明显的抽象式几何构图特征，由光光的墙板、简洁的体块和大块的玻璃组成横竖错落、若即若离的构图，与蒙德里安的绘画有异曲同工之妙，可以说是一座三维的风格派绘画。住宅造型遵循风格派的构图原则，用简洁、纯净的矩形板材作为墙身的基本构图元素，立面上不分前后左右都用白色粉刷，在局部用红黄蓝三色的线形构件点缀，墙板和窗的尺寸接近黄金分割；直接落地的墙板、出挑的阳台、薄薄的屋面板相互穿插，使建筑形成横竖相间、错落有致的外观。风格派的艺术实践给现代主义建筑师的最大启示是：形式的生成可以建立在一种清晰、单纯和客观的几何逻辑之上，即通过点、线、面、体的抽象构成，而不是依靠历史风格的模仿和折中。

图11-2-6　施罗德住宅

德国建筑师密斯·凡·德·罗（参见本书下文的11.3节）1926年设计的德国共产党领袖李卜克内西和卢森堡的纪念碑（图11-2-7），采用长方形板片式的砖砌体进行穿插组合。另外，密斯早期的乡村砖住宅方案不仅追求空间的流动通透，其墙体的抽象构成也具有很强的风格派韵味。

图11-2-7　李卜克内西和卢森堡的纪念碑

4. 构成主义派（Constructivism）

构成主义派是1913—1917年间在俄罗斯形成的现代艺术流派。第一次世界大战前后，俄罗斯一些青年艺术家在立体主义、未来主义的影响下，积极探索工业时代的艺术语言，他们颂扬机器特征，认为艺术表现不应依赖于油画颜料、画布、大理石等传统材料，而应取决于塑料、钢铁、玻璃等现代材料，艺术的表现形式也应是抽象的几何形式。这一派别的代表人物有马列维奇（Kazimir Malevich，1868—1935年）、塔特林（Vlaimir Tatlin，1885—1953年）等。

构成主义将对共产主义意识形态的热诚、对工业技术的狂热和对传统的叛逆结合起来，强调技术因素在设计中的关键作用，认为艺术必须表现工业化时代的精神。在手法上，构成主义派不像风格派那样注重各部分与整体在构图上的平衡，它在构图上往往显得比较唐突、惊险或出其不意，这可能是由于它形成于俄国十月革命前后的社会动荡之中。

构成主义的影响主要表现在雕塑领域，由于构成主义雕塑与建筑物非常接近，因此可以很好地运用到建筑形态构成中。早期构成主义建筑的顶峰是1919年塔特林设计的第三国际纪念碑（Monument to the Third International，图11-2-8）。这一设计没有采用传统的建筑形式，而采用富有幻想性的现代雕塑形态。如果这座纪念碑建成，将高达六七百米，其中心体由玻璃制成的一个核心、一个立方体、一个圆柱合成。这一晶亮的玻璃体像比萨斜塔那样倾斜着，四周环绕钢条做成的螺旋梯子。玻璃圆柱每年绕轴转一周，玻璃核心一个月转一周，最高的立方体一天转一周。也就是说，这件巨大雕塑或者说建筑物的内部结构由一年转一

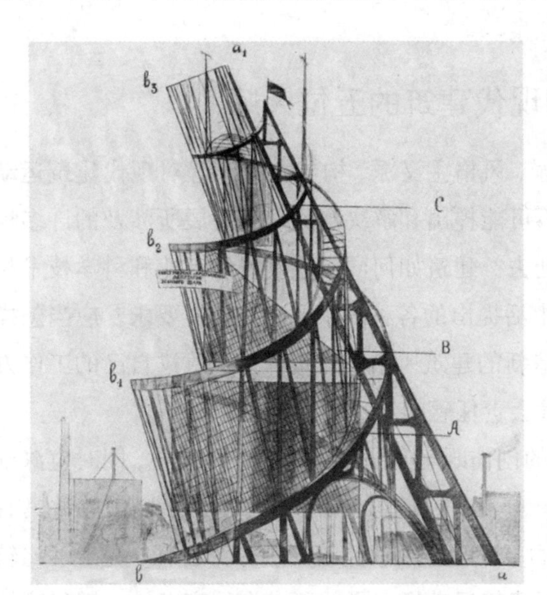

图11-2-8 第三国际纪念碑设计图及木质模型

周、一月转一周和一天转一周的特殊空间构成，这些空间可以作为各种活动的场所。1920年，塔特林和他的助手推敲了设计的每个细部，完成了一个6米高的木制模型，模型于11月在圣彼得堡展出，12月底运往莫斯科。虽然塔特林仔细推敲并完成了木质模型，但多重因素制约了作品的放大施工。首先是设计尺度空前巨大，而当时的苏联经济还未从第一次世界大战中恢复过来，在窘迫的经济条件下，像第三国际纪念碑这样耗资高昂的设计方案自然难以实现，其次也由于他的创作观念不适应当时苏联的无产阶级艺术标准，所以这个模型最终未能付诸实现。塔特林作为俄国早期的构成主义艺术家，尽管他未能实现其壮志雄心，后来却一直被西方艺术界推崇。

表现主义、未来主义、风格派及构成主义，作为独立流派的时间都不长，20世纪20年代后期逐渐消散，但是，它们对现代建筑运动和当代建筑思潮产生的重要影响却不容忽视。表现主义代表了现代建筑探索过程中与工业化大生产潮流相逆反的非理性主义支流，构成了现代建筑运动不可或缺的重要侧面。未来主义所表达的机器美学思想、激进的反传统精神虽然有失偏颇，但明确地表达了正统的现代主义建筑思想，其思想不仅被现代建筑运动所吸收，还进入了当代高技派建筑师的视野。风格派及构成主义的试验和探索，对现代建筑运动以及实用工业品的造型设计具有重要的启发意义，其抽象的形式构成为现代主义建筑设计提供了不依赖于历史风格模仿的全新形式源泉。

11.3 现代建筑的诞生和现代建筑的五位大师

虽然表现主义派、未来主义派、风格主义派、构成主义派等对现代建筑运动产生了重要影响，但它们没有也不可能提出和解决当代建筑发展所涉及的许多根本性问题。诸如，建筑应当向何处去？建筑如何同迅速发展的工业和科学技术相配合？怎样满足现代社会生产和生活提出的各种复杂的建筑功能要求？应当怎样处理继承和革新的矛盾？怎样创造新的建筑风格？建筑师如何改进自己的工作方法？这一系列的问题困扰着富有社会责任感的建筑师们。

到20世纪20年代，战争留下的创伤既暴露了社会中的各种矛盾，同时也深刻地暴露了建筑中久已存在的矛盾。于是，一批思想敏锐、对社会事物敏感并具有一定经验的年轻建筑师面对千疮百孔的现实，以建筑变革作为已任，提出了比较系统和彻底的建筑改革主张，把新建筑运动推向了前所未有的高潮——现代建筑运动。现代建筑主要在欧洲发展起来，具有鲜明的民主色彩，具有比较清晰的社会主义倾向，主张设计为人民群众服务，改变了数千年来设计仅仅为少数权贵服务的基本立场。因此，它的核心内容并不是简单的几何形式，而是采用简单的形式达到低造价、低成本的目的，从而使设计能够为整个社会服务。现代主义建筑运动展现出令人兴高采烈、欢欣鼓舞的全新景象，它所释放出来的能量汇聚成为一股洪流，倾注在一大批极富创新的设计中。

现代建筑派主要又分为两派，一是以德国的格罗皮乌斯、密斯·凡·德·罗和法国的勒·柯布西耶为代表的欧洲先锋派，也被称为功能主义派、理性主义派、现代主义派、欧洲现代建筑派与国际现代建筑派，他们是现代运动的主力；另一派是以美国的赖特为代表的有机建筑派。此外，还有一些派别人数不多但十分重要，如主张建筑人情化的芬兰建筑师阿尔托。下面分别介绍现代建筑派的这五位代表人物以及他们的建筑思想和经典作品。

1. 格罗皮乌斯——包豪斯学派的开创者

格罗皮乌斯（Walter Gropius，图11-3-1，1883—1969年）出生于德国一个建筑师家庭，父亲是开业建筑师，家庭教育背景非常好。他的家庭成员大部分受过良好的教育，同时有建筑与艺术两方面的传统：他的祖父是知名画家；他的一个叔祖父是建筑家，曾经设计过柏林工艺美术博物馆，并且是这个博物馆所属的工艺美术学校的校长。

图11-3-1　格罗皮乌斯

格罗皮乌斯青年时期在柏林和慕尼黑学习建筑，1907—1910年在德意志制造联盟的著名建筑师贝伦斯（参见本书上文的10.5节）的设计事务所工作。贝伦斯的事务所在当时是一个很先进的设计机构，密斯·凡·德·罗在差不多同一时期也在那里工作。这些年轻建筑师在那里接受了许多新的建筑观点，对他们后来的建筑方向产生了重要影响。格罗皮乌斯后来说："贝伦斯第一个引导我系统地合乎逻辑地综合处理建筑问题。在我积极参加贝伦斯的重要工作任务的过程中，在同他以及德国制造联盟的主要成员的讨论中，我变得坚信这样一种看法：在建筑表现中不能抹杀现代建筑技术，建筑表现要应用前所未有的形象。"

格罗皮乌斯很早就提出建筑要随着时代向前发展，必须创造这个时代的新建筑的主张。他说："我们处在一个生活大变动的时期。旧社会在机器的冲击之下破碎了，新社会正在形成之中。在我们的设计工作中，重要的是不断地发展，随着生活的变化而改变表现方式，绝不应是形式地追求'风格特征'。"他还说："我们不能再无尽无休地复古了。建筑不前进就会死亡。它的新生命来自过去两代人的时间中社会和技术领域中出现的巨大变革……建筑没有终极，只有不断的变革。"格罗皮乌斯还明确提出："现代建筑不是老树上的分枝，而是从根上长出来的新株。"

格罗皮乌斯的建筑设计讲究充分的采光和通风，主张按空间的用途、性质、相互关系来合理组织和布局，按人的生理要求、人体尺度来确定空间的最小极限等。他还积极提倡建筑设计与工艺的统一，艺术与技术的结合，讲究功能、技术和经济效益。第二次世界大战后，他的建筑理论和实践为各国建筑界所推崇。

从20世纪30年代起，格罗皮乌斯成为世界上最著名的建筑师之一，是公认的新建筑运动的奠基者和领导人之一，各国许多大学和学术机构纷纷授予他学位和荣誉称号。1953年，格罗皮乌斯70岁之际，美国艺术与科学院专门召开了"格罗皮乌斯研讨会"，格罗皮乌斯的声誉达到了最高点。

1919年，格罗皮乌斯受魏玛大公之聘，继比利时新艺术运动奠基人威尔德（参见本书上文的10.3节）之后任魏玛艺术学校校长。在他的建议下，艺术学校与魏玛美术学校合并，成立魏玛建筑学校（Das Staatlich Bauhaus Weimar），简称Bauhaus（包豪斯）。"Bauhaus"一词是格罗皮乌斯提出的，由动词bauen（建造）和名词haus（房屋）组合而成，包豪斯学校可约略理解为"为建造房屋而设的学校"。

格罗皮乌斯招聘了一批欧洲最激进的艺术家来包豪斯任教，其中有抽象表现主义派的康定斯基（Wassily Kandinsky, 1866—1944年）以及超现实主义派的保尔·克利（Paul Klee, 1879—1940年）、利奥尼·费宁格（Lyonel Feininger, 1871—1956年）等。他们按各自的新发现与新见解，把独特的艺术理念和造型方法带到了包豪斯，一时间，这所学校成了20世纪20年代欧洲最激进的艺术流派据点。

包豪斯的设计教育强调将学校教育同社会生产相结合。实际的手工艺训练、灵活的构图能力以及与工业生产的联系，三者结合形成了包豪斯的设计风格，其特征是注重满足实用要求、造型简洁明快、构图多样灵活。代表性成果有布劳耶（Marcel Breuer, 1902—1981年）和密斯·凡·德·罗设计的钢管家具（图11-3-2）。布劳耶1924年从包豪斯毕业后留校任教，1925年布劳耶打破常规，第一次设计了用钢管代替木料的椅子。

图11-3-2 布劳耶1925年设计的镀铬钢管椅（左）和密斯·凡·德·罗1929年设计的巴塞罗那椅（右）

康定斯基在包豪斯讲授色彩与图形课。他告诉学生，“黄色是典型的世俗颜色”，“蓝色是典型的天堂颜色”；黄色是进取的，积极主动而不稳定，富于侵略性，蓝色是收敛的，谨守限制，羞涩而消极；黄色坚硬而锐利，蓝色柔软而顺从；黄色的味道刺激，蓝色使人如饮水；黄色如乐器中的号，蓝色如管风琴。他说，绿色是把性格相反的黄色与蓝色混合在一起，所以创造了完美的均衡与和谐感，它是消极的、稳固的、自我满足的。康定斯基的艺术作品（图11-3-3）虽然抽象得令人不知有什么意义，但它们在形式上所做的种种试验却对建筑造型和工艺美术具有启发意义。

图11-3-3 康定斯基1923年的绘画《构成第八号》

包豪斯的存在艰难而曲折。学校从政府得到的资金很少，格罗皮乌斯在经济状况恶劣的情况下艰苦经营。一战后初期的冬天，格罗皮乌斯要到校外找车拉煤，找便宜食品为学生办简易食堂，不少学生还需在校外打工，而更大的打击来自右派政治势力和保守人士的攻击和压制。1924年春，魏玛所在的图林根州由右派政党掌权，当局用解除教员合同、削减补助费等办法压迫包豪斯。1924年底，包豪斯教师会决定自行关闭学校，但忽然接到德绍市市长愿意接纳包豪斯的通知，1925年秋，包豪斯迁至德绍开学。

包豪斯的历程就是现代设计诞生的历程，是在艺术与机械两个相去甚远的门类间搭建桥梁的历程。1928年格罗皮乌斯辞去校长职务，由瑞士建筑师汉斯·迈耶继任，后者于1930年辞职离任，由密斯·凡·德·罗继任。1932年，包豪斯迁至柏林，并在次年被纳粹关闭，众多包豪斯教师定居美国，其中包括密斯·凡·德·罗、布劳耶等人，就连在一战中因受伤而获得过铁十字勋章的格罗皮乌斯也被纳粹定义为“优雅的沙龙布尔什维克”。虽然包豪斯理念被压制，但仍有部分坚定的包豪斯教师留在了德国，最终这座几经兴衰易名的学校在两德统一后的1995—1996年间被德国政府重新复名为包豪斯，成为著名的公立综合设计类大学性质的学术机构。

下面介绍格罗皮乌斯的5则经典设计。

（1）法古斯工厂

格罗皮乌斯1911年设计建造的法古斯工厂（参见本书上文的图10-5-2），采用了非对称的构图、简洁整齐的墙面、没有挑檐的平屋顶、大面积的玻璃墙、取消柱子的建筑转角处理，这些手法不仅和钢筋混凝土框架结构的性能一致，又产生了富有时代感的新的形式美。法古斯工厂是格罗皮乌斯早期的重要成就之一，也是一战前设计的最先进的一座工业建筑。

（2）科隆展览会办公楼

1914年，格罗皮乌斯设计了德意志制造联盟科隆展览会的办公楼（图11-3-4），再一次采用了大面积的全透明玻璃外墙。建筑转角的透明螺旋楼梯是第一次将建筑竖向交通空间完全暴露出来，螺旋状踏步所展现出的流动和流畅的形态，预示着在建筑向高层发展的同时，竖向交通空间必将成为建筑空间的重要部分，对竖向交通空间的设计应该引起建筑师的高度重视。

图11-3-4 德意志制造联盟科隆展览会的办公楼

(3)包豪斯校舍

格罗皮乌斯亲自设计的位于德绍市的包豪斯新校舍(图11-3-5),是现代建筑史上一个重要里程碑。该建筑1925年秋动工,于次年年底落成。包豪斯校舍建筑面积近10 000平方米,风车形平面,按功能分为教学、生活、职业学校3部分。教学楼采用框架结构,其余部分则为砖混结构,全部采用平屋顶,外墙用白色抹灰。包豪斯校舍根据实际需要决定各部分的体型和空间形式,车间采用框架形式和3层高的大玻璃窗,宿舍采用居住建筑的门连窗,几乎排除了任何附加装饰,采用不对称的构图手法,依靠建筑本身要素取得了丰富的建筑艺术效果。

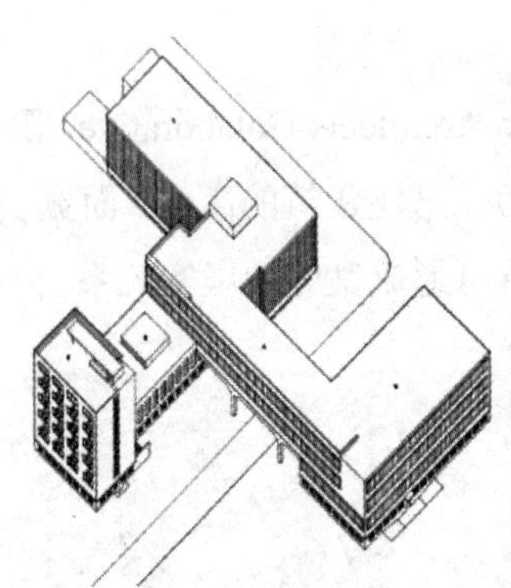

图11-3-5 包豪斯新校舍

(4)格罗皮乌斯住宅

1937年,格罗皮乌斯担任哈佛大学建筑系主任,从此长期定居美国。移居美国后,格罗皮乌斯住在离哈佛大学大约1小时车程的地方,其住宅(图11-3-6)紧临小镇的一条主路,周围是田野、森林和农舍。住宅的设计充分融入了当地文脉,外立面采用普通的砖石和挡墙板，玻璃窗的设计在新旧之间、传统与现代之间、新英格兰风格与欧洲风格之间达到了一种平衡。格罗皮乌斯将墙体粉刷成光秃秃的白色，从而使传统的房屋有了现代的设计美感。直到1969年格罗皮乌斯去世，他和家人都一直在此生活。后来房屋被移交到这片土地的所有者名下，他也是格罗皮乌斯的崇拜者。2000年，这栋房屋成为国家级保护房屋，用以表彰格罗皮乌斯对现代建筑做出的卓越贡献。正如格罗皮乌斯生前所言："这是我在美国的第一处由自己设计完成的住宅，我将那些深深影响我的新英格兰式建筑传统融入其中，这栋融合了当代建筑设计理念并具有地域性的建筑是我在欧洲完全不可能实现的，因为那里的气候、技术条件与人们对建筑的看法和这里完全不同。"

图11-3-6　格罗皮乌斯住宅

（5）哈佛大学研究生中心

1949年，格罗皮乌斯与协和建筑师事务所（The Architects Colaborative，简称TAC）的同仁设计了哈佛大学研究生中心（图11-3-7）。这座建筑的高度、面宽、体量及形体变化丰富，架空的连廊与天桥以及玻璃与石材形成良好的虚实关系。

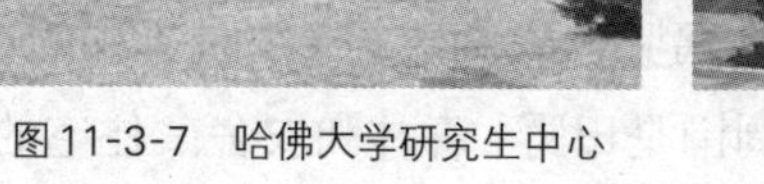

图11-3-7　哈佛大学研究生中心

2. 勒·柯布西耶——现代设计的狂飙式人物

勒·柯布西耶（Le Corbusier，图11-3-8，1887—1965年）生于瑞士钟表业城镇拉绍德封。1908年到巴黎的佩雷事务所工作，接受了钢筋混凝土建筑设计训练；1910年进入贝伦斯（参见本书上文的10.5节）的设计事务所工作，在此与密斯·凡·德·罗共事。勒·柯布西耶没有受过正规的学院派建筑教育，从一开始他就受到建筑和艺术领域新思潮的影响，走上了一条探索新建筑的不平凡道路。1917年勒·柯布西耶移居巴黎，从事绘画和雕刻，在此结识了立体派画家奥占芳（Amédée Ozenfant）。1919年，他与奥占芳一起创建了纯粹主义（Purism）画派。

图11-3-8 勒·柯布西耶

1914年，勒·柯布西耶提出著名的多米诺体系（图11-3-9）。该体系为板柱承重体系，由3块混凝土板、6根立柱和楼梯组成，墙体可以用不同的材料甚至废弃的建筑材料填充，充分体现了经济性的原则。这样一幢建筑3周即可建成。

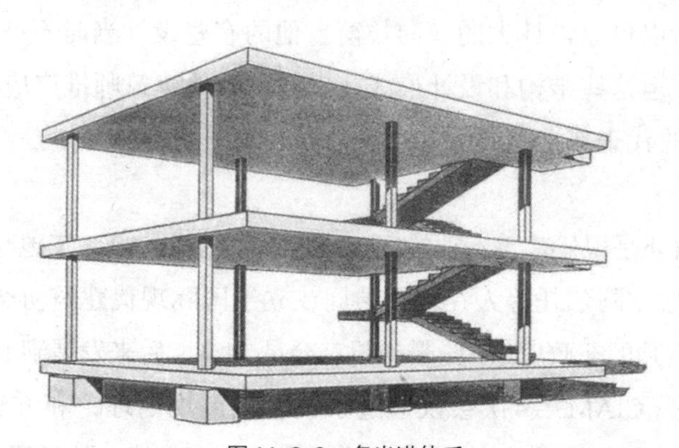

图11-3-9 多米诺体系

勒·柯布西耶等人在《新精神》杂志上发表了一系列宣扬新建筑的文章，1923年，勒·柯布西耶把这些文章结集出版，这就是被誉为20世纪最重要的建筑理论著作的《走向新建筑》。在这本宣言式的小册子中，他热情讴歌现代科技和工业成就，将大跨度的钢铁桥梁、谷仓、轮船、汽车和飞机作为时代精神的象征和机器美学的榜样。他认为，“这些机器产品有自己的经过试验而确立的标准，它们不受习惯势力和旧样式的束缚，一切都是建立在合理地分析问题和解决问题的基础之上，因而是经济和有效的”，“机器本身包含着促使选择它的经济因素”。从这些日新月异的机器产品中，他感受到了时代进步的历史脉搏，看到“我们的时代正在每天决定自己的样式”。他激烈地否定19世纪以来因循守旧的建筑观点和历史主义风格，主张创造新时代的新建筑。他称颂工程师的工作方法，认为“工程师受经济法则推动，受数学公式所指导，他们使我们与自然法则一致，达到了和谐”。

在《走向新建筑》这本书中，勒·柯布西耶给住宅下了一个新的定义：住宅是居住的机器。“如果从我们头脑中清除所有关于房屋的固有概念，而用批判的、客观的观点观察问题，我们就会得到‘房屋机器’的概念。”勒·柯布西耶全面阐述了“房屋机器”的含义，他认为，首先，建筑应像机器一样高效，强调建筑的使用功能与建筑形态之间的逻辑关系，反对附加装饰；其次，建筑应像机器那样可以进行大规模标准化生产，强调建筑与工业化生产之间的关系；再次，建筑应该可以像机器那样放置在任何地方，强调建筑风格的普遍适应性。

1926年，勒·柯布西耶提出了著名的“新建筑五点”，即底层架空、屋顶花园、自由平面、横向长窗和自由立面。按照“新建筑五点”设计的住宅都采用框架结构，墙体不再承重。勒·柯布西耶的建筑设计充分发挥了框架结构的特点，由于墙体不再承重，所以可以设计大的横向长窗。他的有些设计当时不被人们接受，许多设计被否决，但这些结构和设计形式在以后被其他建筑师推广应用。勒·柯布西耶这一时期的代表作萨伏伊别墅（参见下文的图11-3-10）便是“新建筑五点”的理想体现。

勒·柯布西耶是现代建筑运动的狂飙式人物和主将。1928年他与格罗皮乌斯、密斯·凡·德·罗、阿尔托等人在瑞士共同成立了国际现代建筑协会（CIAM），这是一个国际建筑师的非政府组织，最初只有会员24人，后来发展到100多人。

1933年8月，CIAM第4次会议通过了关于城市规划理论和方法的纲领性文件——《城市规划大纲》，这个后来被称作《雅典宪章》的文件的形成标志着现代主义建筑在国际建筑界占据了统治地位（《雅典宪章》是勒·柯布西耶对CIAM第4次会议的讨论成果进行完善的作品，主要由他个人完成）。《城市规划大纲》提出了城市功能分区和以人为本的思想，指出要把城市与其周围地区作为一个整体来研究，并认为城市规划的目的是使居住、工作、游憩与交通四大功能活动正常进行。

20世纪50年代后期，设计界对于现代主义建筑持反思批评态度的人越来越多。1956年，在南斯拉夫杜布罗夫尼克召开的CIAM第10次会议上，以阿尔多·凡·艾克（Aldo Van Eyck）为首的一批年轻建筑师公开反对以功能主义、机械美学为基础的现代主义理论。这种挑战导致参加1959年在荷兰鹿特丹举行的CIAM第11次会议的新老两派建筑师的观点分歧严重，因为CIAM是个人性的组织，成员间意见分歧一旦无法弥合，组织就难以为继，所以CIAM宣告长期休会。

作为20世纪最著名的建筑师与建筑理论家之一，勒·柯布西耶丰富多变的作品和充满激情的建筑哲学深刻地影响了20世纪的城市和建筑面貌以及人们的生活方式，他不断变化的建筑与城市思想始终将他的追随者和模仿者远远地抛在身后。勒·柯布西耶被视为粗野主义设计倾向的开创者（参见本书下文的12.1节）。1965年8月27日，勒·柯布西耶在法国南部的海湾中游泳时因心脏病发作而与世长辞。

这里介绍勒·柯布西耶早期的两则设计，下文再介绍其后期作品马赛公寓（参见图12-7-2）、联合国大厦（参见图12-7-3）、朗香教堂（参见图12-7-4）、昌迪加尔行政中心（参见图12-7-5、图12-7-6）、拉图莱特修道院（参见图13-7-1）。

（1）萨伏伊别墅

建于1928—1930年的萨伏伊别墅（图11-3-10）在设计上与以往的欧洲住宅大异其趣。别墅位于巴黎近郊普瓦西的一片开阔地带，宅基为矩形，长约21.5米，宽为19米，共3层。底层3面透空，一层由支柱架起，内有门厅、车库和仆人用房，是由弧形玻璃窗所包围的开敞结构。二层有起居室、卧室、厨房、餐室、屋顶花园和一个半开敞的休息空间。三层为主卧室和屋顶花园。各层之间以螺旋形的楼梯和折形的坡道相连。建筑室内外都没有装饰线脚，用了一些曲线形墙体以增加变化。别墅轮廓简单，像一个白色的方盒子被细柱支起，水平长窗平阔舒展，外墙光洁，无任何装饰，但光影变化丰富；虽然外形简单，但内部空间复杂，如同一个内部精巧镂空的几何体，又好像一架复杂的机器。该建筑采用了钢筋混凝土框架结构，平面和空间布局自由，空间相互穿插，内外彼此贯通。别墅外观轻巧，空间通透，装修简洁，与造型沉重、空间封闭、装修烦琐的古典豪宅形成了强烈对比。以传统的审美观来看，萨伏伊别墅在建筑环境、室内装修、装饰艺术等方面都不能与金碧辉煌的凡尔赛宫（参见本书上篇的图4-6-30）等建筑相比，但它却打动了工业化社会中的成员，清新自然的格调、健康明朗的气质永远为人们所钟爱。

图11-3-10　萨伏伊别墅

总之，萨伏伊别墅的室内与室外、空间与实体、理性与感性等以一个完美的整体展现在我们面前，给人以强烈的感染力。这一切靠的不是豪华的材料或附加的装饰，而是设计师强烈的人文精神、深厚的艺术修养和旺盛的创造活力，从中可以深切地感受到现代建筑设计思想表现为一种诗意而富有生命力的创造。中国当代著名建筑师崔恺用这样诗意的语言来描述它："那一天小雨，当我们推开院门穿过绿篱，亭亭玉立的白色小楼便静静地展现在我们的面前了。绕过架空的门廊，走进宜人的门厅，循坡道而上，在屋室中徘徊，空间在流动，视线在流动；别致的楼梯，多变的隔断，浴室的躺椅，厨房的壁柜，室外的条案，室内的家具，以及白色、黑色、蓝色、绿色，一切都是那么质朴、简单，一切又都是那么新颖别致，独具匠心，不要说70年前，就是放在21世纪的今天，也毫不落伍和逊色，这才是大师。"法国人很喜欢这幢"从不同角度看会获得不同印象"的房子，一位法国商人说："我从未见过其它的建筑，能够像它一样用如此简单的形体给人巨大的震撼和无穷的回味。"

（2）巴黎瑞士学生宿舍

建于1930—1932年的巴黎瑞士学生宿舍（图11-3-11）是位于巴黎大学区的一座学生宿舍。主体是长条形的5层楼，底层开敞，只有6对柱墩。从二层到四层每层有15间宿舍，五层主要是管理员的寓所和晒台。一层用钢筋混凝土结构，二层以上用钢结构和轻质材料的墙体。在南立面上，二至四层全用玻璃墙，五层部分为实墙，开有少量窗孔，两端的山墙上无窗，北立面上是排列整齐的小窗。楼梯和电梯间处理得比较特别，它突出在北面，平面是不规则的L形，有一片无窗的凹曲墙面。在楼梯间的旁边，伸出一块不规则的单层建筑，其中包括门厅、食堂、管理员室。

图11-3-11　巴黎瑞士学生宿舍

在这座建筑中，勒·柯布西耶在建筑处理上特别采用了多种对比手法。这里有玻璃墙面与实墙面的对比，上部大体块同下面较小的柱墩的对比，多层建筑与相邻的底层建筑的对比，平直墙面与弯曲墙面的形体和光影的对比，方整规则的空间同带曲线的不规则的空间的对比。单层建筑的北墙是弯曲的，并且特意用天然石块砌成虎皮墙面，更带来天然与人工两种材料的不同质地和颜色的对比效果。这些对比手法使这座建筑的轮廓富有变化，增加了建筑形体的生动性。巴黎瑞士学生宿舍设计上的这些对比处理手法在以后的建筑中常有运用，第二次世界大战后建造的纽约联合国大厦即是一例。

该宿舍建设时勒·柯布西耶40多岁，才思敏捷，势头强劲。此前他完成的建筑物都是住宅，巴黎瑞士学生宿舍是他实际建成的第一个公共性的建筑物。他把多年的想法与手法用于其中，还在结构、构造与施工方面做了实验，有的部分试用“干式”即工厂预制、现场组装的施工方式。因为这些做法，他遭到保守势力的攻击，连巴黎泥水匠公会也出面反对他。

这座宿舍的建造过程可谓充满艰辛。1934年，勒·柯布西耶在一篇文章中写道：“欧洲继续向我们开火……他们什么手段都用上了……什么污言秽语都造得出来。我们被描写成不要祖国、不要家庭、否定艺术、糟蹋自然的坏蛋，没有灵魂的畜生。由于我们按照自然的要求去满足社会的需要，我们被骂成唯物论者。由于瑞士学生宿舍阅览室墙上青年们跳舞的大照片，《洛桑日报》指责我们是教唆犯，引诱大学生道德败坏。”

巴黎瑞士学生宿舍建成的次年，有人著书攻击新建筑，说勒·柯布西耶在使建筑走向死亡。勒·柯布西耶针锋相对，回敬道：“作者在说昏话。请放心，建筑死不了，它在健康地发展。新时代的建筑刚刚诞生，前途光明。它无求于你，只请少来打搅。”

3. 密斯·凡·德·罗——玻璃盒子与流动空间

德国建筑师密斯·凡·德·罗的全名是路德维希·密斯·凡·德·罗（Ludwig Mies van der Rohe，图11-3-12，1886—1969年），简称密斯。密斯的父亲是石匠，他十来岁便跟随父亲摆弄石头，对材料的性质和施工技艺有所认识。密斯曾回忆这段经历说：“重要的不是纸上设计的建筑，一块砖才是建筑中真正重要的一部分。”密斯15岁开始在亚琛为几位建筑师做描图工作，后来进入职业学校，两年后在营造厂做墙面装饰工作，又到家具设计师处学艺。21岁，密斯完成了第一件建筑设计作品，其娴熟的手法引起德国建筑师贝伦斯（参见本书上文的10.5节）的注意。1908年，他到贝伦斯的建筑事务所工作了3年。格罗皮乌斯和勒·柯布西耶也都在贝伦斯那里工作过。大概应了“名师出高徒”这句老话，贝伦斯的这3名学生后来都大有作为。1912年，密斯在柏林独立开业，开启了一生传奇的建筑创作之旅。

图11-3-12　密斯·凡·德·罗

密斯的建筑设计理念可以概括为4条：少即是多，流通空间，全面空间，细节至上。

作为钢铁和玻璃建筑结构之父，密斯提出了“少即是多”（Less is More）的理念，这集中反映了他的建筑观点和艺术特色，也影响了全世界。“少即是多”，蕴含的是德国人的严谨与理性。“少”不是空白而是精简，“多”不是拥挤而是完美。密斯的建筑艺术依赖于结构，但又不受结构限制；它从结构中产生，反过来又要求精心制作结构。对于如何理解“Less is More”，密斯对他的学生如是说：“我希望你们能明白，建筑与形式的创造无关。”

在20世纪初“流通空间”是个前卫的名词。对于那些从学院里走出来的建筑师，对于那些多多少少受到各种西方古建筑流派影响的建筑师来说，这种完全不同于以往的封闭或开敞空间的流动、贯通、隔而不离的空间开创了另一种概念。有趣的是，在西方，这是一种全新的东西，而在古老的东方，中国古代知名或不知名的文人和园林工匠已经知道并大量营造了流动空间。虽然密斯从未显露过对中国文化的兴趣与向往，但他的“流通空间”概念与中国传统造园艺术却有惊人的共通性。不过，密斯的流通空间与中国造园艺术又全然不同，二者的差异性甚至使一般人不会将它们联系起来，原因在于：密斯的流通空间是理性的、秩序的、室内的空间，还有重要的一点，它是静止的，其目的是实用性；而中国园林的流通空间是有意营造的随意的、自由的、室外的空间，它是流动的，其目的是观赏性。抛开二者的表象，它们又的确在本质上是共通的。

“全面空间”也称为“通用空间”或“一统空间”，是密斯另外一个重要的理论。与芝加哥学派建筑师沙利文（参见本书上文的10.6节）的“形式服从功能”口号不同的是，密斯认为人的需求是会变化的，今天他要这样，明天他又会要那样，但建筑形式可以不变，套句中国古话，就叫“以不变应万变”：只要有一个整体的大空间，人们可以在其内部随意改造，那变化的需求就能得到满足了。

密斯相当重视细节，用他的话说“细节就是上帝”。虽然他从未受过正规的建筑教育，但他很小随其父学石工，对材料的性质和施工技艺有细致的认识，又通过绘制装饰大样掌握了丰富的绘图技巧。除了提出了结构上的新的设计理念，密斯也重新定义了墙壁、窗口、圆柱、桥墩、壁柱、拱腹以及棚架等方面的设计理念。

下面介绍密斯早期的两则经典设计，其设计理念的具体阐发及后期作品参见本书下文的12.3节。

(1)玻璃摩天楼方案

密斯对现代主义建筑最杰出的贡献是钢结构和玻璃在建筑中的应用。早在1921年和1922年，密斯就提出了两个全玻璃摩天楼的概念性方案(图11-3-13)，揭示了高层玻璃幕墙建筑的发展潜力，它们的外墙从上到下全是玻璃，一个外表为折面，另一个为曲面。这两个玻璃摩天楼看起来如透明的晶体，从外面可以看见内部的每一层楼板。对之前的摩天楼，密斯这样写道："在建造的过程中，摩天楼显示出雄伟的结构，巨大钢架壮观动人，可是砌上墙以后，作为一切艺术的基础的骨架就被无意义的琐屑形象所淹没。"

图11-3-13　密斯的两个全玻璃摩天楼方案

(2)巴塞罗那世博会德国馆

1929年，密斯为巴塞罗那世博会设计了德国馆(图11-3-14)。展馆建在一个基座之上，主要展厅的承重结构是8根十字形截面钢柱，上面是薄薄的一片屋顶。大理石和玻璃构成的墙板也是简单光洁的薄片，它们纵横交错，布置灵活，形成既分割又连通，既简单又复杂的空间序列。室内室外也互相穿插贯通，没有截然的分界，形成奇妙的"流通空间"。整个建筑没有附加的雕刻装饰，然而对建筑材料的颜色、纹理、质地的选择十分精细，搭配异常考究，比例推敲精当，使整个建筑物显出高贵、雅致、生动、鲜亮的品质，向人们展示了前所未有的建筑艺术品质，充分体现了密斯1928年提出的名言“少即是多”，也为二战结束后兴起的追求技术精美倾向奠定了基础。

图11-3-14　巴塞罗那世博会德国馆

展馆的所有地面均用灰色的大理石铺装，外墙面则都用绿色的大理石建造。主厅内部的材质丰富，其中的玻璃隔墙有绿色和灰色两种，而有一片独立的隔墙还特别选择了色彩斑斓的条纹玛瑙石材，各种不同颜色的石材形成强烈的视觉对比。

巴塞罗那世博会结束后，德国馆只存在了几个月就被拆除了，大理石运回德国，钢材不要了，但当时留下的数十张黑白照片却对世界广大建筑师的创作产生了很广泛的影响，从而有力地扩展了现代主义建筑的影响。半个世纪以后，在密斯诞生100周年之际，西班牙政府于1983年重建了这个对建筑界有深刻影响的展览馆，供人们实地观摩欣赏。

4. 赖特——建筑的诗意

美国建筑师赖特（Frank Lloyd Wright，图11-3-15，1867—1959年）的建筑艺术始终给人以诗一般的享受，对现代建筑有很大的影响，他的许多作品至今仍被视为世界重要文化遗产，但他的建筑思想与欧洲先锋派的代表人物却有很大不同，显得独特而有个性。

图11-3-15　赖特

1867年，赖特出生在美国威斯康星州麦迪逊市的一个乡村。1888年，他在芝加哥市进入沙利文

（参见本书上文的10.6节）与阿德勒（Dankmar Adler, 1844—1900年）的建筑事务所工作；1893年，他在芝加哥开设事务所，并独立地发展着美国土生土长的现代建筑。他在美国西部建筑自由布局的基础上，融合了浪漫主义精神而创造了富于田园诗意的“草原式住宅”，后来他提倡的“有机建筑”便是“草原式住宅”这一概念的发展。

（1）草原式住宅

1893年，赖特开始独立操业。在最初的10年中，他在美国中西部地区设计了许多小住宅和别墅。这些住宅大都属于中产阶级，坐落在郊外，用地宽阔，环境优美，材料用的是传统的砖、木和石头，有出檐很大的坡屋顶。赖特该时期设计的住宅适合于美国中西部草原地带的气候和地广人稀的特点，被称为“草原式住宅”。

在解释草原式住宅的水平性构图与中西部草原地貌的关系时，赖特说：“事实上对于我们广袤的西部草原来说，几乎所有的建筑都让人觉得不舒服；在延绵起伏的草原上，任何高出的细节都会被夸大；当草原在壮阔无边的天空下静静地展开时，任何一棵树看上去都像是赫然耸立在它沉静的、开满鲜花的表面上。任何考虑不周的东西都会与草原安然的环境格格不入，就像一个伸出的手指那样让人无法忍受。无论出于怎样的实用考虑，任何不必要的高起都应该避免，而应通过加强室内外环境的联系来弥补高度上的缺憾。”

草原式住宅的内外设计都与大自然很调和，比较典型的例子是赖特1902年设计的位于芝加哥郊区的威利茨住宅（Willitts House，图11-3-16）和1908年设计的位于芝加哥的罗比住宅（Robie House，图11-3-17）。

图11-3-16　威利茨住宅

图11-3-17　罗比住宅

(2)有机建筑

“有机建筑”是赖特倡导的一种建筑理论，根据他的解释，内涵很多，意思也很复杂，但总的精神还是清晰的。首先，他认为有机建筑是一种由内而外的建筑，它追求整体性，即局部要服从整体，整体又要照顾局部；其次，他认为建筑必须与自然环境有机结合，因此他说有机建筑就是“自然的建筑”，他设计的建筑往往就像是自然的一部分，或者看起来像植物一样是从大自然中长出来的，这样，建筑不仅不会破坏自然环境，相反，它还会为自然添色，为环境增美；第三，他的建筑在结构与材料上都力求表达自然的本色，充分利用材料的质感，以求达到技术美与自然美的融合。

总之，他认为房屋应当像植物一样，成为“地面上一个基本的和谐的要素，从属于自然环境，从地里长出来，迎着太阳”。正是从有机建筑理论出发，赖特反对折中主义和对历史风格的模仿，同时也对正统现代建筑派的功能主义和机器美学提出了尖锐批判。针对勒·柯布西耶提出的“住宅是居住的机器”理论，他尖刻地讽刺说：“好，现在椅子成了坐的机器，住宅是住的机器，人体是意志控制的工作机器，树木是出产水果的机器，植物是开花结籽的机器，我还可以说，人心就是一个血泵。这不叫人骇怪嘛！”

赖特有机建筑的代表作是建于1934—1937年的流水别墅(图11-3-18)。流水别墅是现代建筑的杰作之一，坐落于美国宾夕法尼亚州匹兹堡市郊的熊跑溪林地。别墅在空间的处理、体量的组合及与环境的结合上均取得了极大的成功，为有机建筑理论做了确切的注释，在现代建筑历史上占有重要地位。

图11-3-18 流水别墅

1934年，美籍德裔富商考夫曼在宾夕法尼亚州匹兹堡市东南郊买下一块山间地皮，那里远离公路，草木繁盛，溪流潺潺。考夫曼把赖特请来考察，请他设计一座周末别墅。赖特凭借特有的职业敏感，知道自己最难得的机遇到来了。场地的涓涓溪水给他留下了难忘的印象，他要把别墅与流水的音乐感结合起来。他急切地索要一份标有每一块大石头和每一棵直径6英寸（15厘米）以上树木的地形图。地形图5月份就送来了，但接下来的一百多天，他一直冥思苦想，耐心地等待灵感到来的那一瞬间。

终于，在9月的一天，赖特急速地在地形图上勾勒出草图，别墅已经在赖特脑中孕育而成。他描述这个别墅是“山溪旁一个峭壁的延伸，生活空间靠着几层平台凌空于溪水之上——一位迷恋着这个地方的人就在这平台上，他沉浸于瀑布的响声，享受着生活的乐趣”。他为这座别墅取名“流水”。按照赖特的想法，背靠陡崖的“流水别墅”“生长”在小瀑布之上的巨石之间，水泥的大阳台叠摞在一起，它们宽窄、厚薄、长短各不相同，参差穿插着，好像从别墅中争先恐后地跃出，悬浮在瀑布之上。这些悬挑的大阳台是别墅的高潮。在最下面一层也是最大和最令人心惊胆战的大阳台上有一个楼梯口，从这里拾级而下，正好到达小瀑布的上方。潮润的清风和淙淙的水声飘入别墅，产生这种效果的设计是赖特永远令人赞叹的神来之笔。平滑方正的大阳台与纵向的粗石砌成的厚墙穿插交错，宛如荷兰风格派画家蒙德里安（参见本书上文的11.2节）高度抽象的绘画作品，在复杂微妙的变化中达到一种诗意的视觉平衡。室内也保持了天然野趣，一些被保留下来的岩石好像是从地面下破土而出，成为壁炉前的天然装饰，一览无余的条形窗户使室内与四周浓密的树林相互交融。自然的音容从别墅的每一个角落渗透进来，而别墅又好像是从溪流之上滋生出来的，这一戏剧化的奇妙构想堪称赖特的浪漫主义宣言。

别墅共3层，面积约380平方米，以第二层（主入口层）的起居室为中心，其余房间向左右铺展开来。别墅外形强调块体组合，使建筑带有明显的雕塑感。别墅的室内空间自由延伸，相互穿插，又与室外空间互相交融，浑然一体。在这里，自然与人悠然共存，呈现出天人合一的最高境界。

流水别墅建成之后即名扬四海。1963年，赖特去世后的第四年，小考夫曼决定将别墅献给当地政府，永远供人参观。交接仪式上，小考夫曼的致辞是对赖特这一杰作的感人的总结，他说："流水别墅的美依然像它所配合的自然那样新鲜，它曾是一所绝妙的栖身之处，但又不仅如此，它是一件艺术品，超越了一般含义，住宅和基地一起构成了一个人类所希望的与自然结合、对等和融合的形象。这是一件人类为自身所作的作品，不是一个人为另一个人所作的，由于这样一种强烈的含义，它是一笔公众的财富，而不是私人拥有的珍品。"

赖特设计的古根海姆博物馆和约翰逊制蜡公司办公楼参见本书下文的12.7节。

5. 阿尔托——建筑人情化

阿尔托（Alvar Aalto，图11-3-19，1898—1976年），生于芬兰西部农村，父亲是勘测人员，他1921年毕业于赫尔辛基工业大学，1923年开办个人事务所。芬兰地处北欧，自然环境优美，素有"千湖之国"的美称，一望无际的森林、烟波浩渺的湖泊、万籁俱寂的白夜堪称芬兰的三大自然景观。优美的自然环境孕育了芬兰人对大自然的深厚感情，也滋养了阿尔托对自然环境的亲切感受，为他的地域性、人情化的建筑创作提供了客观物质环境。阿尔托是地域性现代主义建筑探索的先驱者，他设计的建筑与自然环境相融合，充分反映了芬兰的地域特色。他说："建筑设计最应该学习的，不是机器，而是自然。"他秉持这一理念所完成的建筑设计，深深地影响了人们对建筑的理解。

图11-3-19 阿尔托

阿尔托倾向"自然再现"的设计理念，在出现"生态"这一概念之前，阿尔托的设计理念早已渗透生态建筑的基本精神。1940年，他曾写道：“建筑师所创造的世界应该是一个和谐的、尝试用线把生活的过去和将来编织在一起的世界，而用来编织的最基本的经纬，就是人纷繁的情感之线与包括人在内的自然之线。”受树木流畅的直线条所“诱惑”，阿尔托设计的建筑选用大量木材，让建筑与芬兰周边环境融合一致。阿尔托在作品中一再呼应着抽象自森林的“竖线”。阿尔托作为芬兰人对森林有特殊情感，认为森林是想象力的场所，由童话、神话、迷信的创造物占据。森林是芬兰人心灵的潜意识所在，安全与平和、恐惧与危险的感觉同时存在。这种对森林的眷恋造就了阿尔托的特性，也凝聚成了北欧设计的特色。

阿尔托一生的建筑创作大体经历了早、中、后3个时期：第一白色时期，红色时期，第二白色时期。第一白色时期（1923—1944年）：作品外形简洁，多呈白色，有时在阳台栏板上涂有鲜艳色彩，建筑外部有时利用当地特产的木材饰面，内部采用自由形式，代表作有帕伊米奥结核病疗养院、玛利亚别墅等。红色时期（1945—1953年）：创作已臻于成熟，这一时期他喜用自然材料与精致的人工构件相对比，建筑外部常用红砖砌筑，造型富于变化，他还善于利用地形和原有的植物，室内设计强调光影效果，讲求抽象视感，代表作有珊纳特赛罗镇中心主楼等。第二白色时期（1954—1976年）：这一时期的建筑再次回到白色的纯洁境界，作品空间变化丰富，发展了连续空间的概念，外形构图既重视物质功能因素也重视艺术效果，代表作有卡雷住宅、奥尔夫斯贝格文化中心等。

下面介绍阿尔托早期的两则经典设计，其设计理念的进一步阐发及中、后期作品参见本书下文的12.4节。

（1）帕伊米奥结核病疗养院

帕伊米奥结核病疗养院（图11-3-20）奠定了阿尔托在现代建筑运动中的地位。这座疗养院是1929年参加设计竞赛的中标作品，1933年建成。疗养院细致地考虑了疗养人员的需要，每个病室都有良好的光线、通风、视野和安静的休养气氛。建筑造型与功能和结构紧密结合，表现出具有理性逻辑的设计思想。建筑形象简洁、清新，给人以开朗、明快、乐观的启示。造成这种突破的主要原因，是阿尔托对斯堪的那维亚国家自然条件的理解。这里冬季漫长，日照短暂，令人感觉压抑，而北欧盛产的木材和红砖给人以温馨的感觉。大尺寸的顶部圆筒形照明孔，一方面是能够引入日光的天窗，另一方面是黑夜时的人造光源。把日光与人造光源归于同一顶部来源，可以在心理上造成太阳未落的感觉。这种设计，迄今还在斯堪的那维亚国家广泛应用。

图11-3-20　帕伊米奥结核病疗养院

整个建筑依地势起伏铺开，与周围环境和谐统一。平面大致呈长条状，由通廊连接，各条之间不相互平行，表现出功能和自由结合的风格。最前排是病房，共7层，朝南略偏东，可容纳290张床位，每间病房住两人。公共走廊朝北。东端是日光室和治疗区，朝向正南与主楼成一定角度。主楼屋顶是平屋顶，一部分作为花房。第二排建筑高4层，为了不受前排的光线遮挡，不与主楼平行，其一层为行政区，二、三层为医务区，四层是餐厅和文娱阅览室。第三排是单层，设有厨房、锅炉房、备餐间和仓库等。整体采用钢筋混凝土框架结构，线条简洁。长条玻璃窗重复排列，形成干净简洁的韵律。最底层采用黑色花岗岩，和白色墙面形成强烈对比。阳台的玫瑰色栏板使得建筑简洁的线条充满跳跃的动感。室内采用淡雅的色彩，细节充分考虑到病人的起居需要。

1956年，在意大利的一个演讲中，阿尔托如此描述帕伊米奥疗养院："建造这座建筑的主要目的是作为治疗的工具。治疗的基本条件之一是有一个完全安宁平静的环境……房间的设计完全考虑到病人的感受：顶棚的颜色温馨；布置灯光照明时，避免病人在卧床时产生眩目；在顶棚上设置暖气；自然风通过高窗进入室内；水从水龙头里流出时没有噪声，确保不会影响到隔壁。"

(2) 玛利亚别墅

建于1937—1939年的玛利亚别墅（图11-3-21）是阿尔托古典现代主义的巅峰之作，被认为把20世纪理性构成主义与民族浪漫运动传统联系了起来。它可与赖特的流水别墅（参见本书上文的图11-3-18）、勒·柯布西耶的萨伏伊别墅（参见本书上文的图11-3-10）、密斯的范斯沃斯住宅（参见本书下文的图12-3-1）相媲美。

图11-3-21　玛利亚别墅

玛利亚别墅是古里申夫妇于1936年委托阿尔托设计的私人别墅，它位于努玛库一个长满松树的小山顶上。古里申夫人玛利亚是当时芬兰最大的工业家族之一——阿尔斯托姆家族的继承人，哈利·古里申则是这家公司的董事。这个家族在芬兰拥有大量木材、矿藏、水力资源以及木夹板厂、玻璃厂、造纸厂、塑料厂等。玛利亚不仅是成功的企业家，同时对艺术有着浓厚的兴趣。她早年在巴黎学习绘画，拥有大量艺术收藏品。古里申夫妇和阿尔托一样，深信以理性与技术进步为基础，能建设出一种乌托邦理想社会。在此之前，阿尔斯托姆家族已经在这里建造了两座家族别墅，一座是木构的城堡式别墅，一座是新艺术风格别墅，它们都是当时建筑风格的典范。所以，玛利亚计划建造第三座别墅时，要求不仅有符合时代特色的形式，还要有独特的个人魅力。她允许阿尔托在设计中进行大胆的创新和实验。阿尔托曾写道："在这座建筑中所运用的形式概念，是想使它与现代绘画相关联。"玛利亚别墅既表现了玛利亚·古里申对于现代艺术的极大兴趣，也表达了哈利·古里申对森林工业的热爱。

玛利亚别墅的外观卓尔不群。首先在形体上，总体以大的几何形体块为主，呈现出几组围合而成的U形区域。这一手法在阿尔托其它作品中有所体现，如帕伊米奥结核病疗养院等。而作为住宅，玛丽亚别墅整体形态十分舒适、闲散，除了体现建筑的功能性，更体现出设计师的人情化设计宗旨。阿尔托在设计立面时考虑的是丰富饱满的外观效果——细腻、明确、富有节奏。别墅中具有创新性的地方是把梁柱的自由度和传统材料巧妙地结合了起来；曲线的入口雨篷、船形画室和曲线的游泳池使得建筑的线条更自然流畅富有变化，而不是像其他现代主义大师那样拘泥于单调严肃的几何形体。这种形式上的变化应该说也是建筑功能上的需要，它是人情化设计对形式处理的直接反映。

别墅四周是一片茂密的树林，阿尔托采用经典的L形平面塑造出了一个长方形庭院，既有利于房子的保暖，又有安全感，室外的半围合空间既便于生活起居，又容易和自然环境结合。

十二、现代建筑派的普及与发展（第二次世界大战—20世纪70年代）

从世界范围来看，第二次世界大战始于1939年，结束于1945年。就建筑发展而言，形成于两次世界大战之间的现代建筑派经过第二次世界大战时期与战后恢复时期的考验，显示出强大的生命力。欧洲的现代建筑派在战后恢复时期的建设活动中发挥了重要作用，移民到美国的欧洲现代建筑派培养出来的青年建筑师已经成长起来，将理性主义原则深入普及到生活现实中去，以赖特为代表的美国的有机建筑派也因其浪漫主义情调与超凡出众的形式而受到了广泛注意。这一时期，现代建筑派大师们的影响达到了顶峰，现代建筑的原则在全世界得到广泛认同，逐步取代原来在西方盛行了数百年的学院派，成为现代建筑思潮的主流。20世纪50 年代以后，随着欧洲在战后建设中复苏，以及各国建筑活动范围的迅速扩展，社会对建筑的需要发生了必然的变化，提出了新的要求。年轻一代建筑师在追随现代派大师的同时，也开始认真研究现代主义的历史意义，逐渐开始寻找他们自己的创作道路，在针对具体的设计项目时将对人类生活环境的设计和对物质环境的设计密切联系起来，把同建筑相关的各种形式上、技术上、社会上和经济上的问题统一起来，努力在实践中找到解决这些问题的方法，积累了不少创新经验。

1952年，美国建筑师哈里森（W. K. Harrison，1895—1981年）主持设计的纽约联合国大厦（图12-0-1）落成，表明古典复兴和折中主义已经被国际社会所抛弃，也标志着现代主义风格受到国际社会的普遍认同。1952年，SOM建筑设计事务所设计的全玻璃幕墙的利华大厦（图12-0-2）在纽约落成，密斯·凡·德·罗在1921年设想的摩天大楼（参见本书上文的图11-3-13）终于成为现实。1956年，丹下健三设计的日本广岛和平纪念馆（图12-0-3）落成，象征了美国对日本军事占领下日本政治体制的更新。20世纪50年代初，勒·柯布西耶设想的“光明城市”（图12-0-4）在印度昌迪加尔规划中得到体现。从1959—1961年，美国建筑师协会（AIA）依次把金奖授予3位现代建筑大师格罗皮乌斯、密斯·凡·德·罗和勒·柯布西耶，表明现代主义在世界范围内获得了真正意义上的成功。自20世纪50年代起先后出现了各种不同的把满足人们的物质要求和情感需要结合起来的设计倾向，这种局面一直持续到20世纪70年代现代主义受到批判与后现代主义兴起后才改变。

图12-0-1　联合国大厦

图12-0-2　利华大厦

图12-0-3　广岛和平纪念馆

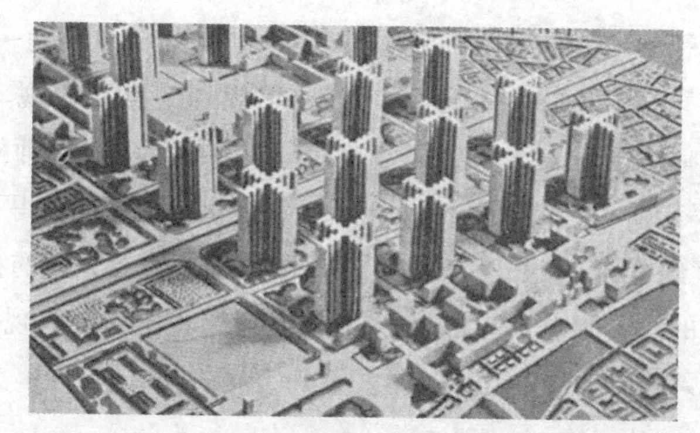

图12-0-4　勒·柯布西耶的“光明城市”设想

12.1　粗野主义

粗野主义(Brutalism)是20世纪50年代中期到60年代中期的一种设计倾向。英国1991年第4次再版的一本建筑词典这样解释粗野主义:“这是1954年撰自英国的名词,用来识别像勒·柯布西耶的马赛公寓大楼和昌迪加尔行政中心那样的建筑形式,或那些受他启发而作出的此类形式。在英国有斯特林(J. Stirling)和戈文(J. Gowan),在意大利有维加诺(V. Vigano),在美国有鲁道夫(P. Rudolph),在日本有前川国男和丹下健三等人。粗野主义经常采用混凝土,把它最毛糙的方面暴露出来,夸大那些沉重的构件,并把它们冷酷地碰撞在一起。”可见,粗野主义的名称来自英国,代表人物是法国的勒·柯布西耶(参见本书上文的11.3节)以及英国、意大利、美国和日本一些现代建筑派的第二代和第三代建筑师。粗野主义建筑的特点是毛糙的混凝土、沉重的构件和它们的貌似粗鲁的组合。

粗野主义对现代建筑思潮演变起了较大作用,但它正式得名是在1954年史密森夫妇(A. & P. Smithon)提出“新粗野主义”概念之后。那时,勒·柯布西耶设计的马赛公寓(参见本书下文的图12-7-2)已经建成,昌迪加尔行政中心(参见本书下文的图12-7-5、图12-7-6)建筑群已经动工。史密森夫妇羡慕密斯·凡·德·罗和勒·柯布西耶等可以随心所欲地把他们所偏爱的材料特性尽情表现出来。相形之下,他们认为当时英国的主要业主、政府机关对年轻的建筑师限制太多。于是他们追随勒·柯布西耶粗犷的建筑风格,热衷于对建筑材料特性的表现,并将之理论化、系统化,形成一种有理论、有方法的设计倾向。他们自称是“新粗野主义”,而把勒·柯布西耶的探索称为“粗野主义”,其实两者一脉相承,并无本质差异。

关于粗野主义建筑有一则轶事：在孟加拉国首都达卡有一个粗野主义建筑集合体——达卡国民议会大厦（图12-1-1，建于1959—1982年），最初由美国建筑师路易斯·康（Louis I. Kahn，1901—1974年）设计，《纽约时报》曾在一篇名为《粗野主义归来》的报道里提到："在1971年的巴基斯坦内战中，它因为被轰炸机误以为是历史遗迹而幸免于难。"

图12-1-1　达卡国民议会大厦

在20世纪50—70年代，勒·柯布西耶和布劳耶（其非建筑作品参见本书上文的图11-3-2）等建筑大师为粗野主义风格建筑的出现奠定了基础，后来粗野主义成为政府机构和大学建筑设计中风靡一时的风格，其特点是清晰地表达出建筑的力量感与功能性，能使人感受到建筑的独特魅力与逼人气势。布劳耶移民美国后设计的康涅狄格州纽黑文市的倍耐力轮胎大厦（Pirelli Tire Building，图12-1-2），美国建筑师鲁道夫设计的马萨诸塞大学达特茅斯分校（University of Massachusetts Dartmouth，图12-1-3）等，都因清晰直白的模块化构件以及对标准形式的反叛而备受后人推崇。

图12-1-2　倍耐力轮胎大厦

图12-1-3　马萨诸塞大学达特茅斯分校

下面介绍英国建筑师斯特林(James Stirling, 1926—1992年)的两则粗野主义设计。斯特林是英国建筑大师,1981年第三届普利兹克奖得主。他生于格拉斯哥,毕业于利物浦大学,开业于伦敦。斯特林为我们留下的建筑作品并不多,却堪称那个时代的天才人物,在英国、德国和美国这3个国家,斯特林通过设计高质量的作品影响着建筑的发展。

斯特林是后现代主义思潮的领导者之一(其后现代主义作品参见本书下文的图13-1-6),促使了建筑风格向新的方向转变。这种新的风格既让人能辨认出其历史渊源,又能与其周围的建筑物产生密切的关系,这成了一种新的设计准则。这个新的设计准则来自斯特林的独创性:在旧"现代主义"中,整体和部分被分割开来,而斯特林却对真正的古典主义与19世纪风格进行了令人吃惊的整合和变换。

莱斯特大学工程馆(Leicester University Engineering Building, 图12-1-4, 建于1959—1963年)由教学主楼和大型厂房两部分组成。教学主楼的平面由大小不一的矩形构成,共11层。室内布置有行政办公室、实验室、阶梯教室和竖向交通等功能空间。两座阶梯教室位于主楼的二、三层,一纵一横呈90°布置。建筑主入口位于大阶梯教室地面的斜坡下部。厂房平面为矩形,在教学主楼的右侧,占据了地段的大部分面积,屋面是大面积的玻璃天窗。

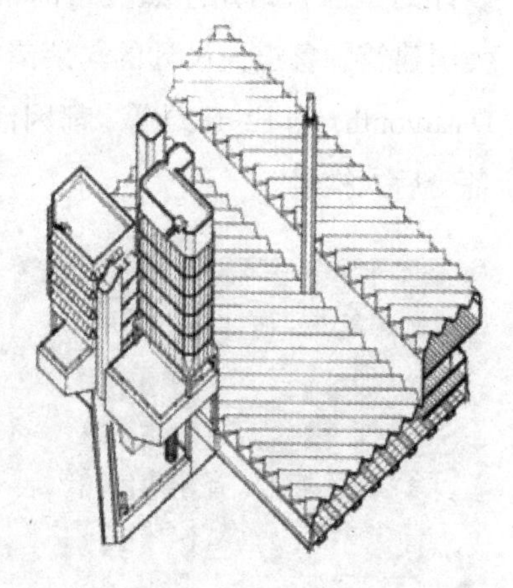

图12-1-4 莱斯特大学工程馆

工程馆建构出复杂的建筑外貌。阶梯教室的顶部像"牛腿"一样直接伸出在两个立面的墙外,不作任何掩饰处理,表现出功能与形式的高度统一。教学楼的教学部分做成玻璃盒子状,高高地伸向空中,顶部用红砖墙收住;实验室部分则做得相对比较封闭，开着凸出于墙外的三角形高窗。电梯厅像一棵红砖柱与玻璃盒子相伴随。厂房则水平展开，屋顶设计成一系列45°水平斜置的柱形玻璃天窗，十分醒目。教学楼采用蓝色玻璃和红色面砖两种建筑材料，色彩鲜明。

莱斯特大学工程馆是斯特林早期的重要作品。这一设计遵循着功能、技术与艺术相统一的基本原则，又有十分突出的建筑形体和丰富的室内空间组合。室内外采用相同的红色墙砖饰面，突出了建筑的地域性特色，使建筑与老校园的主体环境相协调。

剑桥大学历史系大楼（Cambridge University History Faculty Building，图12-1-5，建于1964—1968年）坐落在英国著名的剑桥大学新校区，是斯特林的又一力作。大楼共7层，地上6层，地下1层。平面主要由外侧近似于L形的部分和内角为90°的扇形平面两部分组成。办公和一部分教学研究用房布置在L形平面内。这部分的一层面积最大，向上面积逐层递减，顶层最小。其中，一层为学生和教职工的公共用房，二、三层为小会议室，最上面3层为小开间办公室。

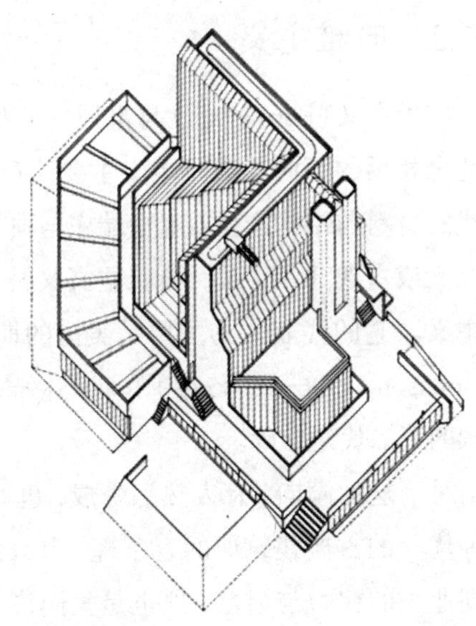

图12-1-5　剑桥大学历史系大楼

L形内侧的扇形部分布置阅览室，建筑面积为1170.54平方米，约占总面积的一半，内部设有300个座位。阅览室的外沿是书库，分两层布置书架。在书架的外部，沿外墙设置单人阅览室，避免了书架受日光的直接照射。巨大的阅览室与各层走廊在视线和空间上互通，是斯特林在室内空间处理上的一个新尝试。尤其是整个空间都被覆盖在一个斜坡形的巨大的玻璃顶下，空间感十分宜人。建筑的主入口位于L形拐角的外侧，有一个方形的入口大厅。楼梯和电梯位于入口的左侧。而图书馆的目录厅和工作人员柜台设在接近主入口的位置，流程合理，视野开阔，方便了读者的使用，也方便了管理。

大楼的外部形态特色鲜明，主要由L形体量所主导。它所拥抱的阅览室采用阶梯形的玻璃幕墙。它的端部、阅览室的书库以及底层外墙的大部墙面都采用红色面砖饰面，同莱斯特大学工程馆一样，是斯特林惯用的手法。

大楼的结构选型以功能为出发点。L形部分为框架结构；扇形部分则为钢桁架结构，桁架上有两层玻璃面层，上层玻璃设有百叶窗，下层采用半透明玻璃，这样可以得到自然漫射光，满足了阅览室的光线需要。

剑桥大学历史系大楼是莱斯特大学工程馆的姐妹作。斯特林在这幢建筑中所开创的通透大空间及大玻璃顶的运用，是在现代主义建筑发展方向上的巨大跨越。由于其出色的设计，该建筑1970年获得英国皇家建筑师协会金奖。

12.2 典雅主义

典雅主义(Formalism)与粗野主义发生在同一时期，然而在审美取向上却是一种完全相反的倾向。典雅主义主要流行于美国，致力于运用传统的美学法则来使现代的材料与结构产生规整、端庄与典雅的庄严感。由于作品常常使人联想到古典主义或古典建筑，因而典雅主义又被称为新古典主义、新复古主义或新帕拉第奥主义。它的代表人物主要是美国的斯通(E. D. Stone, 1902—1978年)、约翰逊(P. Johnson, 1906—2005年)和雅马萨奇(M. Yamasaki, 1912—1986年)等一些现代派的第二代建筑师。

对于这种倾向，有人热烈赞成，也有人坚决反对。赞成的人认为它给人们以一种优美的古典建筑似的有条理、有计划的安全感，并且它的形式有利于使人联想到业主的权力与财富，这也是美国许多政府机构、银行或企业的办公楼喜欢采用它的原因。反对的人认为它在美学上缺乏时代感和创造性，是思想简单、手法贫乏的无奈表现。典雅主义倾向在某些方面很像讲求技术精美的倾向(参见本书下文的12.3节)，只是后者讲求钢和玻璃结构在形式上的精美，而前者则是讲求钢筋混凝土梁柱在形式上的精美。20世纪60年代后期，典雅主义倾向开始降温，但因为它比较容易被一般群众接受，所以至今仍时有出现。

下面介绍3则典雅主义设计。

斯通设计的美国驻新德里大使馆（图12-2-1，建于1954—1958年）位于两条道路交叉口的一块长方形基地上，使馆建筑群包括办公用的主楼、大使住宅、两幢随员住宅与服务用房。据说，斯通在设计之前认真研究了印度泰姬陵（参见本书上篇的图7-4-9），并从中受到启发。大使馆坐落在高台之上，轴线、水池、匀称而优雅的形体以及水池中的倒影，重现了泰姬陵宁静、纯洁的神韵，也体现出对印度文化的敬意。大使馆外观端庄典雅、金碧辉煌，成功地体现了当时美国想在国际上营造的既富有又技术先进的形象，因此该建筑于1961年获得了AIA奖（美国建筑师协会奖）。

图12-2-1　美国驻新德里大使馆

约翰逊为内布拉斯加州立大学设计的谢尔登艺术纪念馆（图12-2-2，建于1958—1966年）突出的形象元素是柱廊，不由得使人联想到古希腊的列柱围廊式庙宇。中央门廊由造型流畅细腻的钢筋混凝土立柱支撑，门廊里面是大面积的玻璃窗，室内顶棚上一个个圆形图案同外面柱廊上的券通过玻璃内外呼应。柱的形式呈棱形，经过精心设计与精确施工，既古典又新颖，这也是约翰逊为典雅主义风格创造的多种柱子形式之一。

图12-2-2　谢尔登艺术纪念馆

美籍日裔建筑师雅马萨奇主张创造“亲切与文雅”的建筑，他为美国韦恩州立大学设计的麦格拉格纪念会议中心（图12-2-3，建于1959年）曾获AIA奖。这是一座两层的房屋，当中是一个有玻璃顶棚、贯通两层的中庭。屋面是折板结构，外廊采用了与折板结构一致的尖券，形式典雅，尺度宜人。据雅马萨奇说，这是他访问日本受到日本建筑的启发，再结合美国的现实情况设计的。

图12-2-3　麦格拉格纪念会议中心外观及内部中厅

12.3　讲求技术精美的“密斯风格”

讲求技术精美的倾向是20世纪40年代末至60年代占主导地位的设计倾向。第二次世界大战后，密斯·凡·德·罗（参见本书上文的11.3节）对钢和玻璃在建筑中的应用与表达的探索，与美国巨大的工业经济实力相结合，形成了所谓的“密斯风格”：外形为纯净透明的玻璃盒子，建筑构造与施工非常精美，内部空间通畅，没有或很少有柱子。这种风格一度作为现代工业、现代科技与资本雄厚的象征，受到西方垄断资本、政府及文化机构的欢迎，被广泛应用在各种不同的建筑类型中。密斯·凡·德·罗也因此在战后的十余年中成为建筑界最显赫的人物。

密斯是一位执着的结构理性主义者，他认为：“结构体系是建筑的基本要素，它的工艺比个人天才、比房屋的功能更能决定建筑的形式。”移民美国后，这种结构理性主义观念进一步发展为技术至上的美学倾向——建筑的结构和构造被提升到艺术的高度，甚至被赋予了压倒一切、至高无上的文化力量。密斯宣称：“当技术完成了它的使命时，它就升华为建筑艺术。”在建筑功能问题上，他主张功能服从于空间。他说："房屋的用途一直在变，但把它拆掉我们负担不起，因此我们把沙利文的口号'形式服从功能'颠倒过来，即建造一个实用和经济的空间，在里面我们配置功能。"至于创作成果的形式问题，密斯说道："我们不考虑形式问题，只管建造问题。形式不是我们的工作目的，它只是结果。"

总而言之，可以将密斯的设计思想方法归结到他早在1928年就已说过的一句话：少即是多（Less is More）。这句话包含了两方面的内容，一是简化结构体系，精简结构构件，以产生大的、可作多种用途的建筑空间；二是净化建筑形式，精确施工，使之成为没有任何多余东西的、精确和纯净的钢和玻璃的方盒子。二战后密斯的主要代表作有范斯沃斯住宅、芝加哥湖滨公寓、纽约西格拉姆大厦、伊利诺工学院克朗楼等，这些现代主义建筑作品的建成，对改善美国城市面貌确实起了重大作用。密斯的作品施工精确细致，但却存在着结构体系及施工工艺决定建筑形式导致的巨大矛盾，如钢结构因为需要防火，不能裸露在空气中，必须包上防火层，于是又在外面包一层钢材。而且，由于密斯风格的建筑易于模仿，因此在众多城市中广泛传播，造成单调、无装饰的钢与玻璃建筑泛滥，因而也受到了许多人的抨击。1963年，肯尼迪总统宣布将自由奖章授予密斯（肯尼迪总统遇刺后由约翰逊总统授予），以表彰他对美国建筑事业的贡献。1969年夏天密斯去世，享年83岁，他为世人留下了140余栋建筑作品，完成了一位现代主义建筑大师的历史使命。

下面介绍密斯后期的5则设计，在本书下文的12.7节中介绍其最后作品西柏林新国家美术馆（参见图12-7-9）。

范斯沃斯住宅（Farnsworth House，图12-3-1，建于1945—1951年）是密斯移居美国后建成的唯一住宅，以钢和玻璃为材料，大片的玻璃取代了阻隔视线的墙面，成为"看得见风景的住宅"。住宅采用钢结构框架，开敞的空间不受柱子阻挡，内部功能通过隔墙及家具的组合来划分。住宅整体是一个长24米、宽8.5米的玻璃盒子，它架空于地面之上，8根钢柱夹持一片地板和一片屋顶，四面全是大玻璃，除了中央有一个小的封闭空间，其中隐藏着卫生间、浴室和机械设备，主人睡觉、起居、做饭、进餐全都在四周开敞的透明空间中。该住宅如果用作园林的亭榭是极好的，但作为一个单身女医生的住宅就甚为不方便，而且房子虽然看上去简单，造价却超出预算85%，这两方面因素，引起了业主很大的不满。最终，密斯与业主产生严重冲突，打了一场漫长的官司。20世纪80年代，由于市政建设，房子被拆除。范斯沃斯住宅被广泛认为是现代建筑的典范之一，也是密斯后期设计开始专注于结构形式的转折点。

图 12-3-1　范斯沃斯住宅

芝加哥湖滨公寓（Lake Shore Building，图 12-3-2，建于 1951—1953 年）是两幢 26 层的高层公寓，建成后在美国引起了巨大反响，在国际上也获得好评。公寓的外墙全部是钢和玻璃，大片的玻璃和笔挺的钢结构使其具有强烈的工业现代感。有人说："可以在世界上任何一个城市中心的方形玻璃建筑上看到密斯的影响。"湖滨公寓是密斯以结构的不变来应功能的万变的又一个体现，居住单元除了集中的服务设施外，从进门到卧室是一个只用片断的矮墙或家具来划分的大空间，密斯称之为"全面空间"（Total Space）。这种以不变应万变的空间对于某些公共建筑与工业建筑来说是有其优越性的，但住宅的功能从来都不是千变万化的，矮墙和家具无法隔绝声音、视线、气味的干扰。

图 12-3-2　芝加哥湖滨公寓

密斯与约翰逊（参见上文的12.2节）合作设计的纽约西格拉姆大厦（Seagram Building，图12-3-3，建于1954—1958年）是国际式高层建筑的巅峰之作，主体建筑38层，高158米。业主西格拉姆公司是一家大酿酒公司，它希望自己的办公楼具有高雅与名贵的形象。密斯满足了它的要求，并把大楼退离马路红线，在前面建了一个带水池的小广场，这种做法在寸土寸金的纽约市中心是难能可贵的。大厦外墙的金属线条是铜质的，只起装饰作用。紫铜窗框、粉红色的玻璃幕墙以及施工的精工细琢使大厦在建成后的十多年中，一直被誉为纽约最考究的大楼。当然，其造价也如密斯的其它作品一样特别昂贵，房租比其它同级别的办公楼高三分之一。

图12-3-3　西格拉姆大厦

克朗楼（Crown Hall，图12-3-4，建于1955年）是伊利诺工学院建筑系教学楼。密斯将教室设计在地下，地面上是一个没有柱子、四面为玻璃墙的体现“全面空间”理念的大工作室。密斯为了获得空间的一体性，连顶棚上常有的横梁也取消，他在屋顶上架了4根大梁用以悬吊屋面。学生对于要在这么一个毫无阻隔的偌大空间里工作很不满意，情愿躲到地下室去，密斯却辩护称：比视线与音响的隔绝更重要的是阳光和空气。

图12-3-4　伊利诺工学院克朗楼及内部大空间

建于1954—1959年的休斯敦美术博物馆卡利南厅(图12-3-5)在立面造型上简洁稳重,能和原有主题建筑的古典特征相协调。

图12-3-5　休斯敦美术博物馆卡利南厅

12.4　讲求建筑人情化与地域性的新乡土派

讲求人情化与地域性在建筑历史上并不是一种新表现,在不同地区也有不同的偏向。在西方国家,讲求人情化与地域性的倾向最先活跃于北欧。北欧由于政治与经济相对稳定,在建筑上一向重视地域性与民族习惯的发展;另外,北欧的建筑一向都比较朴实,即使在学院派统治时期也不夸张与做作,因而,北欧建筑师能够平心静气地把外来经验与自己的实际情况相结合,形成了具有北欧地域性特点的现代化建筑。20世纪50年代中叶以后,日本在探索自己的地域性建筑方面也做了许多尝试,其中不少把现代与一定程度的民族传统相结合的建筑颇有特色。20

世纪60年代起，随着第三世界国家在政治与经济上的独立与兴起，它们的建筑无论是自己设计的还是外国人设计的，在探索本国的地域性建筑方面也做出了不少成绩。

芬兰的阿尔托（参见本书上文的11.3节）是北欧人情化、地域性建筑设计的代表。阿尔托被认为是北欧现代主义之父，他终生倡导人性化建筑，主张一切从使用者角度出发，其次才是建筑师个人的想法。他的建筑融理性和浪漫为一体，他在设计中创造了一种根植于本土的建筑风格，善于结合自然条件，利用地形，运用地方传统材料，形式和空间塑造上常采用曲线、曲面和灵活布局的手法，使建筑给人亲切温馨之感，而非大工业时代下的机器产物。20世纪40年代初，他成为较早的公开批判欧洲现代主义的人，他在一次题为《建筑人情化》的讲座中说："在过去十年中，现代建筑的所谓功能主要是从技术的角度来考虑的，它所强调的主要是建造的经济性。这种强调当然是合乎需要的，因为要为人类建造好的房舍同满足人类其它需要相比一直是昂贵的……假如建筑可以按部就班地进行，即先从经济和技术开始，然后再满足其它较为复杂的人情要求的话，那么纯粹的技术的功能主义是可以被接受的，但这种可能性并不存在。建筑不仅要满足人们的一切活动需求，它的形成也必须是各方面同时并进的……错误不在于现代建筑的最初或上一阶段的合理化，而在于合理化得不够深入……现代建筑的最新课题是要使合理的方法突破技术范畴而进入人情与心理领域。"阿尔托肯定了建筑必须讲究功能、技术与经济，但批评了两次世界大战之间的现代建筑，说它是只讲经济而不讲人情的"技术的功能主义"，他提倡建筑应该同时并进地综合满足人们的生活功能和心理感情需要。

下面介绍新乡土派的4则经典设计。

1.珊纳特赛罗镇中心主楼

珊纳特赛罗镇中心主楼（Town Hall of Saynatsalo，图12-4-1，建于1950—1955年）是阿尔托在二战后的代表作。珊纳特赛罗是芬兰一个约有3 000居民的半岛，镇中心由几幢商店楼与宿舍、一座主楼、一座剧院和一座体育场组成。主楼的体量与形式同商店与宿舍相仿，都是红砖墙、单坡顶，环绕一个内院而布局。阿尔托在此巧妙利用地形，做到了两个突出：一是把主楼放在一个坡地的高处，使它突出于其它房屋；二是把镇长办公室与会议室放在主楼的最高处，使它们再突出于主楼的其它部分。值得一提的是，主要单元即镇长办公室与会议室的大门面对图书馆，它上面的花架使人感到它的存在但却没有明显地从正面看到，要进去还得转一个弯。

图12-4-1　珊纳特赛罗镇中心主楼

这座建筑最重要的部分是会议室，位于地势最高处，极为显眼。光线从双层木制高窗泻进室内，使得室内空间生动活泼。顶部木构架既是结构构件，也是重要的室内装饰。立法议院一般被认为是最重要的机构，但是阿尔托没有把它作为重点，而是设计了两个大型辅助空间——图书馆和餐厅。他把图书馆放在独立部分上，在这里会员可以自由讨论某个作家的思想或者某部著作的伟大意义。那座华丽的餐厅适合议员与公众在座谈会上一边进餐一边进行非正式交流。他的目标是表现城市的价值，这与功能主义的实用性形成鲜明对比，是对理性主义的否定。珊纳特赛罗镇中心主楼巧妙利用地形，布局上使人逐步发现，尺度上与人体配合，加上对传统材料砖和木的创造性运用以及同周围自然环境的密切配合，很好地展示了北欧人情化与地域性建筑的特点。

2. 卡雷住宅

作为艺术品经营商及收藏家的业主卡雷打算在巴黎郊区建一座私宅，用于居住及展示他的收藏品。卡雷曾与勒·柯布西耶有过交往，但因不喜欢混凝土墙壁的硬冷而放弃与之合作。在1956年威尼斯双年展上卡雷与阿尔多相识，阿尔多的一些建筑作品使他着迷，他感到阿尔多作品对材料的使用以及体量的比例关系，尤其是阿尔多对材料质感的敏感体验及运用，简直是“诗意的禀赋”。卡雷认为自己与阿尔多的艺术品味很是相投，于是决定委托阿尔多设计自己的私宅，并予其充分的创作自由。

卡雷曾表示：“我要求他设计一幢住宅，外部体量小但内部空间要大……我不需要它奢华。为了实现简单的事情我们遇到很多难题。”卡雷住宅（图12-4-2）于1957年动工，1959年建成，白色的墙面掩映在山冈上的绿树之中，住宅的外形主要由两个穿插在一起的单坡屋顶组成。微倾的屋顶延续了地表的坡度，砖、木、石、铜等材料精致搭配，与自然环境浑然一体。室内各个功能空间布局错落有致，既满足了功能的需求，使居住空间充满趣味，又丰富了外部形态。阿尔托偕同助手完成了从建筑到景观以及家具、灯具的几乎所有细节设计。1959年6月，卡雷夫妇入住的第二天便抑制不住欣喜拨通了阿尔托的电话：“清晨在这么漂亮的住宅里苏醒，不由要想起您……”业主如此满意，是对建筑师的最大肯定。

图12-4-2　卡雷住宅

3. 香川县厅舍

地域性建筑自20世纪50年代末在日本盛行起来，当时日本的经济已经恢复并正在赶超西方，建筑活动十分活跃。以丹下健三为代表的一些年轻建筑师对于创造具有日本特色的现代建筑很感兴趣，丹下健三设计的香川县厅舍（图12-4-3，建于1955—1958年）是这一方面的代表。有人因丹下健三把钢筋混凝土墙面与构件处理得比较粗重而把他归为粗野主义建筑师（参见本书上文的12.1节），这是容易理解的，因为勒·柯布西耶当时对日本青年建筑师的影响非常大，但如果仔细观察，香川县厅舍外廊露明的钢筋混凝土梁头、各层阳台栏板的形式与比例等，都洋溢着浓郁的日本传统建筑气息。

图12-4-3　香川县厅舍

4. 京都国际会馆

日本建筑师大谷幸夫设计的京都国际会馆（图12-4-4，建于1963—1966年）也立足于日本传统建筑木构架的表达，梯形架构式的构思来源于日本的民居，建筑结构与空间造型相统一。暴露的混凝土表面，使会馆成为一个具有日本传统风采的现代建筑。

图12-4-4　京都国际会馆

12.5 讲求个性与象征的隐喻主义

对个性与象征的追求是20世纪60年代较为流行的一种建筑设计倾向，其特征是把建筑形式作为设计中考虑的首要问题，追求建筑个性的强烈表现，建筑形态与造型往往能激起人们的某种联想，使人一见之后难以忘怀。为什么建筑必须具有个性呢？赖特（参见上文的11.3节）说：“既然有各种各样的人，就应有与之相应的种种不同的房屋，这些房屋的区别就应像人们之间的区别一样。”讲求个性与象征的倾向常把建筑设计看作建筑师个人的一次精彩表演。战后的勒·柯布西耶（参见上文的11.3节）被认为是讲求个性与象征的先锋，他曾说：“一个生机勃勃的人，由于受到他人在各方面的探索与发明的鞭策，正在进行一场其技艺在均衡、机能、准确与功效上均无与伦比和毫不松懈的杂技演出。在紧要关头，每人都屏静气息地等待着，看他能否在一次惊险的跳跃后抓住悬挂着的绳梢。别人不晓得他每天为此而锻炼，也不晓得他宁可为此而抛弃了千万个无所事事的悠闲日子。最为重要的是，他能否达到他的目标——抓住系在高架上的绳梢。”既然要与众不同，就必然会反对集体创作。小沙里宁（其作品参见下文的图12-5-5）说：“伟大的建筑从来都是一个人的单独构思。”鲁道夫（参见上文的12.1节）也说过：“建筑是不能共同设计的，要么是他的作品，要么是我的作品。”在设计方法上，赖特说：“我喜欢抓住一个想法，戏弄之，直至最后成为一个诗意的环境。”

下面介绍隐喻主义的8则经典设计。

1. 柏林爱乐音乐厅

德国建筑师沙龙（Hans Scharoun, 1893—1972年）设计的柏林爱乐音乐厅（图12-5-1，建于1956—1963年），因其独特形式和良好的功能处理，被评价为战后最成功的作品之一。沙龙的设计意图是把它设计成一座“里面充满音乐”的“音乐的容器”。其设计方法是紧扣“音乐在其中”的基本思想，处处尝试“把音乐与空间凝结于三向度的形体之中”。为了“音乐在其中”，它的外墙像张开在共鸣箱外的薄壁一样，使房屋看上去像一件大乐器；为了“音乐在其中”，观众环绕着乐池而坐，观众与奏乐者位置的接近加强了观众与奏乐者的思想交流；为了“音乐在其中”，休息厅环绕着观众厅布置，不仅使用方便，还有利于维持演出与休息之间的感情联系。

图12-5-1　柏林爱乐音乐厅

2. 巴西利亚国会大厦

尽管巴西首都巴西利亚的总体规划充满了争议，但是，著名建筑师尼迈耶（Oscar Niemeyer, 1907—2012年）的单体建筑设计却是辉煌的、无可置疑的，他为巴西利亚设计了国会大厦、总统府、最高法院、大教堂等建筑。其中，国会大厦（图12-5-2，建于1958—1960年）有一个长240米、宽80米的大平台，上面并立着两幢高27层的秘书处大厦和两个会议厅，共同构成一个完整的建筑构图。开口朝上的半球体是众议院会议厅，开口朝上表示众议院要广开言路；下扣的半球体是参议院会议厅，象征着参议院要综合民意。巴西利亚国会大厦以其独特的构思成为20世纪下半叶世界上具有重要影响的建筑。

图12-5-2　巴西利亚国会大厦

3.巴西利亚总统府和最高法院

在巴西利亚总统府和最高法院建筑（图12-5-3，建于1958—1960年）中，尼迈耶采用了长方形带周围柱廊的形式，平而薄的屋顶、包含直线和曲线的变截面立柱加上大面积的倒影池，形成了轻盈活泼、动感十足的建筑形态。

图12-5-3　巴西利亚总统府和最高法院

4.巴西利亚大教堂

巴西利亚大教堂（图12-5-4，建于1958—1960年）与传统的教堂迥然不同，尼迈耶采用16根抛物线状的支柱支撑起教堂的穹顶，支柱间用大块的彩色玻璃相接，远远望去如同皇冠。

尼迈耶的这些建筑，充分运用了钢筋混凝土的可塑性，具有轻快、自由、流畅的特征，反映了拉丁美洲人热情浪漫的性格与气质。

图12-5-4　巴西利亚大教堂

5. 美国环球航空公司候机楼

埃罗·沙里宁（Eero Saarinen, 1910—1961年）即小沙里宁是20世纪中叶美国最具创造性的建筑师之一，出生在芬兰一个艺术家家庭，他的父亲埃里尔·沙里宁（Eliel Saarinen, 1873—1950年）即老沙里宁也是一位著名建筑师，母亲是雕塑家。1923年，老沙里宁获得《芝加哥论坛报》建筑设计竞赛三等奖，凭借两万美元的奖金，他们全家移居美国。老沙里宁曾说："城市是一本打开的书，从中可以看到它的抱负。让我看看你的城市，我就能说出这个城市居民在文化上追求的是什么。"1932年匡溪艺术设计学院成立，老沙里宁担任第一任校长。匡溪设计学院成为美国现代设计大师的摇篮，培养出小沙里宁、伊莫斯、伯托埃等一批划时代人物，因此老沙里宁亦被称作"美国现代设计之父"。小沙里宁在耶鲁大学学了3年建筑，毕业后赴欧洲考察两年，返美后成为其父的事业合伙人。因他创造了一系列造型独特新颖的作品，1962年美国建筑师协会追授他金质奖章。

小沙里宁设计的美国环球航空公司候机楼（图12-5-5，建于1956—1962年）像一只展翅欲飞的大鸟。候机楼由4组钢筋混凝土薄壳组成，玻璃采光带清晰地将4组薄壳分开，形如大鹏展翅。设计中充分运用了双向曲面薄壳的造型特征，十分形象地将它的功能展示在旅客面前。

图12-5-5　美国环球航空公司候机楼

6. 墨西哥霍奇米洛克餐厅

菲利克斯·坎德拉（Felix Candela, 1910—1997年），生于西班牙马德里，17岁进入马德里建筑学院学习。1936年他获得奖学金准备去德国留学，但这时内战爆发，他加入了军队，成为一个工程兵，战败后翻越比利牛斯山逃亡到法国圣西普里安的难民集中营。在那里，他被告知墨西哥愿意接收他们这批难民，就这样，年近30岁的坎德拉踏上了逃亡墨西哥的路途。

1946年，坎德拉创办设计事务所，主要设计墨西哥城内的项目。1950年，他成立建设公司，承接设计到建造的全过程业务，推广标准化伞形混凝土屋面。坎德拉对曲面壳体理论的兴趣从学生时代起从未间断过，不断自学研究混凝土薄壳的理论。20世纪50年代初开始，他的作品中开始出现那些飞舞飘逸的混凝土薄壳。在他超过900个实施的项目中，飞舞的双曲抛物面薄壳屋面成了他的标签。

坎德拉1958年设计的霍奇米洛克餐厅（Los Manatiales Restaurant，图12-5-6）位于墨西哥城南23千米，索奇米尔科花圃的水边，环境优美，建筑新颖，远远望去好似一朵盛开在水边的花朵。屋顶的每个“花瓣”与其对面的花瓣位于同一个双曲抛物面上，4个双曲抛物面相互交叉连接在一起，并且用圆柱体将轮廓修剪，最终形成了优美的花瓣形状。餐厅平面轮廓最大外径为42米，由中心至挑出端为21米。结构的主要荷载由4组跨度为32米的交叉拱（4个双曲抛物面相交形成）承受，它们汇交于中心顶点。“花瓣”将力传递给交叉拱，得益于对称性，相邻“花瓣”之间的水平推力相互平衡。为了避免破坏屋面的连续性，交叉拱设置成V形截面，越靠近中心，V形截面的开口越大。“花瓣”不设置边梁，顶端最薄处混凝土壳体才4厘米厚，V形交叉拱最厚处也仅12厘米厚。

图12-5-6　墨西哥霍奇米洛克餐厅

7. 美国国家美术馆东馆

位于华盛顿的美国国家美术馆东馆（图12-5-7的左图，建于1974—1978年）是美国国家美术馆（即西馆）的扩建部分，由美籍华人建筑大师贝聿铭（1917—2019年）设计（贝聿铭的其它作品参见本书下文的图13-3-6、图13-5-5、图14-0-4）。东馆位于一块3.64公顷的梯形地段上，东望国会大厦，南临林荫广场，北面斜靠宾夕法尼亚大道，西隔100余米正对西馆东翼（图12-5-7的右图）。它包括展出艺术品的展览馆、视觉艺术研究中心和行政管理机构用房。东馆周围是重要的纪念性建筑，业主也提出许多特殊要求，贝聿铭综合考虑了这些因素，用一条对角线把梯形分成两个三角形，妥善地解决了复杂而困难的设计问题。西北部面积较大，是等腰三角形，底边朝西馆，以这部分作为展览馆。在3个角上突起断面为平行四边形的四棱柱体。东南部是直角三角形，为研究中心和行政管理机构用房。对角线上筑实墙，两部分只在第四层相通。这种划分使两大部分在形体上有明显的区别，但整个建筑又不失为一个整体。这座建筑巧妙地处理了建筑环境、功能与形体的关系，获得美国建筑师协会金质奖章。

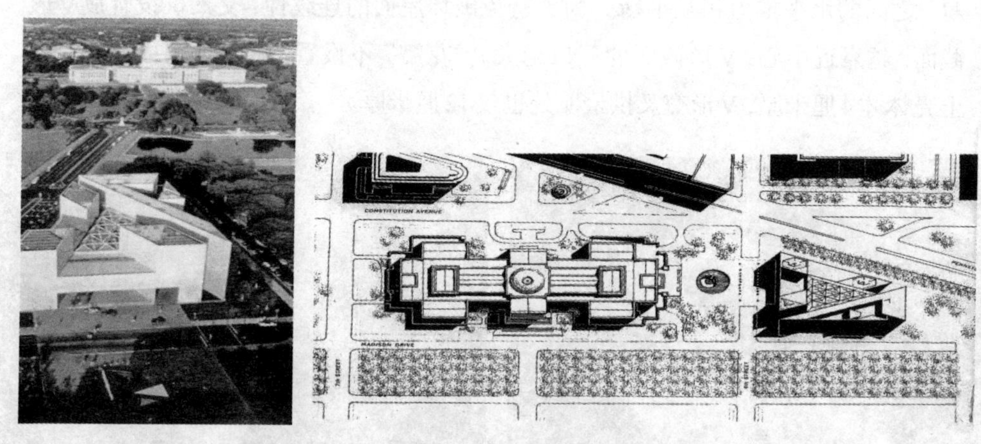

图12-5-7　美国国家美术馆东馆及其与西馆的相对位置

12.6　早期的高技派

建筑设计上的高技派倾向是指不仅在建筑中坚持采用新技术，并且在美学上极力表现新技术的倾向。高技派这一名词出现于20 世纪70年代（参见本书下文的13.6节),但这一设计倾向在20世纪中叶就出现了,它是同当时社会上正在发展起来的以高分子化学工业与电子工业为代表的高技术分不开的。当时的新材料,如高强钢、硬铝、高标号水泥、钢化玻璃、带有各种涂层的彩色与镜面玻璃以及各种黏合剂,不仅使建筑有可能向更高、更大跨度发展,而且有利于制造体量轻、用料少,能够快速与灵活地装配、拆卸与改扩建的结构与房屋。一些建筑师在作品中大量运用最先进的技术手段,更重要的是,通过对现代建筑结构、建筑材料、设备和施工工艺的刻意表露来传达对现代科技文明的礼赞。

下面介绍早期高技派的5则设计(下文的13.6节予以补充)。

1.布鲁塞尔世界博览会比利时馆

20世纪50年代末期,世界各国基本完成了战后的恢复与重建,先后进入新的大发展时期,在建筑上也掀起了探索新结构和新技术的热潮。1958年在布鲁塞尔举办的世界博览会,不论是在展品上还是在展览馆的设计上,都是战后国际科技、经济、文化艺术成就的大检阅。博览会的中心建筑是比利时馆(图12-6-1),其形态象征放大1 650亿倍的铁晶体结构单元,9个直径18 米的铝质球体是展览厅,通过管道将各展览厅连接起来,人们在参观过程中有浮游太空的感受。

图12-6-1 布鲁塞尔世界博览会比利时馆

2.意大利都灵展览馆和罗马小体育宫

随着科技的发展,新型材料、建筑结构层出不穷,如钢筋混凝土薄壳与折板、悬索结构、网架结构、悬挂结构等空间结构,这些大跨度新结构形式的出现与推广,使建筑的立体造型突破了规则的几何形体的束缚。意大利工程师奈尔维(Pier

Luigi Nervi, 1891—1979年）设计的意大利都灵展览馆采用波形装配式薄壳屋顶（图12-6-2的左图，建于1950年），罗马奥运会的小体育宫则采用了网格穹隆形薄壳屋顶（图12-6-2的右图，建于1957年）。

图12-6-2　意大利都灵展览馆和罗马小体育宫的屋顶

奈尔维出生于意大利，在博洛尼亚大学学习土木工程，1913年毕业。奈尔维有着令人称奇的艺术敏感性，而这也决定了他的设计策略。尽管他的设计十分大胆，但他的设计方法却非常实用。有人曾说："奈尔维基于结构设计、建造经历和一种敏锐的直觉进行他的设计，并对结构和形式的关系有着长期强烈的关注。"

奈尔维具有把工程结构转化为美丽的建筑形式的卓越本领。他的主要贡献是，认识到钢筋混凝土在创造新形状和空间量度方面的潜力。他擅长用现浇或现场预制钢筋混凝土建造大跨度结构，这种建筑具有高效合理、造价低廉、施工简便、形式新颖美观等特点。他是运用钢筋混凝土的大师，他的作品具有诗一般的非凡表现力。

3.东京代代木国立室内综合竞技场

1964年落成的日本建筑师丹下健三设计的东京代代木国立室内综合竞技场（图12-6-3），15 000座的主馆平面由两个错开的半圆形组成。体育馆屋顶采用悬索结构，主馆的两个入口矗立着两根钢筋混凝土筒形支柱，支柱之间用吊索相连。观众席上部的天棚曲面犹如篷幕，从长轴方向垂向四周，天棚上舒展的钢缆曲线以及柔和的顶部采光使体育馆的内部空间显得高亢、开阔，体现出体育建筑的特征，而且悬索结构的屋面造型令人想到日本传统建筑的屋顶。

图12-6-3　东京代代木国立室内综合竞技场

4. 蒙特利尔世界博览会美国馆

在1967年的蒙特利尔世界博览会上，一个圆形的巨大建筑吸引了人们的眼球，它就是巴克敏斯特·富勒（Richard Buckminster Fuller, 1895—1983年）设计的美国馆（图12-6-4）。美国馆圆球直径76米，用三角形金属网状结构合理地组合成一个球体。整个设计简洁、新颖，没有任何多余的材料，建筑就像一个精致漂亮的水晶球。这一设计不仅使美国馆成为这届世博会的标志建筑，也令设计者巴克敏斯特·富勒一举成名。富勒认为，地球和人类应成为一个互相作用的整体。他的圆球建筑追求以不连续的和连续的伸张力相结合，以最少的材料、最合理的结构和最小的投资创造出最大的内部空间。富勒在1950—1960年间曾经大胆设想，借助圆球建筑将纽约曼哈顿岛用穹隆覆盖，但终因人们的不理解和缺乏必要的支持而未能实现。可以说，蒙特利尔世界博览会为富勒的圆球建筑思想提供了实现的舞台。顺便说一下，1985年化学家制备出一种含60个碳原子的中空分子，因为其构型与富勒的圆球建筑很像而被命名为“富勒烯”（Fullerene），现在这类化合物因具有独特的性质而成为科学研究的热点。

图12-6-4　蒙特利尔世界博览会美国馆

12.7 经典八例

讲述建筑发展史的方法之一就是展示杰出的建筑作品。为了使读者更好地理解二战后20世纪40—70年代的现代主义建筑，本节在考虑建筑作品的内在质量和历史意义的基础上，尽量涵盖各种建筑风格，精选了8个现代主义建筑的经典之作，供读者欣赏。

1.古根海姆博物馆

建于1956—1959年的纽约古根海姆博物馆（图12-7-1）被誉为一件旷世杰作，这是当代著名建筑大师赖特（参见本书上文的11.3节）的最后一件作品，从设计到完成都备受争议。它独一无二、异乎寻常的空间设计对后代建筑师有着极大的启发和影响。古根海姆博物馆坐落在纽约繁华的第五大街上，在林立的高楼大厦之中，就像一朵从钢筋水泥的森林中破土而出的神奇大蘑菇。这是赖特在纽约的唯一作品。博物馆由陈列大厅、办公大楼以及地下的报告厅3部分组成，其中陈列大厅是博物馆的主体部分。陈列大厅是一个倒立的螺旋形空间，高约30米，大厅顶部是一个花瓣形的玻璃顶，四周是盘旋而上的层层挑台，地面以3%的坡度缓慢上升。参观时观众先乘电梯到最上层，然后顺坡而下，参观路线共430米，整个大厅可同时容纳1 500人参观。博物馆的陈列品沿坡道的墙壁悬挂着，观众边走边欣赏，不知不觉之中就走完了6层高的坡道，看完了展品。当然也可以从底层往上参观。这样以连续的坡道连接展厅空间的处理方式超出常规，别出心裁。连续上升的地面和连续的垂直曲面墙，使参观者感到一种很强的动态流动感，保持着新鲜的趣味。赖特认为人们只有沿着螺旋形坡道走动时，周围的空间才是连续的、渐变的，而不是片断的、折叠的。他说道："这里，建筑第一次表现为塑性的，一层流入另一层，代替了通常那种呆板的楼层重叠。"古根海姆博物馆以新奇的造型、独具创意的参观方式使得建筑本身成为最吸引人的展品。不过，也有许多批评家指责博物馆过于奇特的外形破坏了与周围建筑景观的和谐关系，这个大螺旋体如果放在开阔的自然环境中，一定会美丽动人，但蜷伏在林立的高楼之间，就显得局促，同纽约街道和周围建筑无法协调；而且博物馆的斜坡道与画框不平行，参观者只好扭着脖子看；又因它的墙壁也是斜的，所以挂画的时候自然要往后倾，对此赖特辩解：如此一来，这幅画就像仍然放在画架上一样。

总之，古根海姆博物馆的形体极为奇异，充满了流动、不对称、自由不拘的特点，其下小上大的螺旋形造型也与纽约的市容很不搭调，但这恐怕就是它的特色：标新立异、与众不同，建筑与业主古根海姆所收藏的现代艺术品一样，抽象、前卫。起初，纽约建筑管理部门不同意该建筑的建设，经过赖特的不懈努力，工程终于在1956年动工，1959年建成。遗憾的是，建成时赖特已经辞世，没能亲眼看到自己的作品落成。1990年10月30日，古根海姆博物馆被正式列为纽约的古迹，这也是纽约最年轻的古迹。

图12-7-1　纽约古根海姆博物馆的外观及其微缩模型

2. 马赛公寓

建于1946—1952年的马赛公寓（图12-7-2）是勒·柯布西耶（参见本书上文的11.3节）著名的代表作之一。

图12-7-2　马赛公寓及其底层

1945年德国法西斯即将失败时，勒·柯布西耶应法国战后重建部长之邀，设计一座大型的居住公寓，该项目直接由政府拨款。当然，设计与建造过程也不是一帆风顺的，正如柯布西耶的一位关系密切的合伙人所说："批评和攻击几乎摧垮了这个项目。"

对于公寓的设计构思，勒·柯布西耶认为在现代条件下，城市既可以保持人口的高密度，又可以形成安静卫生的环境。

马赛公寓长165米，宽24米，高56米。底层是敞开的柱墩，上面有17层，其中1~6层和9~17层是居住层，可住337户1 600人。这里有23种适合各种类型住户的单元，从单身汉到有8个孩子的家庭都可找到合适的住房。大部分住户采用"跃层式"的布局，有独用小楼梯上下连接。每3层设一条公共走道，节省了交通面积。在第7、8层布置了各种商店，如鱼店、奶店、水果店、蔬菜店、洗衣店、饮料店等，满足居民的生活需求。幼儿园和托儿所设在顶层，通过坡道可到达屋顶花园。屋顶上设有小游泳池、儿童游戏场地、健身房、日光浴室以及一条200米长的跑道，还有一些服务设施，如混凝土桌子、人造小山、花架、通风井、室外楼梯、开放的剧院和电影院。勒·柯布西耶把屋顶花园想象成在大海中航行的船只的甲板，供游人欣赏天际线下美丽的景色，并从户外游戏和活动中获得乐趣。

马赛公寓代表勒·柯布西耶对于住宅和公共居住问题研究的高潮点，融合了他对于现代建筑的各种思想，尤其是关于个人与集体之间关系的思考。住在那里的居民形成了一个集体性社会，就像一个小村庄，但没有任何个人隐私的牺牲，因为每个单元都是隔音的。勒·柯布西耶把公寓的底层架空，使建筑底层与地面上的城市绿化及公共活动场所相融，让居民尽可能接触社会，接触自然。他把住宅小区中的公共设施引进公寓内部，使公寓成为满足居民各种需求的小社会，这值得当今的建筑师学习和借鉴。

3. 联合国大厦

第二次世界大战后兴建的联合国大厦（图12-7-3，参见本书上文的图12-0-1）是联合国总部（United Nations Headquarters）的所在地，是世界上唯一的一块"国际领土"。大厦作为联合国的象征，体现着人类对爱与和平的美好向往。它简洁明快、气势宏大，洋溢着现代的建筑风格，是得到公认的里程碑式的现代建筑。

图12-7-3　联合国大厦鸟瞰图

1945年，联合国建立之初，在总部的永久选址问题上出现了争论，有人主张把总部设在欧洲，有人主张设在美国。美国经过一番斡旋，让苏联站在了自己这一方，这样在1945年12月的投票表决中，美国占据了绝对的优势，联合国筹委会宣布总部将设在美国。1947年，美国石油大王洛克菲勒用850万美元的价格购置了纽约东河畔的一块地皮，然后以1美元的价格卖给了联合国，因为洛克菲勒希望能把联合国总部留在纽约，以巩固纽约的世界地位。纽约市政府也捐赠了附近的一块地皮。至此，联合国总部的永久地址确定了下来。

今天我们所看到的联合国总部建筑群是从1947年开始设计建造的。联合国总部专门成立了一个由来自美国、澳大利亚、比利时、巴西、加拿大、法国、瑞典、英国、苏联、中国、乌拉圭等11个国家的11位知名建筑师组成的设计委员会来负责设计工作，中国的代表是著名的建筑学家梁思成，联合国第一任秘书长指派美国建筑师哈里森为首席建筑师兼策划人。

1947年春天，设计委员会召开了首次会议，各国代表提出了许许多多的设计方案。设计委员会先后讨论了53个方案。经过一系列的研究讨论，1947年5月通过了以法国建筑大师勒·柯布西耶（参见本书上文的11.3节）的方案为基础的最后方案，确定了总部建筑群的基本风貌。哈里森完成了方案的整体落实工作后，联合国大厦于1948年正式动工，1952年建成。

联合国大厦是一幢39层高的板形大楼，长87米，宽22米，高165.8米。整体造型简洁利落，色彩明快，质感对比强烈，独特的颜色搭配引人入胜。联合国秘书长的办公室在大厦的第38层，里面陈设着各国赠送的礼物，中国赠送的万里长城壁毯挂在办公室的墙上。

建成后的大厦是国际式建筑的典范。国际派风格的主要特征是强调建筑的功能，反对任何传统的装饰和地方特色，推崇平的屋顶、光的墙面、几何体的造型，以及玻璃、钢铁与混凝土等现代建筑材料的应用，尤其是大面积的玻璃幕墙更成为国际式建筑的标签。

联合国大厦功能的复杂性和造型构图的创新性是以往建筑都无法与之相比的，建筑外观、内部设计、摆饰都散发着简洁的美感。在20世纪50年代以前，世界上几乎所有的政治性建筑都采用传统的建筑样式与风格，而联合国大厦的出现标志着现代建筑风格已经得到广泛的认同。

4.朗香教堂

法国朗香教堂（图12-7-4，建于1950—1955年）的设计师勒·柯布西耶（参见本书上文的11.3节）是一位现代建筑史上赫赫有名的人物，他一生在建筑领域不断地探索和实验，风格随时代发展不断变化，他写过40本小册子宣传自己的建筑主张，被誉为建筑界的毕加索。爱因斯坦曾写信盛赞他的建筑，毕加索也无不羡慕地认为勒·柯布西耶的建筑轻而易举地就能获得他在画布上难以达到的空间力度。鉴于他对建筑艺术发展做出的杰出贡献，1965年勒·柯布西耶去世时，法国总统为他主持了国葬。

图12-7-4　朗香教堂的外观及内部空间效果

朗香教堂是位于群山之中一个很小的教堂。它特立独行，突破了几千年来教堂的所有模式，没有十字架，也不设钟楼，造型奇特，神秘怪诞，如自古亘立的岩石般沉稳从容，又似精雕细琢的雕像，整体形象敦实混沌，给人以丰富的联想。它充满着浪漫的情调，具有独特的艺术表现力，可谓“前无古人，后无来者”，是具有隐喻和象征意义的天才之作，显现了设计师非凡的艺术想象力和创造力。这个与众不同的教堂震动了整个建筑界，获得了广泛赞誉，被认为是现代最令人难忘的建筑之一。

朗香教堂可以说是勒·柯布西耶设计风格的突变之作。之前，他的建筑创作实践遵循理性主义方向，建筑外形讲求简洁几何构图的形式美，倾心于使用新技术来满足新功能的现代建筑，例如1930年建成的萨伏伊别墅（参见本书上文的图11-3-10）。朗香教堂则完全背离了他早期的建筑理念，以富有表现力的雕塑感和独特的形式使人感到震惊。它是被当作一件混凝土雕塑作品加以塑造的。教堂造型奇异，平面不规则；墙体几乎全是弯曲的，有的还倾斜；塔楼式祈祷室的外形像一座粮仓；沉重的屋顶向上翻卷着，它与墙体之间留有一条40厘米高的带形空隙；粗糙的白色墙面上开着大大小小的方形或矩形的窗洞，上面嵌着彩色玻璃；入口在卷曲墙面与塔楼交接的夹缝处；室内主要空间也不规则，墙面呈弧线形，光线透过屋顶与墙面之间的缝隙和镶着彩色玻璃的大大小小的窗洞投射下来，使室内产生了一种特殊的气氛。

勒·柯布西耶曾记录了不少朗香教堂设计过程中的事，但是当朗香教堂建成几年后，勒·柯布西耶再次来到这里，他还很感叹地自问："可是，我是从哪儿想出这一切来的呢?"这大概不是故弄玄虚，也不是卖关子，艺术创作至今仍是难以说清的问题。勒·柯布西耶去世后，留下大量的笔记本、速写本、草图、随意勾画的纸片，以及他平素收集的剪报、来往信函，等等。这些东西被几个学术机构保管起来，一些学者对这些材料进行了多年的整理、发掘和细致的研究，陆续提出了很有价值的报告。各种材料加在一起，使我们今天对朗香教堂的构思过程有了稍微清楚一些的了解。勒·柯布西耶对自己的一般创作方法有下面一段叙述："一项任务定下来，我的习惯是把它存在脑子里，几个月一笔也不画。人的大脑有独立性，那是一个匣子，尽可往里面大量存入同问题有关的资料信息，让其在里面游动、煨煮、发酵。然后，到某一天，咔嗒一下，内在的自然创造过程完成。你抓过一支铅笔，一根炭条，一些彩色笔（颜色非常关键），在纸上画来画去，想法出来了。"勒·柯布西耶对朗香教堂的处理曾具体解释说，封闭的厚墙能使人产生安全感，象征上帝的庇护所；有点像耳朵的平面象征上帝听到信徒的呼声；南墙东端那条锐利的边棱直指苍穹，寓意为人与上帝的交流。一位参观完朗香教堂的游客在他的日记中这样写道："建造这座教堂的人一定是位先知，他要告诉我们未来的事情；

要不，就是一位精神病人，在说他自己的世界。”

5.昌迪加尔行政中心

印度的昌迪加尔（Chandigarh）是从平地兴建起来的新城市。1951年法国现代主义建筑大师勒·柯布西耶（参见本书上文的11.3节）受聘负责新城市的规划工作，他制定了城市的总体规划，并从事首府行政中心的建筑设计工作。新建的昌迪加尔城位于喜马拉雅山下丘陵地带边缘的一块干旱平原上，初期规划人口15万，远期50万，其中多达三分之一的居民将被雇为行政人员（昌迪加尔市本身是联邦属地，同时又是旁遮普邦和哈里亚纳邦两个邦的首府）。政府计划为雇员们建造公共建筑和住宅，因此，规划者们必须完成从基本城市规划的模式到最后的建筑细部的设计。勒·柯布西耶为平民住宅提供了一种恰当的建筑类型方案，不过因精力有限，他只负责行政中心的建筑设计。

1951年勒·柯布西耶应邀第一次踏上印度大地时，就被喜马拉雅山的神圣、人们脸上永恒的微笑、印度历史建筑无比优美的比例折服了，他盛赞“这里有一切适于人的尺度”。在受到异域文化的震撼后，勒·柯布西耶认识到必须尊重自然、尊重传统，使现代的思想、技术、材料在这片神圣的土地上获得重生。昌迪加尔的规划模式就源于他对人的关心，贯穿了以“人体”为象征的布局理念。

他将首府的行政中心当作城市的“大脑”，主要建有议会大厦、邦首长官邸、高级法院等，它们被布置在山麓顶端，可俯视全城。博物馆、图书馆等作为城市的“神经中枢”位于大脑附近；全城商业中心设在城市主干道的交叉处，象征城市的“心脏”。大学区位于城市西北侧，好似“右手”；工业区位于城市东南侧，好似“左手”。道路系统象征“骨架”，水、电、通信系统象征“血管神经系统”；建筑组群好似“肌肉”，绿地象征呼吸系统。勒·柯布西耶的城市规划方案采用方格网式道路系统，城市划分为整齐的矩形街区。昌迪加尔共划分为约60个方格，每个方格约为1.5千米×1.5千米，顺序命名为第1区、第2区……但由于勒·柯布西耶认为数字“13”不祥，因此没有第13区。

勒·柯布西耶是从当地严峻的气候条件入手来考虑建筑形式的，他把“遮阳”看作最重要的问题。他20世纪30年代研究过的罩式屋顶、遮阳墙板结构在建于1951—1957年的昌迪加尔行政中心建筑群中得到大尺度的发展，并造成了建筑的纪念性效果。

高等法院（图12-7-5）最先建成，引人注目。整幢建筑的外立面是一大片从底到顶为镂空格子的遮阳墙板，上面罩着100多米长、由11个连续拱壳组成的巨大钢筋混凝土波形屋顶，屋顶前后略上翘，既可遮阳，又可让空气和光线自由地流通、射入。前后立面粗重的格子形遮阳墙板上部略向外探出，与上面外挑的屋顶相呼应。整座建筑映照在前面的水池中，经一条路堤抵达入口——由3道直通到顶的柱墩限定的大门廊。

图12-7-5　昌迪加尔行政中心高等法院及其门廊

行政中心的几座建筑都具有类似的令人惊异的造型。议会大厦（图12-7-6的左图）的形式特点是采用了向上反翘的拱顶作为入口大雨篷，秘书处办公大楼（图12-7-6的右图）的立面层次丰富、生动。这些取材自当地景观的造型要素意在表现一种现代印度的独立自主精神。

图12-7-6　昌迪加尔行政中心议会大厦（左）和秘书处办公大楼（右）

这些尺度巨大、气势恢宏的建筑物相互分散，虽然各自显示出完整的纪念性轮廓，却无法形成紧密的建筑群，广场因完全不适合步行的尺度和热带烈日的暴晒也留不住人群，所以行政中心丧失了作为“城市心脏”的公共性。但毋庸置疑的是，勒·柯布西耶基于炎热气候的要求和钢筋混凝土材料的特性所创造的新的建筑语汇，造就了雄伟壮观的权威性和纪念性，在视觉上给人以强烈的震撼。

6. 约翰逊制蜡公司办公楼

美国著名建筑师赖特（参见本书上文的11.3节）与约翰逊制蜡公司创立者的曾孙赫伯特·F.约翰逊是朋友，赖特为他设计的由砖和玻璃建造的办公楼（图12-7-7，建于1936—1939年）及后来的研究塔，都是美国地标式建筑。这座位于威斯康星州的办公楼，主体部分采用边长20英尺（6.1米）的方形单元网格体系，布置着可以承受6倍于其重量的树形（确切说是蘑菇形）柱子。为了得到建设许可，赖特还通过试验来证明柱子的承重能力能满足要求。

图12-7-7　约翰逊制蜡公司办公楼

约翰逊制蜡公司大楼给人印象最深刻也是最被称道的就是它独一无二的结构体系。主体办公空间由一组树形（或称伞状）的柱子组成规整的柱网，柱子顶端相互连接，形成稳定的结构体系，四周用实墙围合。这种结构体系的核心是一种赖特创造的“树柱”，而这种造型奇异的柱子的设计灵感来自于赖特对亚利桑那州一种仙人掌的空心结构的研究。这种树柱由4部分组成，每一部分都有一个来自生物的名字：鸦脚（crow's foot）、茎秆、花萼和花瓣。鸦脚即金属柱础，高7英寸（18厘米），由3条金属肋支撑。茎秆即细长的柱身，底部直径9英寸（23厘米），往上逐渐加大；柱壁厚3.5英寸（9厘米），与柱心轴线成2.5°夹角，高柱几乎是完全中空的。花萼是连接柱身和圆盘形柱头的部分，表面有一条条肋带，内部也是中空的。花瓣即柱头，内部是起加固作用的混凝土主干。在花萼和花瓣的内部还配有钢筋网和钢筋条。这种完全创新的柱子是赖特天才的又一次绝妙展现，他在没有计算的情况下绘出柱子的尺寸，经结构师的验算竟完全符合受力要求，以至于在进行建设部门要求的抗压试验时，"树柱"竟然可以承受10倍的设计荷载。不得不说，这得益于赖特结构工程专业的出身，对于结构的精确把握让赖特一个个精彩的创意成为现实。

7. 悉尼歌剧院

人们对一座城市的印象，常是从它的标志性建筑开始的，就像埃菲尔铁塔之于巴黎，自由女神像之于纽约，悉尼歌剧院（Sydney Opera House，图12-7-8，建于1956—1973年）之于悉尼。悉尼歌剧院这座独具匠心的奇特建筑，无数次出现于旅游海报或电影场景中，成为崭新、进取、后殖民时代的澳大利亚的象征。

图12-7-8 悉尼歌剧院

悉尼歌剧院的设计者约恩·乌松（Jorn Utzon，1918—2008年）出生在哥本哈根，1937年进入丹麦皇家艺术学院学习，曾与芬兰著名建筑师阿尔托（参见本书上文的11.3节）一起工作，受到其建筑理念的影响。1948年，乌松在游历摩洛哥时，被当地的村落建筑深深吸引，它们独特的外形与周围的环境结合得非常完美。1950年，乌松回到丹麦，开办了自己的事务所。1957年，他踏上了亚洲之旅，参观了中国、日本、印度、尼泊尔等国家的传统建筑。乌松得出结论，西方建筑的重力是朝向墙体的，而中国建筑的重力则是朝向地面的。

悉尼歌剧院的建造可谓历经磨难：外形效果要求大量技术创新，经费预算严重超支，关键时刻承造者又意外去世，整个修建过程宛如一场噩梦。复杂的外形要求采用全新的工程施工技术，10个阶梯状的拱顶相互叠加，最高的壳顶距海面67米，相当于20多层楼高，这对当时的建筑技术是一个极大的挑战。在经历各种波折后，悉尼歌剧院比原计划晚了10年完工，花费总额也超过了1亿澳元。

悉尼歌剧院的外观为3组巨大的壳片，第一组壳片在地段西侧，4对壳片成串排列，3对朝北，1对朝南，内部是音乐厅；第二组在地段东侧，与第一组大致平行，形式相同而规模略小，内部是歌剧厅；第三组在它们的西南方，规模最小，由两对壳片组成，里面是餐厅。整个建筑群的入口在南端，有宽97米的大台阶，车辆入口和停车场设在大台阶下面。有人形容悉尼歌剧院的外形像"翘首遐观的恬静修女"。

歌剧院的屋顶是白色的，形状犹如贝壳。贝壳形尖屋顶由2 194块每块重15.3吨的弯曲形混凝土预制件用钢缆拉紧拼成，外表覆盖着105万块白色或奶油色的瓷砖。远远望去，高低不一的白色尖顶壳在阳光映照下，既像竖立着的贝壳，又像帆船的白帆，飘扬在蔚蓝色的海面上，故歌剧院又有"船帆屋顶剧院"之称。

设计者晚年回忆说，他当年的创意其实来源于橙子，正是那些剥开皮的橙子启发了他，现在这一创意来源被刻成小型的模型放在悉尼歌剧院前，供游人们观赏。乌松的设计方案在1957年的竞赛中获胜，设计方案一经公布，人们都被其独具匠心的构思和超凡脱俗的设计所折服，但据传，其实在评选过程中乌松的方案很早就遭到了淘汰，被大多数评委否定而出局；后来评选团专家之一，芬兰裔美国建筑师埃罗·沙里宁（即小沙里宁，其作品参见本书上文的图12-5-5）来悉尼后，提出要看所有的方案，它才被从废纸堆中重新翻出，埃罗·沙里宁看到这个方案后欣喜若狂，并在评委间进行了积极有效的游说工作，最终确立了其优胜地位。

8.西柏林新国家美术馆

德国建筑师密斯·凡·德·罗是20世纪建筑史上将现代主义引入美国的关键人物，他还是办公楼玻璃幕墙的发明者，以及"少即是多""细节至上"等设计理念的提出者（参见本书上文的11.3节和12.3节）。密斯的建筑形式是一种理想的通用建筑形式，成为"国际风格"的缩影。从芝加哥湖滨公寓（参见本书上文的图

12-3-2）到纽约西格拉姆大厦（参见本书上文的图12-3-3），矩形玻璃建筑被迅速推广到全世界。到密斯晚年，德国人突然意识到他们竟未拥有这位大师的任何一件重要作品，于是拨出高额预算请他负责设计西柏林新国家美术馆（图12-7-9，建于1963—1968年）。美术馆为两层的正方形建筑，一层在地面，一层在地下。地面上的展览大厅四周都是玻璃墙，面积为54米×54米。上面是钢的平屋顶，每边长64.8米。井字形屋架由8.4米高的8根十字形截面钢柱支撑着；柱子不是放在回廊的4个角上，而是放在4个边上；柱子与屋面的接头处被精简到只有一个小圆球。整个美术馆建于高出地面的墩座上，大厅前的平台上设置了成组的金属人体形抽象雕塑，与玻璃盒子的建筑既对比又相互呼应。美术馆的地面层只作临时性展览之用，美术品陈列在地下层中，其它服务设施也在地下。由于美术馆所在位置光线不足，交通不便，影响了美术馆的功能，但是它仍然是一座纪念碑式的建筑。该美术馆在密斯逝世后才完工，是他毕生探索的钢与玻璃的纯净建筑艺术风格的绝唱，有人称它是钢与玻璃的现代“帕提农神庙”（参见本书上篇的图4-2-18）。

图12-7-9　西柏林新国家美术馆

十三、现代主义之后的建筑活动与建筑思潮（20世纪后半叶）

从20世纪60年代后期开始，欧美国家出现了与现代主义明显相悖的建筑思潮，一个多元化的时代由此发端。到20世纪80年代，形形色色的思潮、流派和新的探索实践不断涌现。现代主义之后纷繁复杂的建筑现象反映了人类对西方工业文明与现代化模式的多方面反思。其中，后现代主义、新理性主义、新地域主义和极简主义关注历史和文化传统，以不同角度与层面的实践和思考寻求建筑的意义和社会文化价值；新现代主义和高技派秉承现代主义的客观与理性原则，拓展其语言以及形态、美学方面的潜力；解构主义则以彻底的批判精神，担当起时代先锋的角色，为建立新观念开拓道路。

如果说20世纪上半叶的西方建筑是从前现代的多元走向现代建筑运动占据主导地位的一元，那么可以说自20世纪60年代正统现代主义建筑开始走向衰落，当代建筑再次以丰富多彩的流派和美学取向形成了一个多元共生的建筑文化格局。

13.1 后现代主义

后现代主义（Post-Modernism）建筑思潮以美国为中心，开始于20世纪60年代末，80年代达到鼎盛，90年代开始全面衰退，经历了三四十年时间。后现代主义认为现代主义割断了历史的延续性，提出重新恢复对传统的尊重和利用。正如美国建筑师约翰逊（参见上文的12.2节）在获得1978年AIA金奖时所说："现代主义憎恶历史与符号装饰，我们却热爱它们；现代建筑不问地点而采用同样的模式，我们则要发掘场所精神，表现灵感和多样性。"后现代主义出现在西方世界开始对现代主义提出广泛质疑的时代背景中，但又有其自身的特点。到20世纪80年代，当后现代主义的作品在西方建筑界引起广泛关注时，它更多地被用来描述一种乐于吸收各种历史建筑元素并运用讽喻手法的折中风格，因此，它后来也被称为后现代古典主义或后现代形式主义。

1.文丘里的主张、著作及建筑作品

美国建筑师与建筑理论家文丘里（Robert Venturi, 1925—2018年）是后现代主义思潮的核心人物，他出生在费城，1947年在普林斯顿大学建筑学院学习。毕业后为了进一步了解欧洲传统的建筑体系，他又到意大利罗马的美国学院学习深造。回国后曾在3位非常重要的现代主义建筑大师的事务所工作，一个是奥斯卡·斯托罗诺夫在费城的建筑设计事务所，一个是功能主义大师埃罗·沙里宁在密执安布鲁姆菲尔德山的建筑设计事务所，最后是路易斯·康在费城的建筑设计事务所。跟随这3位风格不同的大师工作，文丘里学习到许多东西，一方面对现代主义风格有了深刻的理解，同时也对几位大师企图突破密斯风格垄断的努力印象深刻。1964年，他与人合作开设了自己的设计事务所，开始了漫长的设计生涯。

1966年，文丘里发表《建筑的复杂性与矛盾性》一书，他在书中抨击现代建筑所提倡的理性主义片面强调功能与技术的作用而忽视了建筑在真实世界中所包含的矛盾性与复杂性。针对密斯否定复杂性的“少即是多（Less is More）”的观点，他提出“少是厌烦（Less is a Bore）”。他指出“建筑应该不明晰、形式含糊和具有复杂性”，提出要创作“杂乱的活力”来取代缺乏生气、缺乏趣味、单调和刻板的国际主义风格。他提到功能与形式的关系时说道：“没有功能的存在便没有建筑物的产生，形式也就更无从谈起了，故在我看来形式是为功能而存在的。功能的目的是为了使用，形式的目的是为功能加上符号，一种特定的符号。”文丘里在书中提出了对传统的关注，预示了后现代的建筑师们对待历史与传统的态度发生了根本的转变。

（1）老年人公寓

在国际式还大行其道的时候，文丘里就引入了传统建筑要素，并以诙谐的方式用到自己的设计中。位于费城的老年人公寓（图13-1-1，建于1960—1963年）的构图是轴线对称的，通过阴影突出了斜角的入口，屋顶上装着一架装饰性天线，表示居住其中的老年人每天重要的生活内容是看电视。

图13-1-1　老年人公寓

(2) 文丘里母亲住宅

文丘里母亲住宅(图13-1-2, 建于1962—1964年)是文丘里早期最有代表性的作品，他以此表达他所宣称的建筑的复杂性和矛盾性。它的构图介于对称与不对称之间，坡屋顶、断檐的山墙、入口上方的券线等，似乎在暗示传统建筑语汇。楼梯在斜角入口与壁炉的“挤压”下忽宽忽窄、时正时偏，房间形状也不规则。虽然住宅的规模不大，却将大门、窗等通常作为尺度判断依据的构建夸大。这些混杂、矛盾的手法，使建筑呈现出一种“既复杂又简单，既开敞又封闭，既大又小”的对立统一的总体平衡。

图13-1-2　文丘里母亲住宅

2. 其他建筑师的代表作品

(1) 新奥尔良意大利广场

新奥尔良市的意大利广场（图13-1-3，建于1975—1978年）是美国后现代主义代表人物之一查尔斯·摩尔（Charles Moore，1925—1994年）的代表作，也是后现代主义建筑设计的代表性作品之一。美国新奥尔良市是意大利移民比较集中的城市，这个广场设计得古怪而带有丰富的隐喻，广场地面是一圈圈黑白相间的铺地，包围着意大利地图形状的喷泉，整个广场以地图模型中的西西里岛为中心，几片戏谑似的仿古典柱廊排列其间，材料、色彩、灯光、声音闹哄哄地拼杂在一起，充满了欢快的气氛。这些建筑形象明确地表明它是意大利建筑文化的延续。

图13-1-3　新奥尔良意大利广场

(2) 美国电话电报公司大楼

约翰逊（参见本书上文的12.2节及图12-2-2）设计的美国电话电报公司大楼（图13-1-4，建于1978—1983年）完全颠覆了人们的摩天楼就是“玻璃与钢的方盒子”的印象。它的外观整体上有沉重的砌筑感，墙面覆盖大面积磨光花岗岩，类似20世纪初带有传统形式的石头建筑；立面对称构图，按古典方式分成3段，顶部冠有带圆形缺口的巴洛克式断山花，底部入口中央设有一个高大拱门，令人想起文艺复兴风格的巴齐礼拜堂（参见本书上篇的图4-6-3）。

图13-1-4　美国电话电报公司大楼及其拱门

(3) 波特兰市政大楼

在美国波特兰市政大楼的设计竞赛中，格雷夫斯(Michael Graves, 1934—2015年)的方案因节能、经济而获胜，他放弃了大面积玻璃幕墙，以开小窗洞的实墙面为主(图13-1-5，建于1980—1982年)。这个方盒子体形笨重却不单调，色彩很丰富，还带有装饰艺术风格的细部，立面上最突出的是类似古典建筑拱心石及古典柱式的构图。建筑师在这样一座重要的公共建筑中，以简明易懂的后现代手法迎合了非专业的大众口味，颇受市民喜爱，也使自己成为后现代热潮中的明星人物。

图13-1-5　波特兰市政大楼

（4）斯图加特新美术馆

斯特林（参见本书上文的12.1节及图12-1-4、图12-1-5）和威尔福德（Michael Wilford）设计的德国斯图加特新美术馆（图13-1-6，建于1977—1984年），整座建筑以厚重的实墙为主，外墙以金色砂岩石贴面，类似古典建筑的石墙。建筑形式看上去是古典的，但古典的形式在每个片段又总是被诸如鲜亮的色彩和夸张的形式这些非常规要素所削弱：涂成红蓝两色的钢制雨篷使主入口引人注目，超大尺度的红色扶手强化了往复的坡道，接待区则采用鲜亮的绿色橡胶地面……这件作品吸收了众多古典元素，又采纳不同建筑艺术见解加以综合，既避免了古典建筑的沉闷形式，又没有后现代主义建筑的轻佻姿态。美术馆开放后，立即受到大众的欢迎。

图13-1-6　斯图加特新美术馆

（5）筑波中心

关注历史元素和使用隐喻手法的设计探索在日本建筑师中也有回应，矶崎新（1931—2022年）就是一个重要代表，他曾是丹下健三的学生。他设计的筑波中心（图13-1-7，建于1979—1982年）是一个下沉式广场，倒置地引用了米开朗琪罗设计的罗马卡比多山上的椭圆形广场，在中央没有实体，代替古罗马皇帝骑马铜像的是两股水流，一股是泻在平滑石面上的水幕，另一股来自象征仙女达芙妮的青铜月桂树下，两股水流交汇在中心，消失在地面下。矶崎新还将许多其他西方建筑师的手法片段经过转一并安置在虚空中心的周围，激起对建筑的文脉关系中各种历史元素的解说。

图13-1-7　筑波中心

13.2　新理性主义

新理性主义是与后现代主义同时兴起的历史主义建筑思潮，20世纪60年代起源于意大利，也称坦丹萨学派（La Tendenza）。新理性主义的发端以两部理论著作为标志，一部是1966年罗西（Aldo Rossi, 1931—1997年）的《城市建筑》，另一部是格拉希（Giorgio Grassi）的《建筑的逻辑结构》。前者强调已经确定的建筑类型在其发展中对城市的形态结构所起的作用，后者则试图为建筑学寻找到某种必要的组合法则。两者都坚持必须满足人们的日常需要，提出了"回到理性"的口号。新理性主义既是对正统现代主义思想的反抗，也是对商业化的古典主义、后现代主义形式拼贴游戏的一种批判。

1. 罗西的著作及建筑作品

罗西出生于意大利米兰，大学毕业后曾从事设计工作，做过建筑杂志社的编辑，当过教授。1966年出版著作《城市建筑》，将建筑与城市紧紧联系起来，提出城市是众多有意义的和被认同的事物的聚集体，它与不同时代、不同地点的特定生活相关联。罗西认为建筑可以分为种种具有典型性质的类型，它们各自有各自的特征，古往今来，建筑的形式是变的，但形式的类型具有不变性。罗西在20世纪60年代将类型学的原理和方法用于建筑与城市，在建筑设计中倡导类型学，要求建筑师在设计中回到建筑的原型去。

作为理论家、创作者、艺术家、教师兼建筑师的罗西，在他的祖国意大利以至国际范围内获得了很大的声望。美国现代建筑历史学家斯卡利（Vincent Scully）在为一本关于罗西的书所写的介绍中将罗西与勒·柯布西耶（参见本书上文的11.3节）相提并论，他们都是画家兼建筑师。普利兹克奖的一位建筑评论家评委这样形容罗西：一位恰好成了建筑师的诗人。罗西是一个多产的建筑师，在自己的建筑创作中爱用精确简单的几何形体，他的作品体现了现代主义的简洁。

（1）圣·卡塔多公墓

位于意大利中北部小城摩德纳的圣·卡塔多公墓（San Cataldo Cemetery，图13-2-1，建于1971—1976年以及1980—1985年）是为19世纪的一个公墓所做的扩建，是罗西类型学理论的一次典型实践。整个墓地呈对称布局，由长廊围成正方形，再嵌套一个正方形场院。长廊覆盖着坡屋顶，上层带有安置骨灰盒的壁龛。罗西说，公墓是为死去的人建造的房子。于是，庭院、走廊、居室、斜顶、窗、墙和地面等有关住宅的元素类型都被容纳到墓室的设计中来，甚至柱廊这种伦巴第地区民居所特有的住宅形式也被应用到了墓室的底层设计中。中央的灵堂是一个

图13-2-1　圣·卡塔多公墓

巨大的立方体，墙上规律地排布着空的窗洞，却没有屋顶与楼层，只有一个空壳，就像一个被毁弃的废墟，一个“死亡的住屋”。这座公墓的所有组成部分都还原为最基本的形式，采用同样的韵律、材料，既有古典的庄重精神，又具包豪斯的纯粹风格（参见本书上文的11.3节）。这是罗西设计的最富哲理和宗教意味的建筑，表达了他对生与死本质的认识。

（2）博尼芳丹博物馆

博尼芳丹博物馆（图13-2-2，建于1990—1994年）由3座并列的建筑及它们的联系部分组成，背后是一条景色优美的小河。当人们靠近这座建筑的时候，首先会被它那高耸而醒目的门厅所吸引。那是一个典型的阳光大厅，这种阳光大厅首先出现在瑞士苏黎世大学的校园建筑中，但这种建筑造型不是典型的北欧风格，而基本体现出西班牙殖民建筑的影响。大厅里给人神圣感的光线和普通居室的光线对比，表现出了日常生活的短暂和宗教生活的永恒。

图13-2-2　博尼芳丹博物馆

（3）日本皇宫旅馆和餐馆综合体

日本皇宫旅馆和餐馆综合体（图13-2-3，建于1987年）位于福冈中州那珂河畔，日本著名建筑家隈研吾曾形容罗西的这件作品是“鹤立鸡群”。建筑所在地周围的建筑环境较为混杂，令人难以相信的是，一座像希腊神殿般的建筑居然处在那样的环境中。建筑所具有的庄严和神秘以及在美学上所达到的高度，是周围所有的建筑都难以企及的。旅馆的正面有钳形台阶从两边伸向正门，而建筑物的正立面像一个巨大的红色屏障，有柱、有墙而无窗，远看方孔像是“窗”，但实际上却是红色大理石的墙。透过建筑的窗户，可以看见旁边的河流，这便是罗西的“独立王国”——与其说它是建筑，倒不如说它是一个装置。现在看来，它无与伦比的比例和平衡，充满紧张的造型，以及无装饰的厚墙，都是在体现着一种固有的庄严。把建筑造在高筑的基坛上，是古代希腊建筑常用的手法，中国古代的宫殿也如此，它们的庄严感主要来自那不可缺少的基坛。在这座建筑当中，罗西用自己的手把这种庄严巧妙地再生了。

图 13-2-3　日本皇宫旅馆和餐馆综合体

2. 其他建筑师及代表作品

除了上文提到的罗西和格拉希，新理性主义的代表人物还有意大利的艾莫尼诺（Carlo Aymonino）、卢森堡的克里尔兄弟（Rob & Leon Krier）、德国的昂格尔斯（Oswald Mathias Ungers）以及瑞士的博塔（Mario Botta）等。

圣维塔莱河畔比安希住宅（图 13-2-4，建于 1971—1973 年）面对卢加诺湖，处于阿尔卑斯山麓平缓地区，是瑞士建筑师博塔形成自己建筑风格的第一个重要作品。这栋私家别墅是一个四方棱柱体，用轻质混凝土砌块砌筑，坚实地矗立在山地上，以一道凌空的钢桥作为入口。严谨的几何体显得封闭而内省，长

图 13-2-4　圣维塔莱河畔比安希住宅

长的钢桥又显出一种疏离感，然而藏在切去的表面和缝隙之后的平台则传达出与周围开阔的景观密不可分的交融感。人工的建筑重塑了场地，衬托出周围景观的自然，为适应当地景观条件确立了一种地方样式。

13.3 新地域主义

新地域主义是一种分布广泛、形式多样的建筑实践倾向。这些实践有一个共同的思想基础和努力目标，就是认为建筑总是联系着一个地区的文化与地域特征，应该创造适应和表达地方精神的当代建筑，抵抗国际式现代建筑的无尽蔓延。20世纪后半叶，世界各地技术、经济、政治与文化的交流日益密切，现代主义的思想与实践得以广泛地渗透到越来越多的国家和地区，几乎成为一种走出传统、开创新时代建筑与城市发展道路的必然模式。现代建筑日趋国际化和国际式风格的无限蔓延甚至拙劣模仿，带来了建筑文化的单一性和地方精神的失落。

因此，越来越多的人意识到，“国际式”这种武断的建筑模式正在吞噬着一部分悠久文明的传统文化，也将扼杀全球文化的多样性和独创性。20世纪70年代后期，西班牙表现出对本土传统文化的自觉意识，新地域主义的建筑实践很快活跃起来。与西班牙相邻的葡萄牙，以及北欧、荷兰甚至美国等地的一些建筑师也努力将建筑场地的特点、地方文脉与现代建筑的先进因素相结合，在环境中创造，又赋予环境新的生命。

下面介绍6则新地域主义设计。

1. 奈尔森美术中心

亚利桑那州立大学奈尔森美术中心（Nelson Fine Center，图13-3-1，建于1989年），是美国建筑师安东尼·普雷多克（Antoine Predock）的代表作。整座建筑被整合成一个模拟自然风貌的人造景观，与美国西南部的地形地貌相呼应。建筑将自然地貌以抽象的手法转化为建筑中的混凝土台地、高墙和坡道等，呈尖塔状的山形构筑物则是对亚利桑那山脉形态的模拟。这座建筑让人想起土著人的“泥浆建筑”，但在外观上又出乎意料地露出色彩强烈的钢构件，让人明确地体验到当代建筑的性格。

图13-3-1　奈尔森美术中心

2. 西班牙罗马艺术博物馆

西班牙建筑师拉菲尔·莫内欧（Rafael Moneo）设计的位于西班牙中西部小城梅里达的罗马艺术博物馆（图13-3-2，建于1986年），位置靠近古罗马剧场和竞技场遗址。莫内欧以纯粹、简洁的形式表达出了深远的历史感和强烈的叙事性。他没有模仿古罗马建筑风格，而是从罗马万神庙静谧永恒的几何空间、传统的巴西利卡空间以及画家皮拉内西的绘画中抽取空间类型，在建筑上加以组合运用。

图13-3-2　西班牙罗马艺术博物馆内部

3. 桑伽事务所

图13-3-3 桑伽事务所

印度建筑师多西(Balkrishna Doshi, 1927—2023年)为自己设计的桑伽(Sangath)事务所(图13-3-3, 建于1981年), 采用了长向的具有洞穴意向的筒拱作为建筑造型的主体。简洁、理性的现代精神与地方气候、环境及传统气质巧妙地融合, 拱顶借鉴了印度佛教支提窟的弧形屋顶的做法。工作室为地下半层, 有很好的隔热功能; 拱形屋面用白色碎瓷贴面, 以反射阳光; 双层外墙形成良好的通风。整组建筑以理性且富有变化的形体围绕庭院中一个露天剧场布置。

4. 双屋顶住宅

生于1948年的马来西亚建筑师杨经文的作品常创造性地利用新技术, 使建筑在当地特殊的气候环境中成为巧妙的环境过滤器。他为自己设计的双屋顶住宅(图13-3-4, 建于1984—1986年)位于靠近赤道的吉隆坡, 造型上最大的特点是建筑中采用了许多遮阳板, 它们排列成伞状罩在高低错落的屋顶之上, 以免房间受到直射太阳光的炙热烘烤。在住宅上风向建了一座水池, 从水面掠过的凉爽微风可以吹进屋顶遮阳装置下的室内。建筑师通过巧妙的技术手段来调节建筑的微气候, 形成一种反映当地特殊气候环境、独具地方特色的建筑语言。

图13-3-4 双屋顶住宅

5. 特吉巴欧文化中心

特吉巴欧文化中心（Tjibaou Cultural Center，图13-3-5，建于1991—1998年）坐落于南太平洋岛国新喀里多尼亚（New Caledonia）首都努美阿东部的一个岛屿上，设计者是意大利著名建筑师伦佐·皮亚诺（Renzo Piano）。努美阿气候炎热湿润，常年温差较小，气温基本都在30℃左右，夏天相对湿度在80%左右。这个作品的影响力丝毫不亚于皮亚诺设计的法国巴黎的蓬皮杜艺术中心（参见本书下文的图13-6-1）和日本关西国际机场，是现代技术和当地传统文化间高度协调统一的典范。设计者通过考察当地的历史文脉，挖掘、利用当地的传统建筑样式，在此基础上进行再创造，在被动式通风系统设计、自然材料选择、天然光线利用等方面，通过高科技手段，达到了建筑与自然的平衡，创造出集传统性和生态性于一体的建筑。在如何用现代技术手段来表现传统建筑方面，这个作品给人以有益的启迪。

图13-3-5　特吉巴欧文化中心

6. 美秀美术馆

美秀美术馆（Miho Museum，图13-3-6，建于1996—1997年）是位于日本滋贺县甲贺市的私立美术馆，创办人为小山美秀子，美籍华人建筑大师贝聿铭以中国东晋大诗人陶渊明描写的桃花源为原型精心策划设计了这栋美术馆（贝聿铭的其它作品参见本书上文的图12-5-7以及下文的图13-5-5、图14-0-4），馆藏包括日本、中国、南亚、中亚、西亚、埃及、希腊、罗马等古文明的艺术品。美秀美术馆是日本与美国联合修建的工程，由贝聿铭联合日本纪萌馆设计室设计。美术馆每一部分均体现了建筑师打破传统的创新风格，用外形崭新的铝质框架及玻璃天幕配上石灰石以及专门开发的染色混凝土等暖色物料修建而成，展览形式及存放装置也很独特，充分表现出设计者匠心独运的智慧。美秀美术馆远离都市，它最特别之处是80%的建筑部分埋藏在地下，但它并不是一座真正的地下建筑，而是由于地上是自然保护区，在日本的自然保护法中有很多限制，故而采取保护自然环境及与周围景色融为一体的建造方式。这一设计清楚地体现了设计者贝聿铭的理念：创造一个地上的天堂。他第一次到这个地方时，就很感动地称赞："这就是桃花源。" 贝聿铭向我们展现的是这样一个理想的画面：一座山，一个谷，还有躲在云雾中的建筑。许多中国古代的文学和绘画作品，都围绕着一个主题：走过一条长长的、弯弯的小路，到达一个山间的草堂，它隐在幽静中，只有瀑布声与之相伴……那便是远离人间的仙境。人们常常埋怨建筑因受到各种限制而无法实现设计初衷，但常常又是由于有了限制，优秀的设计才得以产生，美秀美术馆就是一个绝好的范例。

图13-3-6 美秀美术馆

13.4 解构主义

20世纪80年代后期，西方建筑舞台上又出现了一种很具先锋派特征的、被称为解构主义的新思潮。总体上说，解构主义是一个具有广泛批判精神和大胆创新姿态的建筑思潮，它不仅质疑现代建筑，还对现代主义之后出现的那些历史主义或通俗主义的思潮和倾向都持批评态度，并试图建立起关于建筑存在方式的全新思考。

1988年夏天，纽约现代艺术博物馆举办了一个名为“解构主义建筑”的7人作品展，参展的7位建筑师是：美国的盖里（Frank Gehry）和艾森曼（Peter Eisenman），法国的屈米（Bernard Tschumi），英国的哈迪德（Zaha Hadid），德国的里伯斯金（Daniel Liberskind），荷兰的库哈斯（Ram Koolhaas），以及奥地利的蓝天设计小组（Coop Himmelblau）。虽然展出的10件作品都带着个人风格，但最引人关注的是它们所呈现出的共同特征：建筑形式就像是多向度或不规则的几何形体叠合在一起，以往建筑造型中均衡、稳定的秩序被完全打破了。之前，这些建筑师们并未事先约定要创建什么新的派别，但主办人却有意将这些作品汇聚在一起，以宣告一种新的建筑动向已经出现。正如主办人之一威格利（Mark Wigley）所称，这是一场新的运动，“一场纯净形式的梦想已全然被打破的运动”。进而，主办人又把这一现象追溯到20世纪20年代俄国的构成主义运动（参见本书上文的11.2节），他们认为，当时的构成主义敢于打破古典建筑的原则，创造出一种相互冲突、游移不定的几何秩序，而现在的解构主义建筑也试图向和谐、稳定和统一的观念大胆挑战，可谓与构成主义如出一辙。

下面介绍两则解构主义设计。

1. 维莱特公园

维莱特公园（图13-4-1，建于1982—1989年）是为纪念法国大革命200周年在巴黎建造的九大工程之一，1974年以前，这里还是一个有百年历史的大市场，牲畜及其它商品通过横穿公园的乌尔克运河运送。在公园建造之初，目标就被定为：建造一个属于21世纪的、充满魅力的、独特并且有深刻思想意义的公园。公园既要满足人们身体上和精神上的需要，同时又要是体育运动、娱乐、自然生态、科学与文化艺术等诸多方面相结合的开放性的绿地，并且，公园还要成为各地游人的交流场所。

1982年，屈米在一个国际性的设计竞赛中夺魁，从此声名大振，成为解构主义的中心人物。在维莱特公园125英亩（50.6公顷）的土地上，屈米设置了一个不和谐的几何叠加系统。他首先建立以120米为长度单位的方格网，这正是巴黎老城

图13-4-1　维莱特公园

典型街坊的尺度。在网格的节点上，他都放置了一个边长10米的红色小品建筑，满足公园所需的一些基本功能，并称此为“点”的系统。围绕这些“点”，屈米组织了一个道路系统，这些道路有的按几何形式布置，有些却十分自由，它们共同组成公园“线”的系统。在点和线的系统之下，是“面”的系统，包含了科学城、广场、巨大的环形体和三角形的围合厅、滑冰场、体育馆、商店等。这样，公园实际上是“点、线、面”三个迥然不同系统的叠合，每个系统自身完整有序，但叠置起来就会相互作用：它们的相遇有可能造成彼此冲突，也有可能相得益彰，还有可能相安无事。

2.沃特·迪士尼音乐厅

说到解构主义思潮，必须要提到的人物是极具形式创新精神的美国建筑师盖里。对于盖里的描述，《Conversations with Frank Gehry（与弗兰克·盖里对话）》一书是这样说的：“他白天是卡车司机，晚上在夜校学建筑；他改名Gehry，理由是字母排列的形式感；他在美国陆军开始设计生涯，把军队厕所的标语设计得像天主教堂的装饰手抄本；他的作品被人当面说成‘一坨屎’；他设计过狗屋，还被客户抱怨进度太慢；他的设计方案，引来共和国总统参与讨论；他还被动画情景喜剧《辛普森一家》调侃是在垃圾箱里寻找灵感的建筑师……他是弗兰克·盖里，当代最具创新精神与影响力的建筑家。他是拥有地标性建筑最多的当代大师，享有包括建筑界最高荣誉——普利兹克奖在内的无数肯定。他桀骜不驯，率性直言，对他的误解与对他的推崇几乎来得同样猛烈。面对周遭扬抑的声音，他始终坚守自我……他只以不断创作回应质疑，大胆探索，拒绝自我抄袭与自我设限，他的作品与他的人生故事一样，永远超乎你的想象。”盖里就是这样一位饱受争议的人物。对他作品的评价，有两种截然对立的声音，一种声音叫嚷：“这也叫建筑？他只会玩些揉纸游戏！设计得这样歪歪扭扭，完全丧失了建筑美感！”而另一种声音则把他高举为天才。

沃特·迪士尼音乐厅的提案来自于沃特·迪士尼的遗孀莉莉安，她宣布捐出0.5亿美元建造一座以沃特·迪士尼命名的音乐厅，并要求具有最佳的音响效果，以及一个莉莉安喜欢的花园。盖里在1991年完成了设计图，获得莉莉安的青睐，建造工程于1992年展开。然而在工程前期，兴建音乐厅地下停车场就大幅超出预算，停车场在1996年建好时，已花费约1亿美元，导致地上建筑迟迟无法开工。幸而得到加州慈善家艾里·博洛特等人的支持，地上建筑物才在1999年12月开工建造。2003年音乐厅落成时，包括地下停车场，造价累计达2.74亿美元，可说是洛杉矶有史以来最昂贵的音乐厅。

一走到沃特·迪士尼音乐厅（图13-4-2）的面前，你的视界就会被无数建筑符号占据。从每一个角度都看到不同的块状立面组合，从来不会出现重复的构图。这么丰富的建筑体量和立面，几乎没有其它建筑可以超越。音乐厅内部空间极为丰富，不仅有不同形体、材质的相互穿插，更是难以找到一面垂直的墙体，无论墙、柱、天窗还是穹顶，全都是斜线或弧形走线，给人妙不可言的观感。演奏大厅可容纳2 265名听众。盖里运用丰富的波浪线条设计了天花板，并营造了一个华丽的环形音乐殿堂。厅内没有阳台式包厢，全部采用阶梯式环形座位，坐在任何位置都没有遮挡视线的感觉。音乐厅的另一设计亮点是，在舞台背后设计了一个12米高的巨型落地窗供自然采光，白天的音乐会如同在露天举行，窗外的行人也可驻足欣赏音乐厅内的演奏，室内室外融为一体，此设计绝无仅有。

用盖里自己的话说，他设计的目的就是要把这个建筑建成一个人们欣赏音乐的美丽处所，他们将以过去没有体会过的感觉来欣赏洛杉矶爱乐乐团的演奏！

图13-4-2　沃特·迪士尼音乐厅

13.5　新现代建筑

与其它的建筑倾向或思潮相比，“新现代”（New Modern或Neo-Modernism）的所指比较含糊，它算不上一种全新的建筑思潮，也没有明显统一的学说理论。在愈加开放和多元的时代，现代建筑传统受到广泛挑战，不再占据绝对的主流地位，建筑师们的创作既讲个性又善于吸取各种经验与思想，一部分人在建立批判意识的同时，认为现代建筑依然有可持续发展的生命潜力，并在实践中坚持这样的探索。虽然继承、发展现代主义的探索是国际建筑界始终存在的设计倾向，但是新现代主义受到评论界的关注却是从“纽约五”开始的。1969年，纽约现代艺术博物馆举办了一次展览，介绍了5位美国建筑师及他们的作品，他们是P.艾森满、M.格雷夫斯、R.迈耶、C.格瓦斯梅和J.海杜克。由于这5位建筑师都在纽约，因此被评论界称为“纽约五”。他们拒绝对历史片段的模仿，追求纯净的建筑空间和外观，强调线条、平面、体块的穿插和光影变化，特别主张回到20世纪20年代荷兰风格派（参见本书上文的11.2节）和勒·柯布西耶倡导的立体主义构图。

20世纪80年代初，纽约的一些评论家开始使用“新现代”这个名称，认为一种新的建筑正在从现代建筑的历史中复活，以表达与后现代主义相抗衡的姿态；并且，以建筑师R.迈耶（Richard Meier）为代表的具有“优雅新几何”风格的作品被认为是新现代建筑的典型。

1.汉索曼住宅

后来成为后现代主义建筑师的M.格雷夫斯（其后现代主义作品参见本书上文

的图13-1-5）最初也是“纽约五”的成员，他在早年的实践中体现了现代建筑传统的深刻影响。在他设计的汉索曼住宅（图13-5-1，建于1967年）中，建筑形式与空间格局明显具有勒·柯布西耶（参见本书上文的11.3节）的特点。住宅为一大一小两个立方体，入口在二层，由一道室外楼梯形成高架桥与外界联系，于是由室外进入建筑的过程感就通过“桥”的意象被强化，隐喻人在自然中建立秩序的过程。

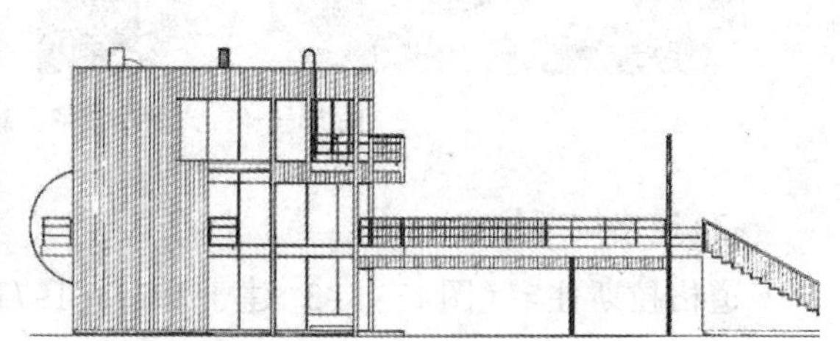

图13-5-1 汉索曼住宅及其剖面图

2. 迈耶的作品

美国建筑师R.迈耶是当代最有影响力的建筑师之一，现代主义建筑“白色派”教父，被誉为建筑界诺贝尔奖的普利兹克奖最年轻的获得者。迈耶的白色建筑以其颜色上震撼人心的纯净给人们留下了极为深刻的印象，其建筑作品总是犹如凌波仙子般超凡脱俗，理性思维和高度精细的构件处理使他获得了成功。

(1) 史密斯住宅

史密斯住宅（图13-5-2，建于1965—1967年）是迈耶风格的典型代表。它位于树林之间、草地之上，面朝大海，外观是白色的几何形体。迈耶根据功能关系划分虚实，相应地组织空间和结构。家庭成员各自的私密生活空间纳入三层的实体部分，家庭的公共空间则放在竖向贯通的开敞部分。室外有一条长坡道通向住宅入口，内部有水平走廊联系着两个对角布局的楼梯，并且将空间分层系统和交通流线实际表达出来，使私密与公共两部分有机地结合在一起。迈耶在形体、空间、坡道、色彩等方面仍延续了现代建筑的语言，同时又为建筑形式自主性与秩序感找到了在场地、功能、流线与入口、结构以及围合等方面的落脚点。

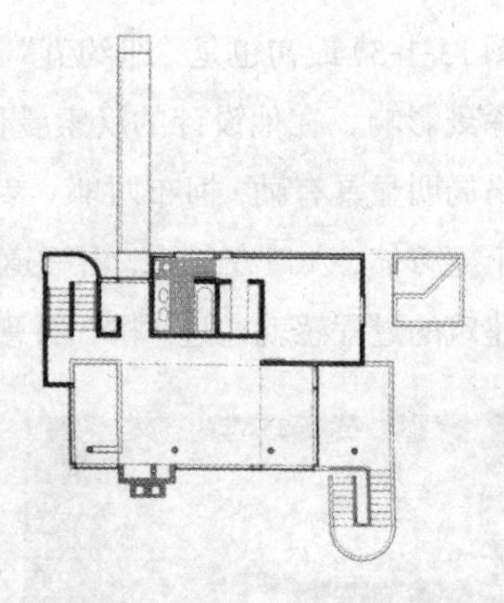

图13-5-2　史密斯住宅及其平面图

(2) 道格拉斯住宅

道格拉斯住宅(图13-5-3, 建于1971—1973年)是迈耶采用简洁几何形体设计得最成功的作品之一。这座5层住宅坐落在一片向密歇根湖倾斜的陡峭而又孤立的坡地上, 入口设在顶层, 通过一座小桥进入。高度人工化的抽象几何形体、工艺精细的规整的金属栏杆、纯白的色彩, 使住宅在周围浓密的针叶林拥抱下显得纯净典雅, 明朗动人, 体现出建筑师对形式以及环境的把握能力。

图13-5-3　道格拉斯住宅

(3) 罗马千禧教堂

罗马千禧教堂(Jubilee Church, 图13-5-4, 2003年落成)距罗马市中心6英里(9.7千米), 附近是一片20世纪70年代修建的中低收入居民住宅楼以及一座公共花园。整体建筑包括教堂和社区中心，两者之间用4层高的中庭连接。3座大型的混凝土翘壳高度从56英尺（17米）逐步上升到88英尺（27米），看上去像白色的风帆。玻璃屋顶和天窗让自然光线倾泻而下。夜晚，教堂的灯光营造出天国的景象。建筑与周围环境有机结合，室内光线经过弧墙的反射显得静谧和洒脱。

图13-5-4　罗马千禧教堂

这座引人注目有特色的千禧教堂，外观上仍具传统教堂予人的那份崇高和令人敬畏之感，然而，在这一片只有一般公寓的郊区里，并不显得过于夸大或让人感到畏惧不可亲近。尤其在教堂内部，由于天窗的设置，人们可以沐浴在阳光里，再加上看似突兀即将倾倒的高墙，使得人们感到就好像在户外做礼拜一样。

有建筑刊物曾形容3座弧墙类似于悉尼歌剧院的“帆”（参见本书上文的图12-7-8），对此迈耶说：“这3座墙与悉尼歌剧院极为不同，它们从地面向上伸出，而不是如悉尼歌剧院的帆般是建筑延伸的一部分。就建筑体系与空间的规划而言，这完全是不同的想法。” 迈耶被认为是史上第一位受委托建造天主教教堂的犹太建筑师，这源自教皇增进天主教与犹太教间和平的信念。“我认为能被挑选上是一个莫大的光荣，”迈耶说，“这对教廷与犹太人间的历史而言是和平的象征，因此是很重大的责任”。

3.巴黎卢浮宫扩建工程

1989年建成的卢浮宫扩建工程（图13-5-5）是世界著名建筑大师贝聿铭的重要作品（他的其它作品参见本书上文的图12-5-7、图13-3-6以及下文的图14-0-4）。20世纪80年代初，法国总统密特朗决定改建和扩建世界著名艺术宝库卢浮宫。为此，法国政府广泛征求设计方案，应征者都是法国及其它国家的著名建筑师。最后由密特朗总统出面，邀请世界上15个声誉卓著的博物馆的馆长对应征的设计方案进行遴选抉择，其中的13位馆长不约而同地选择了贝聿铭的设计方案。他的设计方案是用现代建筑材料在卢浮宫的拿破仑庭院内建造一座玻璃金字塔，扩建的部分放置在地下，避开了场地狭窄的困难和新旧建筑的矛盾冲突。不料方案一经公布，在法国引起了轩然大波，人们认为这样会破坏这座当时具有近800年历史的古建筑（参见本书上篇的图4-6-28）的风格，“既毁了卢浮宫又毁了金字塔”。但是密特朗总统力排众议，还是采用了贝聿铭的设计方案。

图13-5-5　巴黎卢浮宫扩建工程

玻璃金字塔高71英尺（21.6米），这是贝聿铭精心研究周围建筑物后确定的建筑高度，反映了贝聿铭的设计与环境的紧密关系。玻璃金字塔的底边长116英尺（35.4米），底边与原建筑物平行，这又强化了与环境的关系。玻璃金字塔旁有三角形水池，在天晴云淡的时候，玻璃金字塔倒映池中与环境相结合，又丰富了景观。白天，从玻璃金字塔内往外看，玻璃如同不存在，让人感到内外空间相通，着实创造了划时代的室内空间设计效果。夜晚，玻璃金字塔在灯光照耀下成为都市焦点，城市公共空间的功能得到充分发挥。

13.6　高技派

高技派（High-tech）作为一种设计倾向，积极开创更新、更复杂的技术手段来解决建筑甚至城市问题，同时在建筑形式上热情表达新技术带来的新美学。高技派建筑师在处理功能、技术和形式3个建筑基本要素的关系上，把建筑结构、设备等技术因素与建筑形式画上等号，认为先进技术作为高科技时代的装饰和形式要素可以被表现出来。早期的高技派作品参见上文的12.6节（本节予以补充），高技派作为一个流派得到评论界公认则是从1977年落成的由理查德·罗杰斯（Richard Rogers）和伦佐·皮亚诺（Renzo Piano）设计的巴黎蓬皮杜国家艺术文化中心开始的。20世纪80年代，高技派建筑实践主要来自英国的几位建筑大师，他们是诺曼·福斯特（Norman Forster）、理查德·罗杰斯、尼古拉斯·格雷姆肖（Nicholas Grimshaw）、迈克尔·霍普金斯（Michael Hopkins），再加上意大利的伦佐·皮亚诺。

1.蓬皮杜国家艺术文化中心

蓬皮杜国家艺术文化中心（Pompidou Centre，图13-6-1，建于1972—1977年）的名字来自法国前总统乔治·蓬皮杜（Georges Pompidou），是一座现代艺术博物馆，坐落于法国首都巴黎。意大利的伦佐·皮亚诺和英国的理查德·罗杰斯的设计方案从49个国家的设计者提交的681个设计方案中脱颖而出。1972年正式动工，1977年建成开馆。中心大厦南北长168米，宽60米，高42米，分为6层。整座建筑分为工业创造中心、大众知识图书馆、现代艺术馆以及音乐与声乐研究中心四大部分。大厦的支架由两排间距为48米的钢管柱构成，楼板可上下移动，楼梯及所有设备完全暴露。东立面的管道和西立面的走廊均用有机玻璃圆形长罩覆盖。建筑设计超乎一般对文化艺术类建筑的想象，突出强调现代科学技术同文化艺术的密切关系。文化中心的外部钢架林立、管道纵横，根据不同功能分别涂刷红、黄、蓝、绿、白等颜色。

图13-6-1　巴黎蓬皮杜国家艺术文化中心

理查德·罗杰斯解释设计意图时说："我们把建筑看作同城市一样的灵活的永远变动的框架……它们应该适应人的不断变化的要求，以促进丰富多样的活动。"又说："建筑物应设计得使人在室内和室外都能自由自在地活动。自由和变动的性能就是房屋的艺术表现。"罗杰斯等人的这种建筑观点代表了一部分建筑师对现代生活急速变化的特点的认识和重视。因为这座现代化的建筑外观酷似一座大型工厂，故又有"炼油厂"和"文化工厂"之称，是高技派的最典型的代表作。

2. 中银舱体大楼

银座中银舱体大楼（图 13-6-2，建于 1970—1972 年）是日本设计师黑川纪章的成名之作。这是一座集合住宅，位于日本东京银座区，大楼像由巨型积木垒叠而成，给人强烈的视觉冲击。在注重外表特征的同时，内部功能也得到了很好的处理。这座大楼也是建筑师本人信奉的"新陈代谢主义"的一种图解，新陈代谢主义极力强调以最新科技来解决复杂的建筑问题。黑川纪章与运输集装箱生产厂家合作，采用了在工厂预制建筑部件而在现场组建的方法。所有的家具和设备都单元化，收纳进 2.3 米 × 3.8 米 × 2.1 米的居住舱体内，作为服务中核的双塔内藏有电梯、机械设备和楼梯等。开有圆窗洞的舱体单元被黑川纪章称为居住者的"鸟巢箱"。舱体单元构成上的穿插组合，显示了科幻小说般的构思，成为这座高技派建筑的象征之一，体现出典型的未来主义风格。

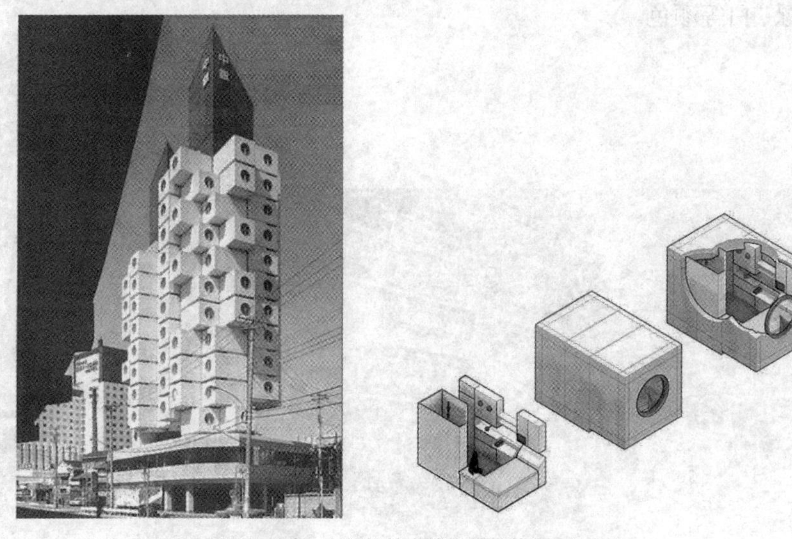

图 13-6-2　中银舱体大楼及其舱体单元示意图

3. 弗雷·奥托的作品

弗雷·奥托（Frei Otto, 1925—2015年）出生在德国的西格马尔（Siegmar），在柏林长大。他还是一名年轻学生时，曾在学校放假期间去当石匠学徒。作为一项爱好，他曾驾驶并设计滑翔机，这项活动激起了他对轻盈飞翔的向往，并由此产生对轻型框架覆盖薄膜后如何响应空气动力和结构应力的研究兴趣。

1943年9月，奥托应征入伍，接受成为一名飞行员的训练，1944年年底飞行员训练中止后，奥托成了一名步兵。1945年4月，他在纽伦堡附近被俘，在法国沙特尔附近的战俘营待了两年。在那里，他曾担任战俘营的建筑师，并学会了用尽可能少的材料建造多种类型的结构。弗雷·奥托于1948年回国，在柏林技术大学攻读建筑学。他的建筑学观念一直反对第三帝国时期德国流行的笨重、支柱构造并妄想永久存留的楼宇。与此相反，奥托的作品是轻量、开放、民主和低成本的，有时甚至是临时的。奥托曾说："世上美的建筑很多，但好的建筑就少多了。"他的理想是用最少的资源、最合理的结构构建世界。他认为人类是自然的一部分，我们应该构建的是与自然界共生的社会。

弗雷·奥托坚决抵制一切笨重和固结于地面的建筑形式。由于他在纳粹时期的经历，他认为这种建筑形式是纳粹主义对血统和土地的崇拜的体现。他说："有一点值得我们注意，优秀的营造商在世界各地都建造像帐篷一样的轻质而开敞的结构。"这里的轻质与开敞体现了一些建筑师在看到二战带来的毁灭之后所做出的改变。

（1）卡塞尔联邦庭园展上的亭子

建于1955年的卡塞尔联邦庭园展上的亭子包括音乐亭、蘑菇亭、蝴蝶亭（图13-6-3）。

卡塞尔联邦庭园展上的音乐亭是奥托首次依靠边索给膜施加预应力使帐篷的外形呈现两头向上、两头向下的形状。这个设计宣告帐篷设计进入了一个全新的时代，奥托的设计表明只有预应力膜结构才是真正意义的帐篷结构。音乐厅的屋顶膜材料由1毫米厚、18米长的厚棉布组成，这个长度已经远远大于当时通常用于帐篷结构中不受约束的布的长度。这些布条沿对角线方向伸至边部，也是沿着最大曲率的方向。两个松木的拉线式柱和两个锚钉分别用来锚固两个高点和两个低点。音乐亭轻盈并富有动感的造型与在这里演出的音乐十分协调。音乐亭四周完全开放的设计使内部空间与外界在各个方向都是视线无阻的，这种开阔性使得这个结构显得十分独特。

图13-6-3　卡塞尔联邦庭园展上的音乐亭、蘑菇亭与蝴蝶亭

在蘑菇亭的设计中，奥托首次采用类似衬垫的结构形式——由两层膜形成一个中空的结构。这3个蘑菇亭用于标明位于树下的休息区，并且在夜晚可以提供照明。蘑菇亭的上方是一个直径6.5米的木质环架，白色的棉布剪裁成放射状包住木环并拉紧。木环边缘设置一个铝制天沟，用来收集雨水并将其导入位于圆管式杆内部的排水管内，使顶部雨水排出。双侧膜固定在圆管式杆的顶部，最终形成三维的蘑菇外形。

卡塞尔庭园展上的第三个工程是蝴蝶亭，工程建立于两条路交叉的位置上。奥托首次采用了波形帐篷屋顶，帐篷做成两个如同翅膀的半波形状。长度为17米的支撑索在两个斜支柱间张拉，帐篷的强度足以抵抗强风。奥托曾做了一个1∶25的模型来研究这个形状的帐篷，利用由杆、细链、橡胶组成的网状结构来模拟内力的分配，通过这个模型来设计屋顶的布片样式。

卡塞尔联邦庭园展上的亭子是奥托首次得到公众赞誉的作品，亭子既坚固又轻盈的结构形式，以及与大自然浑然一体的设计效果使奥托脱颖而出，引起了整个建筑界对他的重视。遗憾的是，联邦庭园展结束之后，这些亭子被全部拆除。

（2）慕尼黑奥林匹克公园体育场屋顶

在1936年柏林奥运会的30年后，德国政府希望邀请全世界重聚德国，来展示它是由一个全新政府领导的全新的国家，于是提议由慕尼黑申办1972年夏季奥运会。慕尼黑申办奥运会的3个主要理念是：乡间的奥运会，短途旅行的奥运会，充满灵感的奥运会。当时的慕尼黑没有任何值得称道的体育设施，虽然建设时间很紧张，德国人还是举办了一个历时1年的招标活动，最后，贝尼斯合伙人事务所打败了100多名竞争者中标。

为了解决屋顶面积过大带来的排水、积雪等一系列问题，贝尼斯向弗雷·奥托寻求意见，奥托给出的答案是：即使在奥运会这样不计成本的项目中，也可以更经济地实现这个设计。奥托与轻型建筑研究所的同事决定给予全力支持。体育场的测量模型由奥托的轻型建筑研究所负责，超过70名技术人员参与工作，另外还从附近的兵营借调了许多士兵参与测绘工作。奥托最后提出的方案是，屋顶被分割成几个巨大的马鞍形的弯曲的网，边缘有缆索用于支持和连接（图13-6-4）。

工程师们通过自己的方法找到了合适的网格大小。尽管弗雷·奥托强烈坚持用50厘米的网格（这样有利于工人攀爬），但工程师们提出的75厘米的网格方案相比之下有利于节约成本。幸运的是建造阶段没有出现任何事故，直到10年后一个工人在维护时发生意外，人们才想起当年奥托竭力坚持的方案。

图13-6-4　慕尼黑奥林匹克公园体育场鸟瞰图及屋顶网格

4. 劳埃德大厦

伦敦著名保险公司劳埃德的办公楼劳埃德大厦（图13-6-5，建于1978—1986年）采用了理查德·罗杰斯的设计方案。这个建筑沿袭了罗杰斯内部结构暴露在外的风格（参见上文的图13-6-1），像从一台引擎上取下的巨大的凸轮轴，这一作品让他重新站到了建筑界前沿。独特的设计风格使劳埃德大厦成为伦敦城区甚至全球最引人注目的建筑。大厦位于伦敦市金融区内，大厦主体为长方形，阶梯状布局。一端高为12层，另一端为6层。中间是很高的大厅，四周为玻璃幕墙；建筑外围有6个塔楼，内置楼梯、电梯及各种管线设备。大厦主体的每层平面没有固定隔断，以便可以灵活使用。大厦的四周及顶部，有许多的结构部分暴露在建筑外面，远远望去，大厦像一个复杂的工业建筑。这种做法体现了高度发达的工业化水平所赋予建筑的新形象。也有人认为，这种表现与周围环境及已有的建筑极不协调。楼顶的起重机不是施工中遗留下来的，而是设计的一部分。换句话说，这是罗杰斯的未来主义雕塑。

图13-6-5 劳埃德大厦

13.7 极简主义

20世纪90年代以来，在习惯了现代建筑的流动空间、后现代主义的隐喻和解构主义的分裂特征之后，建筑界开始关注一种继承和发展现代建筑一个明显特征的潮流——向“简约”回归。对这种风格有多种命名，如“极简主义”“极少主义”或“新简约”等。这种设计潮流的理念是以尽可能少的手段与方式进行建筑创作，即去除一切多余和无用的元素，以简洁的形式客观理性地反映事物的本质。

极简主义并非这个时代所独有，且形成的原因很多。有来自技术方面的原因，即当产品的简约成为降低成本以适应大规模生产的要求时，那些复杂的方式将被淘汰；也有来自意识形态和思想方式等方面的原因，比如传统宗教哲学中一直有主张朴素的理念，像美国基督教派中的震颤派，提倡一种克己苦修的生活，他们认为上帝的信徒不应在日常生活中为追求美而浪费一丁点钱财，因此家具、器物和房屋都力求简单实用，只考虑遮光避雨等基本生存需求，同时精工细作并精心维护保养，这样，对方式的精简就成了“完美”概念的引申；最后，还有来自艺术观念的原因，因为顺应时代和技术要求的“简约”已成为一种文化进步的显著标志，并渐渐上升为一种艺术原则。

建筑大师勒·柯布西耶（参见本书上文的11.3节）设计的法国拉图莱特修道院（图13-7-1，建成于1959年）、身兼传教士与建筑师的H.莱安（Hans van der Laan）设计的荷兰法尔斯修道院（图13-7-2，建成于1955年），都很容易辨认出一种宗教性的简约思想的痕迹。

图13-7-1　拉图莱特修道院

可以说，对简洁形式的追求是20世纪现代建筑发展中的持续特征。勒·柯布西耶认为，“一个人越有修养，装饰就越少出现”；而路斯（参见本书上文的10.4节）很早就提出了更激进的观点“装饰即罪恶”。与路斯同时的哲学家维特根斯坦（Ludwig Wittgenstein，1889—1951年）为他的妹妹设计了一座没有装饰的路斯风格的住宅，是关于精密细致和严格功能的实验，反映了维特根斯坦功能主义、优雅和完美主义的哲学思想。而这些现代主义建筑原则在密斯（参见本书上文的11.3节）手中发展到了极致，他主张的“少即是多”实际上是以一种极端简洁的形式达到对复杂的升华。

图13-7-2　法尔斯修道院

下面介绍几位极简主义建筑师和他们的作品。

1.赫尔佐格和德梅隆的作品

由于设计了2008年北京奥运会国家体育场（即“鸟巢”，参见本书下文的图14-0-5），赫尔佐格（Jacqes Herzog）和德梅隆（Pierre de Meuron）被众多中国人所熟知。从1957年7岁的两个男孩相遇，他们一起走过了后来的人生历程，同一所小学、初中、高中，直至同一所大学——瑞士苏黎世联邦高等工业大学，再到两个人的第一家事务所，他们互相扶持又互相批判，以一种直观而感性的方式进行建筑创作。

赫尔佐格和德梅隆居住的巴塞尔是瑞士第三大城市，与德国和法国接壤，莱茵河穿城而过。这里的建筑风格一方面受德国现代主义风格影响，具有较高水平的理性主义和功能主义特征，另一方面又沿袭了瑞士精美的工艺技术，形成了当地独特的建筑文化。

二战后欧洲的艺术家不满于美国文化的强势侵扰和欧洲作为传统艺术中心的衰败，对艺术的手法、观念等进行了许多大胆的突破和试验。赫尔佐格和德梅隆不可避免地受到这些艺术思潮的影响。

20世纪70年代早期，社会学在欧洲的建筑学校中占主导地位，学校教给他们的是“无论做什么，都不应该建造；相反应该思考，应该研究人”。对此，他们感到“这令人鼓舞，但也令人灰心”。后来罗西（参见本书上文的13.2节）出现了，告诉他们“忘掉社会学，回到建筑本身。建筑总是并且只是建筑，社会学和心理学永远也不能替代它”。这种观点对他们来说是一种震撼，使他们对建筑本身的意向产生了巨大的兴趣。最后，赫尔佐格和德梅隆选择了最直接、最感性的方式，他们更愿意通过纯粹的物理方式——材料、表皮、结构，带来最直抵人心的感官震撼。

正如赫尔佐格所说的："建筑就是建筑。它不可能像书一样被阅读；它也不像画廊里的画一样有致谢名单、标题或标签什么的。也就是说，我们完全反对具象。我们的建筑的力量在于观者看到它时的直击人心的效果。"

（1）沃尔夫信号楼

赫尔佐格和德梅隆设计的巴塞尔沃尔夫信号楼（图13-7-3，建于1991—1994年）作为当地的铁路枢纽，不仅承担了至关重要的交通职能，更是来往当地的必经之地，理所当然地成为该地的地标性建筑。充分考虑到美观和功能的兼顾，赫尔佐格和德梅隆再一次对材料进行了突破性的发挥，决定将建筑外墙统一用一个"表皮"包裹起来，达到他们所希望的"尺度的模糊化"。因为没有确定的尺度比较，没有强调栏杆、楼梯和门窗，这个建筑就变得失去尺度感了，即从建筑本身看不出此建筑物有多大。

在表皮材料的选择上，两人煞费苦心，最终他们选择了铜片。钢筋搭建的6层楼建筑外包裹上一层20厘米宽的铜片，每一块铜片都由工人用工具弯曲成逐渐变化的角度，使整个建筑既保持了犹如雕塑般的极度统一感，又能产生微妙的立体层次变化。表皮金属吸收了白天的太阳光，能很好地实现静电防护板的功能。铜片并不是什么新的材料，但赫尔佐格和德梅隆却通过这个建筑为它们注入了新的活力。

图13-7-3　沃尔夫信号楼

(2) 多米那斯葡萄酒厂

美国多米那斯葡萄酒厂(图13-7-4, 建于1996—1998年)选择了简单的矩形平面,长100米、宽25米、高9米,分3个功能区域,即酒窖、存放两年以上葡萄酒的大桶间和成品库房。由于这座建筑所在地气候昼夜温差大,不利于酒的储藏和酿造,赫尔佐格和德梅隆试图设计一栋能够适应并利用这里气候特点的建筑。他们想使用当地特有的玄武岩作为表皮材料,白天阻隔、吸收太阳热量,晚上将热量释放出来,这样可以平衡昼夜温差。但由于本地的天然石块较小,无法直接使用。

于是,他们设计了一种金属丝编织的"笼子",用形状不规则的小块石材装填起来,形成尺寸较大的、形状规则的"砌块"作为建筑表皮。这种特殊的"石笼"装置具有一种变化的透明特质,能与周边景致优美地融为一体。根据内部功能不同,金属铁笼的网眼有不同的大小规格,大尺度的可以让光线和风进入室内,中等尺度的用于外墙底部以防止响尾蛇从石缝中爬入,小尺度的用在酒窖和库房的周围,形成密实的遮蔽。

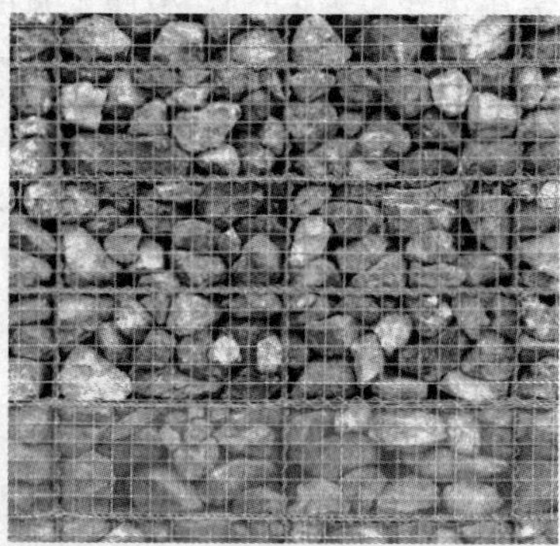

图13-7-4 多米那斯葡萄酒厂及其表皮

2. 瓦尔斯温泉浴场

瑞士的瓦尔斯小镇原本有旧的浴场,到20世纪80年代中期,当地人决定利用温泉资源发展旅游业,吸引游客前来休憩观光,决定对旧温泉浴场进行改造。彼得·祖索尔(Peter Zumthor)设计的瓦尔斯温泉浴场(图13-7-5, 建于1994—1996年)彰显了建筑师不被诸如建筑类型、建筑材料、工艺、场所、功用、大小、方法等外在因素束缚的大师身手,当然他也没有被自己的风格所束缚。祖索尔确定了浴场改造的3点基本原则:尽量小规模建设,由社区进行投资,不刻意追求建筑的纪念性和标志性。瓦尔斯小镇出产片麻岩，这在当地是使用十分普遍的一种建筑和装饰材料，而祖索尔也对片麻岩十分钟情，在早期的设计草图中就表现出了片麻岩的肌理。他对片麻岩进行了特殊的处理，将片麻岩经过切割打磨拼接排列，把石头内部的质感呈现出来，使得建筑给人的印象首先是石头与水的结合，同时表达出石头与水既相亲又相斥的双重关系。

图13-7-5　瓦尔斯温泉浴场

十四、新千年的建筑

进入21世纪，自然与社会的可持续发展成为人类发展的主题。人们对生活环境质量的追求，对节约能源的重视，决定了各类生态建筑、绿色建筑、环保节能建筑更加受到大众青睐。高速变革的互联网、迅猛发展的计算机技术，使建筑数字化、智能化成为建筑的又一亮点。人口集聚与城市土地资源稀缺之间的矛盾，具体的建筑功能与复杂的城市功能之间衔接的问题，使得建筑不断向高空和地下拓展，多样化的交通手段将城市各部分密切相连。受现代主义、后现代主义、解构主义的影响，建筑内涵变得更加丰富，人们对建筑的要求从物质享受上升到精神愉悦，美学、生态学、心理学、住宅社会学、人体工效学、行为学等多种学科在建筑中得到体现，将人的情感需求融入建筑文化成为更多建筑师的追求。

进入新千年，人的生活方式、文化理念、价值观也发生了深刻的变化。在人类与自然、传统观念与现代思潮、国际趋势与本国国情的相互融合互补上，各种理论争鸣，使建筑创作更具理性。建筑师们不再盲从于某一学派，各种形式的新建筑随着新技术、新材料的出现和应用而广泛出现。在此，介绍十几个新千年的建筑作品（包括为庆祝千禧年而设计的作品，另见本书上文的图13-5-4），通过它们，可以一窥建筑发展的新趋势、新动向。

1. 千禧穹顶

伦敦千禧穹顶（Millennium Dome，图14-0-1，建于1996—1999年）位于泰晤士河边格林威治半岛上，1999年12月底正式开放，在20世纪的最后夜晚，成千上万的人涌入它的周围，观看了美丽的焰火，分享世纪之交的激动与喜悦。建筑占地300英亩（121公顷），耗资8 000万英镑，是英国为庆祝千禧年而建的建筑之一，也是世界上最大的扁平穹顶建筑。由著名的罗杰斯（Richard Rogers）事务所承担建筑设计，结构设计由Buro Happold工程公司完成。主体建筑是由12根呈圆形排列的黄色钢柱借着无数钢索紧紧拉住的微微隆起如白色土丘的帆布圆顶。建筑造型奇特，是建筑师的梦想与工程师的创新的完美结合。建筑体现了高技术的发展，在巨大建筑的室内，针对不同功能空间的使用需求，可以实现微环境舒适度的实时调控。

图14-0-1　千禧穹顶外观及室内

2.伦敦千禧桥

千禧桥（Millennium Bridge，图14-0-2，建于1996—2000年）由福斯特事务所（Foster and Partners）设计，总长325米，宽4米，巨大的桥体仅由8条钢缆悬挂，两个Y形支架支撑，被人们夸赞为泰晤士河上的“光剑”（Blade of Light）。2000年6月10日，千禧桥正式开放，当天就达到了90 000人次的通行量，任一时刻桥上的行人都多达2 000人，短短两天内就吸引了10万人登桥。由于特殊情况下部分行人步伐的频率接近千禧桥的固有频率而发生共振，导致桥梁的横向震荡，或轻微或剧烈，因此此桥有了“摇摇桥”（Wobbly Bridge）的绰号。后来桥梁力学专家在桥面及桥墩间设置了可吸收水平应力的油压阻尼器，这个问题才得到解决。千禧桥周围遍布名胜，北部就是圣保罗大教堂，南岸则是莎士比亚环球剧场（Globe Theatre）和泰特现代美术馆（Tate Modern）以及泰晤士河畔画廊（Bankside Gallery）。作为伦敦金融城和滨岸的连接桥梁，千禧桥如今依然是伦敦必去的旅游景点，也是电影《哈利·波特》与《银河护卫队》的著名场景之一。

图14-0-2 伦敦千禧桥

3.泰特现代美术馆

泰特现代美术馆（Tate Modern，图14-0-3，建于2000年），由赫尔佐格和德梅隆（参见本书上文的13.7节）设计，位于伦敦泰晤士河南岸，正对圣保罗大教堂。它是在关闭于1982年的一座发电厂的基础上改建而成的，外表由褐色砖墙覆盖，内部是钢筋结构。原来的发电厂气势宏大，高耸入云的大烟囱是它的标志。建筑师在主楼的顶部加盖了两层高的玻璃盒子，不仅为美术馆提供了充足的自然光线，还为观众提供了浪漫的咖啡座，人们可以在这里边喝咖啡边俯瞰伦敦城，欣赏泰晤士河的美景。在巨大烟囱的顶部加盖了一个由半透明的薄板制成的顶，因为是由瑞士政府出资的，所以命名为“瑞士之光”。这座由老式发电厂改造而成的现代艺术馆早在创立之初，老建筑再利用的创意设计就吸引了全世界艺术圈和建筑界的目光，它是城市发展中的创意之作的绝佳案例。对于城市中有历史文化价值的

图14-0-3 泰特现代美术馆

旧工业建筑进行现代意义上的“再利用”，是现代城市建设中的新创举。这个曾经被弃置多年，占据着泰晤士河岸绝佳位置的电力工业遗迹，一跃成为令世人瞩目的创意基地和时尚中心，与伦敦这座具有悠久历史的世界文化名城相得益彰，可以说艺术给这座古老的城市带来了新的活力。

4. 伊斯兰艺术博物馆

伊斯兰艺术博物馆（图14-0-4，建于2000—2008年）由贝聿铭设计（他的其它作品参见本书上文的图12-5-7、图13-3-6、图13-5-5），位于卡塔尔首都多哈，是一座大型文化建筑。将较久远时代的价值观融入当今的文化之中是贝聿铭的目标，正如他所说，要捕捉住“伊斯兰建筑的精髓”。博物馆外墙用白色石灰石堆叠而成，在蔚蓝的海面上形成一种慑人的宏伟力量。

图14-0-4　伊斯兰艺术博物馆

5. 北京2008年奥运会主体育场

国家体育场（“鸟巢”）是2008年北京奥运会主体育场（图14-0-5，建于2003—2007年），由瑞士赫尔佐格和德梅隆建筑师事务所（参见本书上文的13.7节）、中国建筑设计研究院和英国奥亚纳工程顾问公司设计，用地面积22公顷，9.1万座席，总建筑面积25.8万平方米。由2001年普利兹克奖的两位获得者赫尔佐格、德梅隆与中国建筑师李兴刚等合作设计完成的这座巨型体育场，形态如同孕育生命的“巢”，也像一个摇篮，寄托着人类对未来的希望。设计者们对体育场没有做任何多余的处理，只是坦率地把结构暴露在外，因而自然形成了建筑的外观。国家体育场于2003年12月24日开工建设，2004年7月30日因设计调整而暂时停工，同年12月27日恢复施工，2008年3月完工。工程总造价22.67亿元。外形结构主要由巨大的门式钢架组成，共有24根桁架柱。建筑顶面呈鞍形，长轴为332.3米，短轴为296.4米，最高点高度为68.5米，最低点高度为42.8米。体育场外壳采用气垫膜，使屋顶达到完全防水的要求，阳光可以穿过透明的屋顶满足草坪的生长需要。看台能够通过多种方式进行变化，可以满足不同时期不同观众量的要求，奥运期间有20 000个临时座席分布在体育场的最上端，且能保证每个人都能清楚地看到整个赛场。入口、出口的分布及人群流动问题通过流线区域的合理划分和设计得到了完美的解决。

图14-0-5　北京2008年奥运会主体育场

“鸟巢”设计充分体现了人文关怀。碗状座席环抱着赛场的收拢结构，上下层之间错落有致，无论观众坐在哪个位置，和赛场中心点之间的视线距离都在140米左右。“鸟巢”下层膜采用的吸声膜材料、钢结构构件上设置的吸声材料，以及场内使用的电声扩音系统，使“鸟巢”内的语音清晰度指数达到了0.6——这个数值可以保证坐在任何位置的观众都能清晰地收听到广播。“鸟巢”的相关设计师们还运用流体力学原理，模拟出91 000个人同时观赛的自然通风状况，让所有观众都能享有同样的自然通风。“鸟巢”的观众席里还为残障人士设置了200多个轮椅座席，这些轮椅座席比普通座席稍高，以保证残障人士和普通观众有一样的视野。赛时，场内还提供助听器并设置无线广播系统，为有听力障碍的人提供个性化服务。

许多建筑界专家都认为，“鸟巢”不仅为2008年奥运会树立了一座独特的历史性标志建筑，而且在世界建筑发展史上也具有开创性意义，为21世纪的中国和世界建筑发展提供了历史见证。

6. 库哈斯的作品

雷姆·库哈斯（Rem Koolhaas）1944年出生于荷兰鹿特丹，是大都会建筑事务所（Office for Metropolitan Architecture, OMA）的首席设计师，也是哈佛大学设计研究所的建筑与城市规划学教授。库哈斯于2000年获得第22届普利兹克奖。

库哈斯的建筑创作首先是现代主义的，然后以此为基础加入了造型上与社会意义上的若干内涵，并以此作为其建筑创作的显著特征。从深层次讲，库哈斯受到超现实主义艺术很深的影响，他希望通过建筑来传达意识，传达人类的各种思想动机，其建筑具有某些结构主义的特征，同时也具有通俗文化的色彩。库哈斯很好地将他的价值观表现在了他的设计作品中。

西雅图中央图书馆（图14-0-6）是美国西雅图公共图书馆系统的旗舰馆，它位于市中心，是一幢11层的由玻璃和钢铁组成的建筑。这座新落成的建筑对图书馆进行了重新定义或者说重新使用，不再仅仅围绕着书本，而是作为一个信息仓库，在这里一切媒体（新的和老的）在一个平等机制下予以呈现。在一个信息可以随处获得的时代里，只有让一切媒体同时展现，并使它们的展现和交互实现专业化，才能使图书馆焕然一新。它体现出这样一种建筑理念：将现实世界的空间刺激和虚拟空间的图式清晰合二为一。

OMA的一贯风格是做任何设计之前，都会收集相关数据，通过严密的计算分析确定建筑的功能和定位。该图书馆从当地社会、文化以及街区环境的角度出发，在人文意义上对当代图书馆在城市中的定位予以阐释。库哈斯认为图书馆已经从单一的借阅空间转化为了人们社会生活的空间，担当着传播文化的角色，不同年龄和背景的人都可以在其中进行交流，除了借阅，更多的事件可以在这个空间发生。库哈斯把图书馆的复杂功能和内部活动进行整合压缩，重组成9个功能区，提出了“5+4”的体块组合方式，这种处理使5个相对私密的功能体块间自然形成了4个公共空间。图书馆整体具有一个独特和突出的外观，形成若干分立的“浮动平台”，这些平台相互错位，营造出阴影，避免了图书馆阅读空间受到阳光直射，同时建筑的悬挑部分能够为西雅图街道提供公共活动空间。

图14-0-6　西雅图中央图书馆

库哈斯的代表作品还有被美国《时代》杂志评为2007年世界十大建筑奇迹的中国中央电视台总部大楼（图14-0-7）。中央电视台新址位于北京商务中心区，内含总部大楼、电视文化中心、服务楼、庆典广场，整体由OMA设计。央视总部大楼可谓是钢铁构建的“帝国”，整体用钢12.5万吨，是“鸟巢”（参见上文的图14-0-5）用钢量的3倍。其中用到的钢构件没有相同的，这在世界上也是绝无仅有的。两座竖立的塔楼双向倾斜6°，在162米高处被14层高的悬臂结构连接起来，两段悬臂分别外伸67和75米，没有任何支撑，在空中合龙为L形空间网状结构，总体形成一个闭合的环。

这是一个介乎于水平与竖直、动态与静态之间的新颖建筑。从造型上看，这是一个对地球引力发起挑战的设计。整个建筑看上去是两个镂空的巨大的“Z”交缠在一起形成的门，中间是一个巨大的洞，无论从哪个角度望向这个奇怪的建筑，人们都能窥见楼后面的建筑以及蓝天白云。中央电视台总部大楼建筑外形前卫，除了被美国《时代》杂志评为2007年世界十大建筑奇迹，世界高层建筑学会也将“2013年度高层建筑奖”授予中央电视台总部大楼。

图14-0-7　中央电视台总部大楼

7.哈迪德的作品

扎哈·哈迪德（Zaha Hadid, 1950—2016年）是2004年普利兹克建筑奖获得者，她生于巴格达，后移居英国，20世纪70年代末在伦敦著名的AA School（建筑联盟学院）学习建筑。受俄国构成主义（参见本书上文的11.2节）特别是绝对主义的马列维奇的影响，她认为建筑应该是感性的、没有固定概念的，应突破现有的障碍而成为一种新的东西。她甚至说：“过去我认定有无重力的物体存在，而现在我已经确信建筑就是无重力的，是可以飘浮的。”哈迪德的作品奇异多变，充满未来主义风格。哈迪德对这些独特的建筑有自己的解释：“大家都知道我是反对绝对的直角的，我觉得没有什么比不断地重复更乏味的了，所以通常我习惯只是将它当作一个参照，然后我可以利用对角线来设计我的建筑。对角线两边的角度可以不断变化，这样我就有很多选择来完成我的空间革新，令我的建筑变得柔软、流动起来。”

2002年，广州市为广州歌剧院举办了一次高规格的国际设计竞赛，英国扎哈·哈迪德建筑设计事务所以“圆润双砾”的设计方案获得了第一名并被付诸实现（图14-0-8）。让最完美的建筑设计和最完美的视听效果结合，歌剧院对建筑的高要求对建筑师是极大的挑战。有专家做过这样的比较：悉尼歌剧院是一流的建筑，但不是一流的剧院；法国巴士底大剧院是一流的剧院，但不是一流的建筑。广州歌剧院如何做到“两全其美”？哈迪德提出了一个新理念——“双手环抱”式看台。与一般的矩形平面、钟形平面等设计不同，广州歌剧院的观众厅采用多边形设计，能产生独特的“行云流水”般的艺术效果，为演员营造了一种围合感和亲密感。观众厅池座两侧的升起部分和楼座挑台交错重叠，看台犹如“双手环抱”，避免了回声的干扰，内墙的形状和角度有利于提供侧向反射声。乐池被设计成“倒八字形”，以增加台上演员和乐池演奏者的沟通。

图14-0-8 广州歌剧院

8. 努维尔的作品

让·努维尔（Jean Nouvel）生于1945年，是2008年普利兹克奖的获得者。作为法国当代最著名的建筑师和规划师，他对建筑设计中的材料表现有着独到见解。他不仅用批判的技术方式超越传统，更重要的是其设计方法产生了不断变化的作品风格。努维尔不停打破既有逻辑和标准，带给外界震撼的创新思考。

努维尔是一位高产的建筑大师。从1973年开始设计生涯，努维尔的建筑作品遍布世界各地，除法国本土外，在美国、德国、瑞士、捷克、西班牙以及中东的一些国家都有不少努维尔的作品，甚至在国际建筑大师很少涉足的意大利也能见到他的作品。努维尔对建筑所在地特定的文脉、气候与环境的尊重，建筑的历史品质与时代精神恰当的融合，都能在他的作品中显现出来。努维尔的作品中显现出来的严谨、大胆、奇幻、个性的气质以及他一生致力于对建筑艺术形式的探索精神，让他在建筑之路上一步步地走向成熟。努维尔在建筑上好奇、敏锐的冒险态度不但促成了现代建筑领域的经典作品，而且丰富了现代建筑的形式。

努维尔综合运用玻璃、光线所设计出来的作品充满了神秘、夸张、模糊和诗意。如上所述，努维尔并没有孤立地去对待他所设计的建筑，而是将建筑置身于建筑所在地的外部环境、历史文脉和社会条件的综合环境中去考虑，在这种理念主导下，努维尔设计出来的建筑具有个性且充满生命力。这也是努维尔对建筑见解的独到之处。总之，努维尔运用科学和文化的魔力带来形形色色、生动新颖建筑的同时，也拓宽了现代建筑的语境。

努维尔的第一个获奖作品阿拉伯世界研究中心（图14-0-9）是一座融合了博物馆、图书馆、礼堂、餐馆、儿童游乐场的公共文化建筑，坐落于塞纳河南岸的一块三角形基地上。作为一个东西方文化交汇的中心，它的地理位置相当特殊：入口的中轴线对着巴黎圣母院，北立面对着一条沿河的街道，站在东边可以看到巴黎第七大学校区20世纪60年代早期的裸露着混凝土板的野兽派建筑（即粗野主义建筑，参见本书上文的12.1节）。由于特殊的地理位置，建筑的南北两个墙面呈现出截然不同的风貌。阿拉伯世界研究中心是努维尔实现现代建筑材料与传统文化、光线与空间完美融合的典型代表作品之一，也是巴黎最受欢迎的博物馆之一。

建造阿拉伯世界研究中心使用的技术、材料和技巧体现出了相当高的现代前卫性和精妙复杂性。整体呈灰蓝色的建筑外层是玻璃幕墙，南北两个立面呈现出不同的造型形式。建筑的南立面被分割成一个个面积相等的方块，这些方块组成的图案像极了传统清真寺的壁画；每个方块又被分割成一个个小方块，在这些小方块上则安装了十几个大小不一、精密的高科技电子镜头。镜头通过电子设备的控制，可以调节镜头张开的大小，从而实现对光线的调节和控制。这种类似光圈的控光装置称为穆沙拉比叶（Moucharabien），用来模仿阿拉伯建筑中特有的挑窗台的功能，因为多雨的巴黎无法达到阿拉伯地区的日照条件，所以通过控制穆沙拉比叶的开关来调节室内光线的强弱，从而增强了室内空间光线的层次感和趣味感，更增添了奇幻的感觉。努维尔说：“这个建筑的母题就是谈论阿拉伯文化，阿拉伯建筑的核心就是光线和几何形状。”对西方文化的反映则体现在北立面上，北立面墙体大块的幕墙采用了摄影的手法，将塞纳河对岸巴黎古城和洋房的影子反映到幕墙上，远看建筑就像消失在城市中一样。努维尔通过这种玻璃幕墙的使用，利用镜像写实的手法使建筑所在地的客观环境与建筑产生联系和对话，从而达到建筑与环境的完美融合。

图14-0-9 阿拉伯世界研究中心的南立面和室内

阿布扎比卢浮宫（图14-0-10）是巴黎卢浮宫（参见本书上文的图4-6-28、图13-5-5）首个海外分馆。为了提高自己在艺术世界的地位，盛产石油的阿联酋希望能在本国阿布扎比“复制”一个卢浮宫。新博物馆的场馆由法国最著名的建筑师之一努维尔设计。法国与阿联酋在2007年3月签约，该博物馆将使用“卢浮宫”的名称，并会租借巴黎卢浮宫以及其它法国博物馆的藏品，租借期长达30年，合同价值近10亿欧元。同时，阿布扎比卢浮宫也将采购自己的收藏品。

阿布扎比卢浮宫建筑占地2.45万平方米，包括6 000平方米的永久展厅和2 000平方米的临时展厅。银色顶部采用通花设计，由8层物料架叠而成，在阳光映照下，投影出极具阿拉伯特色的几何图案，有“光之雨”的美誉。2009年5月27日，阿布扎比卢浮宫举行了开工典礼，这是阿布扎比的第一座综合性博物馆，位于萨迪亚特（Saadiyat）岛的新文化区。2017年11月8日阿布扎比卢浮宫正式建成揭幕。

图14-0-10　阿布扎比卢浮宫及其顶部投影

9. 卡拉特拉瓦的作品

圣地亚哥·卡拉特拉瓦（Santiago Calatrava）1951年生于西班牙巴伦西亚市，先后在巴伦西亚建筑学院和瑞士联邦工业学院就读，并在苏黎世成立了自己的建筑设计事务所。

卡拉特拉瓦是世界上最著名的创新建筑师之一，也是备受争议的建筑师。卡拉特拉瓦以桥梁结构设计与艺术建筑闻名于世，他设计了威尼斯、都柏林、曼彻斯特以及巴塞罗那的桥梁，也设计了里昂、里斯本、苏黎世的火车站，以及著名的2004年雅典奥运会主场馆。由于卡拉特拉瓦拥有建筑师和工程师的双重身份，所以他对结构和建筑美学之间的互动有着准确的把握。他认为建筑的优美形态能够通过工程的力学设计表达出来，而在大自然之中，林木虫鸟的形态美观，同时亦有着惊人的力学效率。所以，他常常以大自然作为设计灵感的源泉。图14-0-11是卡拉特拉瓦设计的位于美国威斯康星州密执安湖畔的密尔沃基美术馆，2001年建成。

图14-0-11　密尔沃基美术馆

10. 王澍的作品

中国建筑师王澍生于1963年，是2012年普利兹克建筑奖获得者。他的建筑作品具有难能可贵的特质，建筑外表不失庄重威严，又能为人的日常活动创造出一个宁静的环境。宁波历史博物馆（图14-0-12，建于2006—2009年）就是他设计的独特建筑之一，不仅外观看上去很震撼，置身其中更令人感到非同寻常。这座建筑将力量、实用及情感凝结在了一起。博物馆已成为城市的地标，存封着历史，也吸引着游人的到来。

王澍从中国传统绘画中获得了许多启发。例如，他在杭州中国美术学院象山校区（图14-0-13，建于2001—2004年）的设计中追求一种“平远”的效果或者说超大广角的视野，这一效果呼应了当地如同五代画家董源（？—约962年）《潇湘图》长卷中所绘山形一般的丘陵地貌，如建筑评论家史建所说：“如同中国山水画中的散点透视，步移景异，层层递进，同时表达了一种长卷式绘画边走边看的全景感受。”如果说象山校区的规划追摹的是中国画长卷的展阅方式，其建筑的一些门洞又意在获得中国画立轴般的框景效果。

图14-0-12　宁波历史博物馆

图14-0-13　中国美术学院象山校区

参考文献

[1]陈志华.外国建筑史[M].北京：中国建筑工业出版社，1979.

[2]刘敦桢.中国古代建筑史[M].北京：中国建筑工业出版社，1980.

[3]梁思成.清式营造则例[M].北京：中国建筑工业出版社，1981.

[4]中国建筑史编写组.中国建筑史[M].北京：中国建筑工业出版社，1982.

[5]中国科学院自然科学史研究所.中国古代建筑技术史[M].北京：科学出版社，1985.

[6]刘致平.中国伊斯兰教建筑[M].乌鲁木齐：新疆人民出版社，1985.

[7]罗小未.外国建筑历史图说[M].上海：同济大学出版社，1986.

[8]杨鸿勋.建筑学考古论文集[G].北京：文物出版社，1987.

[9]常青.西域文明与华夏建筑的变迁[M].长沙：湖南教育出版社，1992.

[10]刘松茯.外国建筑历史图说[M].北京：中国建筑工业出版社，2014.

[11]刘叙杰.中国古代建筑史：第1卷[M].北京：中国建筑工业出版社，2003.

[12]傅熹年.中国古代建筑史：第2卷[M].北京：中国建筑工业出版社，2001.

[13]郭黛姮.中国古代建筑史：第3卷[M].北京：中国建筑工业出版社，2003.

[14]潘谷西.中国古代建筑史：第4卷[M].北京：中国建筑工业出版社，2001.

[15]孙大章.中国古代建筑史：第5卷[M].北京：中国建筑工业出版社，2002.

[16]杨鸿勋.宫殿考古通论[M].北京：紫禁城出版社，2009.

[17]张大庆.中日古代建筑大木技术的源流与变迁[M].天津：天津大学出版社，2004.

[18]杨昌明.东南亚与中国云南少数民族建筑文化探析[M].天津：天津大学出版社，2004.

[19]宿白.中国石窟寺研究[M].北京：文物出版社，1996.

[20]张驭寰.中国塔[M].太原：山西人民出版社，2000.

[21]萧默.敦煌建筑研究[M].北京：机械工业出版社，2003.

[22] 曼弗雷多·塔夫里，弗朗切斯科·达尔科.现代建筑[M].刘先觉，译.北京：中国建筑工业出版社，2000.

[23] 丹尼斯·夏普.20世纪世界建筑：精彩的视觉建筑史[M].胡正凡，林玉莲，译.北京：中国建筑工业出版社，2003.

[24] 罗小未.外国近现代建筑史：第2版[M].北京：中国建筑工业出版社，2004.

[25] 大卫·科特金.西方建筑史[M].傅景川，译.长春：吉林人民出版社，2004.

[26] 严坤.普利策建筑奖获得者专辑：1979—2004[M].北京：中国电力出版社，2005.

[27] 陈文斌.品读世界建筑史[M].北京：北京工业大学出版社，2007.

[28] 毛坚韧.外国现代建筑史图说[M].北京：中国建筑工业出版社，2008.

[29] 丹·克鲁克香克.建筑之书：西方建筑史上的150座经典之作[M].郝红尉，朱秋琰，译.济南：山东画报出版社，2009.

[30] 萧默.世界建筑艺术[M].武汉：华中科技大学出版社，2009.

[31] 马可·布萨利.认识建筑[M].张晓春，李翔宁，译.北京：清华大学出版社，2009.

[32] 刘先觉，汪晓茜.外国建筑简史[M].北京：中国建筑工业出版社，2010.

[33] 威廉·J. R. 柯蒂斯.20世纪世界建筑史[M].本书编译委员会，译.北京：中国建筑工业出版社，2011.

[34] 奚传绩.设计艺术经典论著选读[G].南京：东南大学出版社，2011.

[35] 马文·特拉亨伯格，伊莎贝尔·海曼.西方建筑史：从远古到后现代：第2版[M].王贵祥，译.北京：机械工业出版社，2011年.

[36] 王贵祥.艺术学经典文献导读书系·建筑卷[M].北京：北京师范大学出版社，2012.

[37] 铃木博之.图说西方建筑风格年表[M].沙子芳，译.北京：清华大学出版社，2013.

[38] 汪坦，陈志华.现代西方建筑美学文选[G].北京：清华大学出版社，2013.

[39] 马可·布萨利.理解建筑[M].张晓春，金迎，林晓妍，译.北京：清华大学出版社，2013.